Sabine Petersen

Gärtner/Gärtnerinnen

1.–2. Ausbildungsjahr (alle Fachrichtungen)

1. Auflage

Bestellnummer 11210

Bildungsverlag EINS

Die in diesem Produkt gemachten Angaben zu Unternehmen (Namen, Internet- und E-Mail-Adressen, Handelsregistereintragungen, Bankverbindungen, Steuer-, Telefon- und Faxnummern und alle weiteren Angaben) sind i. d. R. fiktiv, d. h., sie stehen in keinem Zusammenhang mit einem real existierenden Unternehmen in der dargestellten oder einer ähnlichen Form. Dies gilt auch für alle Kunden, Lieferanten und sonstigen Geschäftspartner der Unternehmen wie z. B. Kreditinstitute, Versicherungsunternehmen und andere Dienstleistungsunternehmen. Ausschließlich zum Zwecke der Authentizität werden die Namen real existierender Unternehmen und z. B. im Fall von Kreditinstituten auch deren IBANs und BICs verwendet.

Die in diesem Werk aufgeführten Internetadressen sind auf dem Stand zum Zeitpunkt der Drucklegung. Die ständige Aktualität der Adressen kann vonseiten des Verlages nicht gewährleistet werden. Darüber hinaus übernimmt der Verlag keine Verantwortung für die Inhalte dieser Seiten.

service@bv-1.de
www.bildungsverlag1.de

Bildungsverlag EINS GmbH
Ettore-Bugatti-Straße 6-14, 51149 Köln

ISBN 978-3-427-**11210**-5

Inhaltsverzeichnis

LG 2 Fachstufe 1
Pflanzen und ihre Verwendung

LG 3 Grundstufe
Organisation und Kontrolle von Produkten, Dienstleistung und Arbeit

LG 3 Fachstufe 1
Organisation und Kontrolle von Produkten, Dienstleistung und Arbeit

LG 4 Grundstufe
Umweltbewusste Kulturführung, Pflege, Baumaßnahmen

LG 4 Fachstufe 1
Umweltbewusste Kulturführung, Pflege, Baumaßnahmen

LG 5 Grundstufe
Betriebsausstattung

LG 5 Fachstufe 1
Betriebsausstattung

LG 6 Grundstufe
Betriebsorganisation, Vermarktung und Betriebserfolg

LG 6 Fachstufe 1
Betriebsorganisation, Vermarktung und Betriebserfolg

Vorwort

Dieser Band richtet sich an alle Auszubildenden des Gartenbaus, ganz gleich, welcher Fachsparte sie angehören. Er basiert im Sinne des Ausbildungsrahmenplans auf der Einteilung nach den Ausbildungsjahren in Grundbildung, Fachstufe 1 und Fachstufe 2. Dieser erste Band dient als Unterrichtsmaterial des ersten und zweiten Ausbildungsjahres aller Fachsparten. Für die Fachstufe 2, die dann auf die speziellen Inhalte und Themen der verschiedenen Fachsparten konkreter eingeht, stehen die entsprechenden Folgebände zur Verfügung.

Dieser Band unterteilt sich in die sechs Lerngebiete Standortaufnahme, Informationsbeschaffung und –auswertung (LG 1), Pflanzen und ihre Verwendung (LG 2), Organisation und Kontrolle von Produkten, Dienstleistung und Arbeit (LG 3), Umweltbewusste Kulturführung, Pflege, Baumaßnahmen (LG 4), Betriebsausstattung (LG 5) und Betriebsorganisation, Vermarktung und Betriebserfolg (LG 6).

Neben der ausführlichen und erklärenden Textgestaltung werden die Inhalte durch zahlreiche Abbildungen und Tabellen bereichert. Die vielfältigen Aufgaben am Ende der Kapitel ermöglichen ein besseres nachhaltigeres Lernergebnis. Darüber hinaus gibt es zahlreiche Verweise auf das begleitende Arbeitsheft, dass diesen Band hervorragend ergänzt, aber nicht Voraussetzung für die Nutzung des Buches ist.

Merksätze und Themenvertiefungen ermöglichen tiefergehende Einsichten in das jeweilige Thema, zahlreiche Begriffe sind im Sachwortregister ausführlich erklärt und ermöglichen mit den entsprechenden Seitenverweisen ein Nachlesen der jeweiligen Kapitel im Buch.

Alle wissenschaftlichen Pflanzennamen richten sich nach der aktuellen Ausgabe des „Zander" in der 18. Auflage.

LG 1 Grundstufe

Standortaufnahme, Informationsbeschaffung und -auswertung

Eine Ausbildung zu machen, hatte sich Ulf eigentlich anders vorgestellt: Er wollte endlich etwas Handfestes machen, mit Werkzeugen und Maschinen arbeiten, an der frischen Luft, Pflanzen kultivieren und Kunden beraten. Von Schule hatte er eigentlich genug. Aber nun sitzt er schon wieder zweimal die Woche dort, wenn auch in einer Berufsschule, und muss die Theorie lernen: Bodenkunde, Botanik, aber auch Wipo und EDV. Selbst das ungeliebte Rechnen bleibt ihm nicht erspart. Berufsschulunterricht ist dabei oft mindestens genauso anstrengend wie die körperliche Arbeit im Betrieb. In der Bundesrepublik Deutschland gehört zu jedem anerkannten Ausbildungsberuf neben der praktischen Arbeit in den Betrieben auch der Unterricht in der Berufsschule, der auf die theoretische Abschlussprüfung vorbereiten soll. Dazu kommen noch die überbetrieblichen Lehrgänge. Und zu Hause muss er dann auch noch ein Berichtsheft führen. Ulf weiß gar nicht so genau, was er da alles hineinschreiben soll. Ob er mal seinen Klassenlehrer danach fragt?

1. Die Ausbildung gliedern

Anders als der Besuch der allgemeinbildenden Schulen in der Bundesrepublik Deutschland, deren genaue Struktur von Bundesland zu Bundesland unterschiedlich sein kann, unterliegt die Ausbildung in einem anerkannten Ausbildungsberuf einer bundesweit einheitlichen Gliederung. Dazu gehören einerseits die Arbeitstage im Ausbildungsbetrieb, andererseits der begleitende Theorieunterricht an einer Berufsschule. Dies wird „duales Ausbildungssystem" genannt und ist gesetzlich fest geregelt. Der Beruf des Gärtners ist ein typisches Beispiel für einen solchen dualen Ausbildungsgang. Darüber hinaus können überbetriebliche Lehrgänge Bestandteil der Ausbildung sein. Daneben gibt es zudem rein schulische Ausbildungsgänge, insbesondere im sozialwirtschaftlichen Bereich.

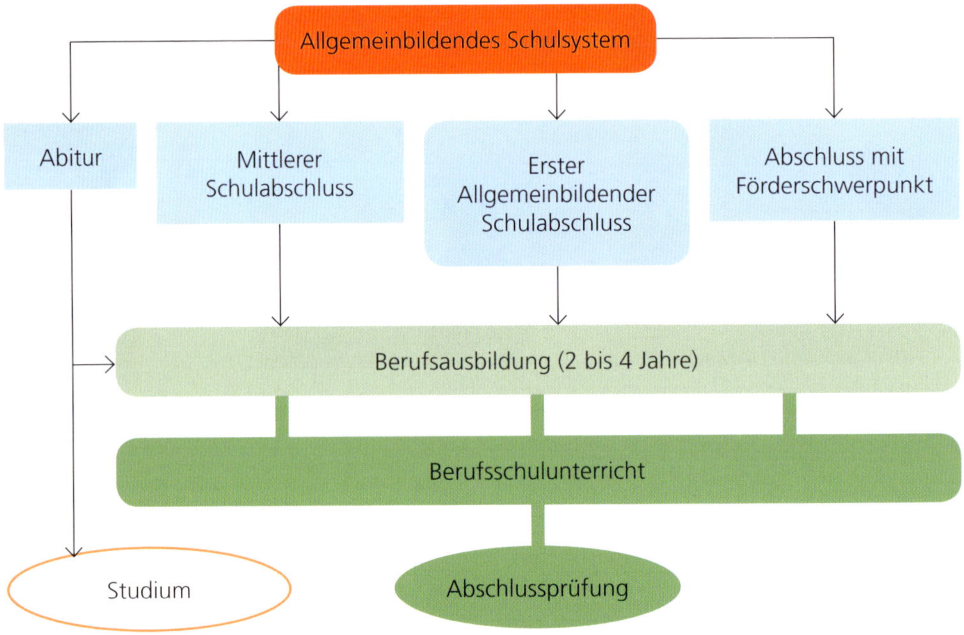

Abb. 1:
Das Bildungssystem in der BRD

1.1 Das duale System

Voraussetzung für eine Berufsausbildung im dualen System ist in Deutschland ein Berufsausbildungsvertrag mit einem anerkannten Ausbildungsbetrieb. Die folglich zu besuchende Berufsschule ist abhängig vom Ort bzw. von der regionalen Zugehörigkeit des Betriebes. Der praktische Teil der Ausbildung wird den Auszubildenden in den Betrieben vermittelt, den theoretischen Teil übernimmt die Berufsschule. Darüber hinaus ist es vielerorts an Berufsschulen auch möglich, Zusatzqualifikationen zu erwerben. Die Einhaltung der im Berufsbildungsgesetz geregelten Rechte und Pflichten der Auszubildenden und der Ausbildungsbetriebe überwacht die zuständige Stelle. Im Gartenbau ist das die Landwirtschaftskammer des jeweiligen Bundeslandes. Grundlage für die betriebliche Ausbildung ist die jeweilige Ausbildungsordnung des Berufes, dazu gehören:

- Vermittlung von fachlichen Fähigkeiten, Kenntnissen und Fertigkeiten, die sogenannte „berufliche Handlungsfähigkeit". Dieses ergibt sich inhaltlich aus der Ausbildungsordnung für jeden Beruf.
- Ermöglichen erster Berufserfahrung
- Charakterliche Förderung
- Vermeidung von Gefährdungen (z.B. körperliche Gefahren vermeiden durch Einhalten der UVV oder des Jugendschutzgesetzes)

Die Ausbildung in den Betrieben findet an drei bis vier Tagen pro Woche statt, an ein bis zwei Tagen werden Berufsschultage angeboten. Alternativ wird auch sogenannter Blockunterricht durchgeführt. Das bedeutet, dass der Auszubildende bzw. Lehrling für bis zu acht Wochen am Stück ausschließlich in der Schule ist. Der Besuch einer berufsbildenden Schule (Schule mit Berufsabschluss) sichert durch den allgemeinbildend-theoretischen Unterricht und den praktischen Werkstattunterricht den für die Abschlussprüfung relevanten Kenntniserwerb. Die Ausbildung in der Berufsschule unterliegt den Schulaufsichtsbehörden der Bundesländer und den jeweils geltenden Lehrplänen, die wiederum auf dem Rahmenlehrplan basieren. Die Rahmenlehrpläne sind nicht bundeseinheitlich geregelt im Gegensatz zu den Ausbildungsordnungen und den darin enthaltenen Ausbildungsrahmenplänen. Rahmenlehrpläne werden von der übergeordneten ständigen Konferenz der Kultusminister der Länder freigegeben, jedoch besteht das grundlegende Recht, dass die jeweiligen Bundesländer die Rahmenlehrpläne noch individuell auf die gegebenen Umstände anpassen können. Deshalb ist es für eine gute Abstimmung zwischen Berufsschule und betrieblicher Ausbildung wichtig, den jeweiligen Rahmenlehrplan des Bundeslandes respektive der entsprechenden Berufsschule anzufordern. Generelle Aufgabenschwerpunkte der Berufsschulen sind:

- die Vermittlung von theoretischen Fachkenntnissen,
- die Vertiefung der Allgemeinbildung,
- und die Verleihung von Laufbahnberechtigungen (Bildungsabschlüsse).

Der Besuch der Berufsschule umfasst in der Regel zwölf Unterrichtsstunden pro Woche, was zwei Schultagen entspräche (Abb. 2). Da jedoch im Allgemeinen nicht der volle Unterricht erteilt werden kann, beschränkt sich der Unterricht oft auf acht Stunden, die an einem oder zwei Tagen unterrichtet werden. Die Ausbildung in der Berufsschule umfasst einen fachtheoretischen und einen allgemeinen Teil.

Abb. 2:
Unterricht an einer Berufsschule

Zum allgemeinen Teil gehören in allen Berufen die Fächer Deutsch (Kommunikation), Politik (Gesellschaftslehre), Sport (Gesundheitsförderung) und vereinzelt auch Religion (Lebensfragen, Werte, Normen). Der Berufsschulunterricht wird entweder in Teilzeitform (wöchentlich ein oder zwei Tage) oder in Blockform (zusammengefasst zu mehreren Wochen am Stück) organisiert. Berufe mit nur wenigen Ausbildungsverhältnissen (sogenannte Splitterberufe) werden in Landes- oder Bundesfachklassen zusammengefasst.

1.2 Überbetriebliche Ausbildung

Im Rahmen der überbetrieblichen Ausbildung sollen die Ausbildungsdefizite, die durch die Spezialisierung vieler Betriebe entstanden sind, ausgeglichen werden. Dies geschieht häufig in Form von Lehrgängen, die mit einer Teilnahmebescheinigung abgeschlossen werden. Die Dauer solcher Lehrgänge kann drei bis vier Wochen pro Jahr betragen. Einige Lehrgänge sind, je nach Ausbildungsberuf, in der jeweiligen Ausbildungsordnung vorgeschrieben (z. B. Motorsägenlehrgang im Garten- und Landschaftsbau, Abb. 3), andere sind freiwillig.

Abb. 3:
Motorsägenlehrgang

Aufgaben:

1. Skizzieren Sie anhand Ihres persönlichen Werdegangs die Möglichkeiten der Berufsausbildung.
2. Definieren Sie den Begriff „Duale Berufsausbildung“ mit eigenen Worten.
3. Welche Möglichkeiten der Berufsausbildung gibt es außerdem? Recherchieren Sie, wie die Berufsausbildung im europäischen Ausland aussieht.

1.3 Das Berichtsheft

Während der gesamten Ausbildungszeit ist der Auszubildende verpflichtet, einen Nachweis über seine Tätigkeiten im Ausbildungsbetrieb, in der Berufsschule und während der überbetrieblichen Ausbildung zu führen. Der lückenlose Nachweis ist Voraussetzung für die Zulassung zur Abschlussprüfung. Das Berichtsheft dient der Aufzeichnung über Ausbildungsinhalte, die zum Bestehen der Prüfung notwendig sind. Der Ausbildungsbetrieb ist dazu verpflichtet, seine Auszubildenden zum Führen des Berichtsheftes anzuhalten, ihnen dafür Zeit einzuräumen und notwendige Hilfestellungen zu geben. Mit seiner Unterschrift bestätigt der Ausbilder die Richtigkeit der Angaben. Mit dem Abschluss eines gültigen Ausbildungsvertrags bekommt jeder Auszubildende eine Berichtsheftvorlage ausgehändigt, die er zur Führung des Berichtsheftes verwendet. Nachweise über bestandene Prüfungen oder Lehrgangsbescheinigungen sind darin abzuheften.

2. Den Ausbildungsbetrieb kennenlernen

Mit Beginn der Ausbildung fängt für viele Jugendliche ein neuer Lebensabschnitt an. Es gilt, viel Unbekanntes und Neues kennenzulernen. Schon am ersten Arbeitstag muss der Auszubildende den Weg zum Betrieb finden, sich gegebenenfalls über die Verkehrsverbindungen und Fahrzeiten informieren, um pünktlich zum Arbeitsbeginn vor Ort zu sein. Auch die Mitarbeiter und Vorgesetzten zu kennen, Arbeitsabläufe zu ordnen oder die Örtlichkeiten im Betrieb näher zu erkunden, ist notwendig. Insbesondere ist folgendes Wissen wichtig:

- Wer sind meine Kollegen und wie heißen sie?
- Wer ist mein Ausbilder, wer mein Ausbildender? An wen kann ich mich bei Fragen wenden?
- Wo sind der Aufenthaltsraum, die sanitären Anlagen, das Lohnbüro, das Sekretariat?
- Wo kann ich meine privaten Sachen während der Arbeitszeit lassen?
- Gibt es einen Betriebsrat?
- Wo finde ich Arbeitskleidung, Werkzeuge, Materialien etc.?

Diese Liste ist sicherlich nicht vollständig; teilweise gibt es von Betrieb zu Betrieb weitere unterschiedliche übliche Handlungen oder Traditionen, die es zu beachten gilt. Sie zu kennen bzw. von sich aus zu erfragen, zeichnet den umsichtigen und interessierten Auszubildenden aus und erleichtert ihm die Lehrzeit.

2.1 Ordnung im Betrieb

Schon vor dem eigentlichen ersten Arbeitstag sollte jeder Auszubildende mithilfe eines Stadtplans, des Internets oder dem Busfahrplan darüber informiert sein, wo der Betrieb liegt, wie man am günstigsten dorthin kommt und wie viel Zeit für den Weg von zu Hause bis zum Arbeitsplatz eingeplant werden muss. Im Betrieb angekommen muss der Auszubildende sich weiter orientieren, damit er sich nicht in der Vielzahl der Betriebsräume, Gewächshäuser oder Werkstätten verläuft und unnötig viel Zeit mit der Suche nach Personen, Ge-

Abb. 4:
Hier findet keiner etwas wieder

genständen oder Räumen vergeudet (Abb. 4). In jedem Betrieb herrscht eine bestimmte Ordnung, die der persönlichen Ordnung vielleicht widerspricht oder die sich einem auf den ersten Blick nicht erschließt. Dennoch sollte man sich an dieses Ordnungsprinzip halten, insbesondere im Werkzeug- und Materiallager: Hat man sich einen Spaten aus dem Werkzeugschuppen geholt, ist er nach Gebrauch dorthin wieder zurückzubringen. Zum Ordnunghalten gehört zudem, dass das Werkzeug sauber und funktionsfähig ist, damit nachfolgende Kollegen nicht suchen oder womöglich nicht arbeiten können, weil das Werkzeug defekt ist. Kann man die Reparaturen nicht selbst durchführen, muss man sicherstellen, dass andere Mitarbeiter oder eventuell auch betriebsfremde Werkstätten dies tun. In der Regel macht niemand einen Spaten, einen Rasenmäher oder die Topfmaschine absichtlich kaputt, sodass man nicht befürchten muss, defekte Geräte ersetzen zu müssen. Der Ärger ist oft viel größer, wenn solche Missgeschicke zuerst vertuscht und zu einem späteren Zeitpunkt doch bekannt werden. Ist man schon länger im Betrieb, ist jeder Mitarbeiter sicherlich für Verbesserungsvorschläge, was den Umgang und die Lagerung von Materialien und Werkzeuge angeht, dankbar.

Aufgaben:

1. Wie sind Sie vorgegangen, als Sie sich das erste Mal zum Vorstellungsgespräch oder an Ihrem ersten Arbeitstag in Ihrem Ausbildungsbetrieb einfinden mussten?
2. Fertigen Sie einen Steckbrief über Ihren Ausbildungsbetrieb an: Wie groß ist das Betriebsgrundstück? Wie viele Mitarbeiter hat der Betrieb? Welche Anlagen (Gewächshäuser, Werkstätten, Materiallager) sind dort zu finden? Wie sehen der Fuhrpark und die maschinelle Ausstattung aus? Fertigen Sie eine Skizze des Betriebes an.
3. Informieren Sie sich über weitere Ausbildungsbetriebe in Ihrem Einzugsbereich und zeichnen Sie diese auf einer Karte ein.

Lösen Sie im Arbeitsheft das Arbeitsblatt auf Seite 8.

2.2 Rechte und Pflichten des Auszubildenden

„Lehrjahre sind keine Herrenjahre“ – dieses Sprichwort aus dem 19. Jahrhundert hat nach wie vor Gültigkeit. Ein Grund mehr, über seine Rechte und Pflichten genau informiert zu sein. Bindende Rechtsgrundlage bilden das Jugendschutzgesetz, das Arbeitsschutz- und das Arbeitszeitgesetz sowie die Unfallverhütungsvorschriften. Darüber hinaus sind die wichtigsten Rechte und Pflichten im Ausbildungsvertrag festgehalten. Neben den Vertragspartnern, zwischen denen der Ausbildungsvertrag abgeschlossen wird, enthält er Angaben zu:

- dem Ziel der Ausbildung sowie der sachlichen und zeitlichen Gliederung der Ausbildung,
- Beginn und Dauer der Ausbildung,
- der Dauer der Probezeit (mindestens einen Monat, maximal vier Monate gemäß § 20 Berufsbildungsgesetz, BBiG),

- dem Ort der Ausbildung,
- den Ausbildungsmaßnahmen außerhalb des Betriebes,
- der Zahlung und Höhe der Ausbildungsvergütung,
- der Dauer der regelmäßigen Arbeitszeit,
- der Dauer des Urlaubs,
- den Voraussetzungen, unter denen der Vertrag gekündigt werden kann sowie
- sonstigen Vereinbarungen (z. B. Schlechtwetterregelungen, Regelungen bezüglich der Arbeitskleidung).

Mit der Unterschrift der Vertragspartner verpflichten sich beide Seiten, sich an diese Vereinbarungen zu halten. Ein Bruch der Vertragsvereinbarungen berechtigt sowohl den Ausbildungsbetrieb als auch den Auszubildenden, den Vertrag durch Kündigung aufzulösen und strittige Punkte vor dem Arbeitsgericht einzuklagen. Andererseits ergeben sich aus dem Ausbildungsvertrag auch Pflichten, die in Tab. 1 aufgelistet sind.

Pflichten des Ausbildenden	Pflichten des Auszubildenden
Vermittlung von Fertigkeiten und Kenntnissen, die zum Erreichen des Ausbildungszieles erforderlich sind	Erwerb von Fertigkeiten und Kenntnissen, die zum Erreichen des Ausbildungszieles erforderlich sind
Kostenlose Bereitstellung der Ausbildungsmittel, insbesondere Werkzeuge und Werkstoffe	Sorgfältiger Umgang mit den ihm überlassenen Werkzeugen
Anhalten zum Besuch der Berufsschule sowie zum Führen von Berichtsheften	Regelmäßiger Besuch der Berufsschule und Führen des Berichtsheftes
Charakterliche und sittliche Förderung und Gewährleistung der körperlichen Unversehrtheit (Fürsorgepflicht)	Einhalten der betrieblichen Ordnung
Ausschließliches Übertragen von Aufgaben, die dem Ausbildungszweck dienen	Den Anweisungen des Ausbildenden oder des Ausbilders Folge leisten
Freistellung für die Teilnahme am Berufsschulunterricht und an Prüfungen	An ärztlichen Untersuchungen laut Jugendarbeitsschutzgesetz teilnehmen
Ausstellung eines Zeugnisses bei Beendigung des Berufsausbildungsverhältnisses	Teilnahmen an Maßnahmen, für die er nach § 15 BBiG freigestellt wird
Eine angemessene, ggf. tariflich geregelte Vergütung zu gewähren	Über Betriebs- und Geschäftsgeheimnisse Stillschweigen wahren
Zustehenden Urlaub gewähren	Erholungspflicht
Sorge tragen, dass der Auszubildende seine rechtlichen Pausen und Arbeitszeiten einhalten kann	Wettbewerbsverbot und Loyalitätspflicht

Tab. 1: Pflichten von Ausbildungsbetrieb und Auszubildendem

Merke:

Ein Auszubildender sollte nicht nur auf seine Rechte pochen, sondern sich auch an seine Verpflichtungen halten. Bei Unstimmigkeiten über die Rechte und Pflichten sollte man abwägen, ob sich das Bestehen auf seinen Rechten langfristig lohnt, oder ob durch derartige Streitereien das Arbeitsklima derart vergiftet wird, dass eine Fortsetzung des Ausbildungsverhältnisses nicht mehr möglich erscheint. Oft hilft der gesunde Menschenverstand mehr als das Einhalten von Paragrafen. Dennoch: Sittenwidrige oder kriminelle Arbeitsaufträge oder Machenschaften sollten sofort zur Anzeige gebracht werden.

Aufgaben:

1. Jedem Recht des Auszubildenden steht auch eine Verpflichtung gegenüber. Listen Sie diese Paare auf.
2. Was versteht man unter der Fürsorgepflicht des Ausbilders? Erläutern Sie den Begriff in eigenen Worten.
3. Was beinhaltet die Erholungspflicht des Auszubildenden?
4. Was ist mit der Loyalitätspflicht des Auszubildenden gemeint?
5. Zählen Sie einige sittenwidrige (rein fiktive) Arbeitsaufträge auf.

3. Natur und Umwelt schützen

Gerade im Bereich der „grünen Berufe“ des Gartenbaus haben die Tätigen es mit Pflanzen, Naturstandorten und der Umwelt zu tun. Ob nun ein Staudengärtner geschützte Pflanzen der roten Liste nachkultiviert und somit erhält, im Garten- und Landschaftsbau ein Biotopteich angelegt wird, auf dem Friedhof eine Hecke als Unterschlupf für viele Singvögel gepflanzt oder im Obst- und Gemüsebau auf chemische Pflanzenschutzmittel verzichtet wird: Alle Gärtner bemühen sich, Natur und Umwelt zu schützen und zu erhalten. Das ist nicht nur ein Teil des Berufsbildes, sondern auch Berufung. Maßnahmen im Umweltschutz fangen schon bei kleinen Arbeitsabläufen im Betrieb an und münden im Einsatz innerhalb großer Umweltschutzprojekte.

3.1 Rohstoffe nachhaltig nutzen

Viele Materialien, die im Gartenbau eingesetzt werden, sind am Ende ihres Lebens nicht nur Abfall, sondern wertvolle Rohstoffe, die erneuert (recycelt) oder durch Wiederaufbereitung veredelt werden können. Gesetzlich wird erst von „Recycling“ gesprochen, wenn der Rohstoff zuvor als „Abfall“ einzustufen war; andernfalls handelt

Abb. 5:
Kompostierbares Material

es sich um „Wiederverwendung". Der umgangssprachliche Gebrauch des Begriffs Recycling umfasst jedoch oft beide Bedeutungen. Organischer Abfall wie Pflanzenreste, Gras- oder Heckenschnitt und unverkäufliches Obst oder Gemüse lassen sich durch Kompostierung zu humosem, nährstoffreichem Boden aufbereiten, der wie ein organischer Dünger Pflanzerden beigemischt werden kann (Abb. 5). Verpackungsmaterialien sollten nach ihren Ausgangstoffen (Papier, Kunststoff, Metall, Glas) getrennt und entsorgt werden. Aus diesen Abfällen entstehen neues Papier, neue Folien oder Kunststoffbehälter. Metall und Glas werden eingeschmolzen und für die neue Produktion verwendet.

Die Deutschen sind zwar Weltmeister in der Mülltrennung und dem Recycling, dennoch wird der von uns produzierte Müllberg stetig größer. Deshalb sollte neben der Wiederverwertung von Abfallstoffen im Rahmen des Recyclings das Hauptaugenmerk auf der Vermeidung von Abfall liegen: Jede Verpackungsfolie, die eingespart werden kann, entlastet die Umwelt und spart Energie, die sonst für das Recycling notwendig wäre. Nach diesem Prinzip sollten alle gärtnerischen Tätigkeiten ausgerichtet werden und es gilt, folgende Fragen zu beantworten:

- Ist es notwendig, die zu verkaufenden Zimmerpflanzen in Folie zu verpacken?
- Können Pflanzen als Ballen- oder Wurzelware verkauft werden anstatt in Plastiktöpfen?
- Obst und Gemüse ist durch seine natürliche Schale geschützt und benötigt keine zusätzliche Verpackung.
- Können Kunststoffblumen in Grabgestecken durch lebende Pflanzen oder Trockenblumen ersetzt werden?
- Muss ein Gartenteich durch Folie abgedichtet werden oder ist der Einsatz von Ton möglich?
- Kann auf chemische Pflanzenschutzmittel verzichtet werden?

Dies sind nur einige Beispiele, die sich sicherlich beliebig erweitern lassen.

Aufgaben:

1. Beschreiben Sie Abfalltrennungs- und -wiederverwertungsmaßnahmen in Ihrem Betrieb.
2. Was ist Ihr persönlicher Beitrag zum Schutz der Umwelt?
3. Ergänzen Sie die oben stehende Liste durch weitere Fragestellungen.

4. Übertragen Sie die unten stehende Tab. 2 in Ihr Heft und füllen Sie sie aus.

Wertstoff	Vermeidung	Wiederverwertung	Recycling
Organische Stoffe	• Bedarfsgerechte Produktion von Pflanzen • ...	• Aufpflanzung von Treiberei-zwiebeln • ...	• Kompostierung von ...
Papier			
Kunststoff			
Metall			
Sonstige Materialien			

Tab. 2: Müllvermeidung, Abfallwiederverwertung und Recyclingmaßnahmen im Betrieb

Lösen Sie im Arbeitsheft das Arbeitsblatt auf den Seiten 16 und 17.

3.2 Naturschutz betreiben

Alle Maßnahmen, die der Erhaltung und Förderung der Natur dienen, sind in der Naturschutzgesetzgebung festgeschrieben. Dazu zählen die Landesnaturschutzgesetze der Bundesländer Deutschlands wie auch das Bundesnaturschutzgesetz, dessen Ziel es ist, die Grundsätze für Naturschutz und Landschaftspflege zu bestimmen und den Zusammenhang zum europäischen Naturschutzprogramm „Natura 2000" herzustellen. Jeder wird aufgefordert, „nach seinen Möglichkeiten zur Verwirklichung der Ziele und Grundsätze des Naturschutzes und der Landschaftspflege bei[zu]tragen und sich so [zu] verhalten, dass Natur und Landschaft nicht mehr als nach den Umständen unvermeidbar beeinträchtigt werden". In Kapitel 3 wird festgelegt, dass vermeidbare Eingriffe in Natur und Landschaft zu unterlassen sind, unvermeidbare Eingriffe müssen grundsätzlich durch Ausgleichs- oder Ersatzmaßnahmen kompensiert werden (§ 15 BNatSchG). Ist eine solche Kompensation nicht möglich, ist der Eingriff verboten, wenn in der Abwägung die Belange des Naturschutzes anderen Belangen im Rang vorgehen. Der „Eingriff" wird von § 14 Abs. 1 BNatSchG definiert als „Veränderung der Gestalt oder Nutzung von Grundflächen oder Veränderungen des mit der belebten Bodenschicht in Verbindung stehenden Grundwasserspiegels, die die Leistungs- und Funktionsfähigkeit des Naturhaushalts oder das Landschaftsbild erheblich beeinträchtigen können". Die erst vor Kurzem hinzugefügte Bezugnahme auf den Grundwasserspiegel dient sowohl dem Schutz von Feucht- wie auch Trockengebieten und ihrer speziellen Flora und Fauna als auch indirekt der Reinhaltung des Grundwassers im Interesse der Wasserversorgung. Aus dem Gesetz ergibt sich nicht nur eine menschlich-moralische Verpflichtung zum Naturschutz, sondern auch eine berufliche Verpflichtung jeden einzelnen Gärtners bei seiner täglichen Arbeit.

Der Naturschutz unterscheidet Naturschutzgebiete von Landschaftsschutzgebieten (Abb. 7), Nationalparks (Abb. 6), von Naturparks und Naturdenkmälern (Abb. 8).

Abb. 6:
Nationalpark Wattenmeer

Abb. 7:
Landschaftsschutzgebiet Hochmoor Kaltenbronn

Abb. 8:
Naturdenkmal Bräutigamseiche bei Eutin

Aufgaben:

1. Erklären Sie die Unterschiede zwischen Naturdenkmal, Naturschutzgebiet, Landschaftsschutzgebiet, Naturpark und Nationalpark. Gibt es eine Hierarchie der Begriffe?
2. Geben Sie Beispiele für die oben genannten Begriffe (nach Möglichkeit aus Ihrer Umgebung).
3. Haben Sie beruflich oder auch ehrenamtlich schon bei Naturschutzmaßnahmen mitgewirkt? Erzählen Sie von Ihrer Motivation und beschreiben Sie Ihre Tätigkeit.

3.3 Ökosysteme pflegen

Ein Ökosystem besteht aus dem Verbund von Lebensraum und den darin lebenden pflanzlichen, tierischen und mikrobiellen Organismen. Ökosysteme können sich sowohl im und auf dem Wasser, auf den Landmassen oder auch im Luftraum finden lassen. Ökosysteme können unterschiedliche Größen aufweisen. So kann ein sich zersetzender Baumstumpf als Ökosystem verstanden werden, genauso wie der Wald, in dem der Baumstumpf seinen Platz hat. Von vielen Ökologen wird der Begriff Ökosystem jedoch eher in größeren Zusammenhängen verwendet. Als größtes Ökosystem gilt die Biosphäre, die die Gesamtheit aller terrestrischen und aquatischen Ökosysteme einschließt.

Pflanzen und auch Tiere sind an ihren Lebensraum gebunden. Daher ist es wichtig, in Ökosysteme nicht einzugreifen. Die Veränderung nur eines kleinen Teils eines Ökosystems könnte zur Folge haben, dass die Lebensgrundlage anderer Pflanzen oder Tiere zerstört wird. Wird zum Beispiel eine Heidelandschaft nicht mehr regelmäßig von Schafen abgeweidet, werden die Heidekräuter von höher wachsenden Sträuchern und Bäumen verdrängt. Das hat zur Folge, dass einige Schmetterlingsarten, die die sandigen Heidelandschaften benötigen, verschwinden. Davon betroffen ist auch das Nahrungsangebot für viele Singvögel. Somit ändern sich sowohl Flora als auch Fauna tiefgreifend, was zum Aussterben ganzer Spezies führen kann.

Ökosysteme können nur gepflegt werden, wenn man ihre Bestandsbedingungen genau kennt. Dazu gehören die Bodeneigenschaften (mineralische Bestandteile, pH-Wert, Nährstoffe, Wasserhaushalt) genauso wie die spezifischen Pflanzen und Tiere, die in ihrem Zusammenspiel ein dicht gewobenes Netz aus Nahrungskonkurrenten oder auch Nahrungsabhängigen bilden.

Vertiefung: Ökosystem

Das Ökosystem unterteilt sich in Biozönose und Biotop. Die Biozönose ist eine Gemeinschaft von Organismen verschiedener Arten in einem abgrenzbaren Lebensraum (Biotop) bzw. an einem abgrenzbaren Standort. Man unterscheidet Wechselwirkungen zwischen den Mitgliedern einer Art (intraspezifische Wechselbeziehungen) und Wechselwirkungen zwischen den Mitgliedern verschiedener Arten (interspezifische Wechselbeziehungen), z. B. durch Konkurrenz um Nahrung und Lebensraum. Diese Wechselwirkungen können Einfluss auf die Überlebens- und Fortpflanzungsfähigkeit des Individuums (Fitness) und damit auch auf die Entwicklung der Populationsdichte einer Art in einem Ökosystem haben. Die Wechselbeziehungen können symbiotischen Charakter haben, bei der beide Arten Nutzen aus der gemeinsamen Beziehung ziehen [Beispiel: *Fagus sylvatica* lebt in Symbiose mit einem Wurzelpilz (*Mycorrhiza*), welcher der Pflanze die Aufnahme von Nährstoffen ermöglicht. Der Pilz profitiert durch die Nahrungsaufnahme aus den Pflanzenleitbahnen.]. Oft konkurrieren die Lebewesen aber um Nahrung und Lebensraum. D. h., eine der Spezies wird sich gegenüber der anderen durchsetzen.

Biozönosen stellen ein dynamisches System dar, das sich ständig ändert. Bleiben Individuen- und Artenzahlen über einen längeren Zeitraum konstant, befindet sich das Ökosystem im Gleichgewicht. Veränderungen der Umweltbedingungen oder der Artenzusammensetzung können aber eine Biozönose rasch verändern. Dabei können einer verbreiteten Hypothese zufolge artenreiche Ökosysteme Veränderungen besser kompensieren als artenarme, sie sind stabiler. Eine Art kann – insbesondere wenn sie Wanderungen durchführt – Angehörige verschiedener Biozönosen sein. So gehören junge Flussaale im Meer als Weidenblattlarven zum Plankton, später als Glasaale zum Nekton und schließlich zum Nekton eines Flusses oder Sees. Die Zugehörigkeit zu einer Biozönose kann sich demnach auch im Verlauf der verschiedenen Entwicklungsstadien ändern. Je vielfältiger die ökologischen Nischen eines Biotops sind, desto artenreicher ist die Biozönose (siehe Text Seite 34ff.). Der Zusammenhang gilt auch umgekehrt: Je mehr Arten, desto mehr Nischen. Die intensiven Wechselbeziehungen, vor allem die Nahrungsbeziehungen (Abb. 9), fördern die Evolution und damit die Anpassung der Arten an die biotischen und abiotischen Faktoren eines Ökosystems. Von Koevolution spricht man, wenn bei zwei Arten eine gegenseitige Anpassung aneinander erfolgt (z. B. System Bestäuber – Blüte). Koevolution fördert die Spezialisierung von Arten und erhöht damit tendenziell den Artenreichtum von Biozönosen.

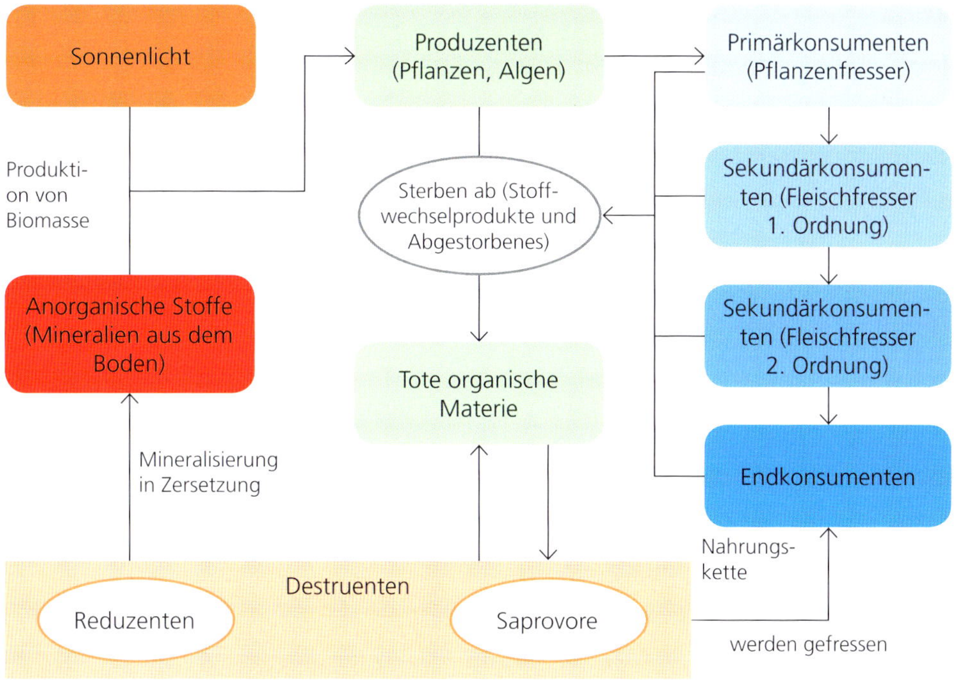

Abb. 9:
Der Stoffkreislauf als Beispiel für Nahrungsbeziehungen

Aufgaben:

1. Fertigen Sie sich Lernkarten an zu folgenden Begriffen: Biotop, Biosphäre, Biozönose, Destruenten, Konsumenten, Ökosystem, Produzenten, Reduzenten, Saprovore.
2. Was ist ein Nahrungsnetz? Stellen Sie eines beispielhaft in Form eines Plakats auf.
3. Warum reagiert ein Ökosystem sensibel auf Veränderungen? Erklären Sie mit eigenen Worten.
4. Wie können Sie als Gärtner Biotope und eine Vernetzung von Biotopen fördern?
5. Nennen Sie fünf Beispiele für Ökosysteme einschließlich drei charakteristischer Lebewesen.
6. Diskutieren Sie mit Ihren Kollegen, ob der Mensch ein eigenes Ökosystem braucht. Wenn ja: Wie muss es aussehen?
7. Die Streuobstwiese zählt zu den schützenwerten Landschaften. Beschreiben Sie, was eine Streuobstwiese ausmacht und recherchieren Sie, wie viele Tier- und Pflanzenarten von einer Streuobstwiese profitieren.
8. In den meisten deutschen Bundesländern existiert eine Knickschutzverordnung zum Schutz von Wallhecken. Berichten Sie, welche charakteristischen Kennzeichen so eine Wallhecke besitzt und warum sie schützenswert ist. Warum sehen viele Landwirte einen Nachteil im Erhalt eines Knicks? Finden Sie dazu Gegenargumente.
9. Erstellen Sie eine Fotocollage mit verschiedenen Abbildungen von Biotopen und Ökosystemen.
10. Betrachten Sie Abb. 9 auf Seite 21 und finden sie zu jedem Kästchen zwei tierische oder pflanzliche Beispiele.
11. Schauen Sie sich die Dokumentation auf www.youtube.com/watch?v=uUi-Z5RShf4 an. Von welchem Ökosystem ist hier die Rede? Welche Merkmale zeichnen diese Landschaftsform aus? Nennen Sie unterschiedliche Arten des Ökosystems mit deren Kennzeichen.
12. Beschreiben Sie ein Biotop oder Ökosystem, welches in der Nähe Ihres Wohnortes liegt in Form eines Kurzreferats. Welche Merkmale weist das beschriebene Biotop/Ökosystem auf?
13. Entwickeln Sie ein Memory-Spiel, indem Sie 20 Fotos von Biotopen, Ökosystemen, Naturdenkmälern oder ähnliches eine Karte mit der genauen Bezeichnung und der Auflistung der besonderen Charakteristiken als Paar gegenüberstellen.
14. Verknüpfen Sie die Begriffe aus dem Memory-Spiel aus Aufgabe 13 zu einem Kreuzworträtsel in Partnerarbeit und tauschen Sie die Rätsel zum Lösen untereinander aus.

Standortaufnahme, Informationsbeschaffung und -auswertung

Marek ist schlecht gelaunt. Heute Morgen hat ihn der Chef mit einer langen Liste losgeschickt, er solle alle Pflanzen, die noch zum Verkauf im Gewächshaus stehen, mit Namen und genauer Anzahl auflisten. Wenn er damit fertig ist, steht das Gleiche noch einmal bei den Kulturgefäßen, bei den Düngervorräten und bei den Verpackungsfolien an. „Was hat das denn mit meiner Ausbildung zu tun?", hat er seinen Kollegen gefragt. Er hat ihm aber nur geantwortet: „Wenn du erfolgreich eine Gärtnerei betreiben möchtest, dann musst du wissen, was du an Vorräten hast und was du noch bestellen musst. Stell dir vor, die Kunden wollen Pelargonien kaufen und du hast nicht mehr genug, dann laufen die doch alle zur Konkurrenz!" So hat Marek das noch nicht betrachtet. Nun versteht er, warum seine heutige Arbeit so wichtig ist. Trotzdem: Er hätte lieber beim Pikieren geholfen, als hier alles durchzuzählen. Lässt sich das eigentlich mit dem Computer nicht viel einfacher erledigen? Schon ist Mareks schlechte Laune verflogen und in Gedanken tüftelt er bereits daran, wie man diese Arbeit in Zukunft mit Unterstützung der EDV-Anlage durchführen kann.

4. Informationsbeschaffung und Datenerfassung

Wer seinen Betrieb erfolgreich führen möchte, muss über viele Dinge informiert sein:

- Welche neuen Gesetze und Verordnungen (z. B. Sachkundenachweis im Pflanzenschutz) muss ich beachten?
- Welche Pflanzenkrankheiten bedrohen aktuell eine Kultur und welche Maßnahmen kann ich ergreifen (z. B. Infodienst der Landwirtschaftskammer)?
- Wo kann ich neue Aufträge akquirieren (z. B. Bundesanzeiger für öffentliche Aufträge)?
- Wer liefert mir dringend benötigte Werkstoffe (z. B. Industrie- und Handelskammer)?
- Wie finde ich qualifizierte Arbeitskräfte (z. B. Bundesagentur für Arbeit)?
- Wer hilft mir bei der Bilanzierung und der Steuererklärung (z. B. Steuerberaterkammer)?

Oft ist nicht die Beantwortung der Frage das Problem, sondern wo man nach der Antwort suchen soll. Die Möglichkeiten dafür können vielfältig sein.

4.1 Möglichkeiten

Abb. 10:
Informationsbeschaffung über Fachzeitschriften

Bei der Informationsbeschaffung kann jeder auf lokale, regionale oder globale Informationsmöglichkeiten zurückgreifen. Die lokalen Möglichkeiten sind beispielsweise der Aushang an der Gemeindeverwaltung, die Lokalzeitung oder auch der Unternehmerstammtisch vor Ort. Hier bekommt man Informationen aus der näheren Umgebung. Auch die öffentliche Gemeinderatssitzung oder eine öffentliche Fragestunde können hilfreich sein. Oft werden Informationen auch durch Mundpropaganda weitergegeben. Dann ist es wichtig, diese Informationen auf ihren Wahrheitsgehalt hin zu überprüfen, um festzustellen, ob die Information ernst zu nehmen ist, oder ob es sich um ein Gerücht handelt. Reichen diese Informationsquellen nicht aus, bleibt die regionale Recherche. Hier helfen Institutionen weiter, wie die Industrie- und Handelskammer oder die Handwerkskammer, regionale Kooperationen, Interessenszusammenschlüsse oder Genossenschaften, die über die wirtschaftlichen Entwicklungen eines Kreises oder eines Bundeslandes informiert sind. Auch die überregionale Tageszeitung, in der private und öffentliche Anzeigen abgedruckt werden, oder aber auch spezielle Fachzeitschriften und -literatur können bei der Beantwortung vieler Fragen helfen.
Da heute aber die Wirtschaft global vernetzt ist, ist die erste Wahl der Informationsbeschaffung das Internet. Wer beispielsweise Tulpenzwiebeln aus den Niederlanden importieren will oder für die Erfüllung eines Arbeitsauftrages im grenzüberschreitenden

Bereich noch Arbeitskräfte sucht, findet hier schnell über Suchmaschinen Antworten. Allerdings muss die Suchmaschine mit möglichst genauen Suchbegriffen gefüttert werden, damit die Suche nicht ins Leere verläuft, sondern Erfolg hat. Oft empfiehlt es sich, sich bei der Suche mehrerer Suchmaschinen zu bedienen, da nicht alle den identischen Informationsbereich abdecken.

Merke:

Wer im Internet nach Informationen sucht, darf nicht vergessen, dass jeder so gut wie alles im Internet veröffentlichen darf. Das bedeutet nicht, dass diese Informationen auf ihre Richtigkeit hin überprüft worden sind oder dass sie aktuell sind. Das sollten Sie in jedem Fall selbst tun, indem Sie eine weitere, anders geartete Informationsquelle befragen.

4.2 Lagerhaltung

Eine gute Lagerhaltung ist das A und O eines gut geführten Unternehmens. Dazu gehört, dass der Unternehmer darüber informiert ist,

- wie viele Produkte er noch im Lager hat und für den Verkauf zu Verfügung stehen,
- wie lange einzelne Produkte oder Rohstoffe im Lager bleiben oder
- welche Materialien und Werkzeuge wann nachbestellt werden müssen.

Dabei wird zwischen Verbrauchsgütern, die bei der Produktion des eigentlichen Verkaufsprodukts verbraucht werden (z. B. Pflanzsubstrat oder Steine für eine Terrasse), und Gebrauchsgütern, die mehrmals in der Produktion eingesetzt werden können (beispielsweise Werkzeuge und Maschinen, aber auch Pfandkisten) unterschieden.

Abb. 11:
Lesegerät für Barcodes

Nur wenn es in der Lagerhaltung nicht zu Engpässen kommt, können Kundenaufträge für alle Seiten zufriedenstellend abgewickelt werden. Größere Betriebe müssen für steuerliche Zwecke einmal jährlich eine Inventur machen, bei der alle Lagerbestände gezählt und mit ihrem Wert verbucht werden. Leichter wird diese Arbeit, wenn sie EDV-gestützt durchgeführt wird: Dabei werden alle auf Lager genommenen Güter mit einem Lesegerät über einen speziellen Code eingescannt (Abb. 11). Wird der Rohstoff aus dem Lager genommen und weiterverarbeitet bzw. das fertige Produkt verkauft, werden der Rohstoff oder das Produkt nochmals gescannt und damit der Warenausgang verbucht.

Vertiefung: Barcode und RFID

Während ein Barcode Strichcodes oder Pixelcodes (QR-Codes) mit Zahlen kombiniert, werden bei RFID (Radio Frequency Identification) Radiowellen von einem Chip ausgesandt, die ein Transponder beim Passieren registriert, identifiziert und entsprechend verbucht. Eine automatische Vernetzung mit Lieferanten ist möglich. Siehe auch Tab. 3.

Barcode		RFID	
• Bestehend aus hellen Lücken und dunklen Strichen • Module als Einheiten (Mindestbreite eines Striches) • Start und Stoppzeichen für Lesegerät • Nutzziffern mit spezifischer Bedeutung • Selbstüberprüfende Barcodes oder Barcodes mit Prüfziffer • Bei dreidimensionalen Barcodes kommen zusätzlich Farben zum Einsatz		• Ein Chip am Produkt wird automatisch bei allen Bewegungen auf dem Betriebsgelände erfasst • RFID-System besteht aus: Transponder (TAG; passiv oder aktiv), Lesegerät, Middleware • Mögliche Umsetzung: Positionierung von Gates an den Lagerausgängen und automatische Buchung von Ersatzteilen beim Verlassen des Lagers	
Vorteile	**Nachteile**	**Vorteile**	**Nachteile**
• Vereinfachte und sichere Buchung sowie Bestandskontrolle • Buchung zeitnah und direkt am Entnahmeort • Kurze Prozessdurchlaufzeiten und hohe Transparenz • Fehlerreduzierung durch Vermeidung manueller Eingaben • Geringe Betriebskosten • Ausgereifte Technologie	• Beschädigungen an Barcodes führen zu Informationsverlusten • Kleinteile können nicht mit Barcode versehen werden • Komplexe Geometrien können nicht mit Barcode versehen werden	• Identifizierung ohne Sichtkontakt möglich • Zuverlässigkeit in rauer Umgebung • Hohes Speichervolumen • Hohe Lesegeschwindigkeit • Wiederverwendbarkeit von Transpondern • Buchung der Lagerbestände wird automatisiert • wiederbeschreibbar	• Flüssigkeiten absorbieren Signale • Pulkerfassung nicht 100 % realisierbar (z. B. verdeckte Teile) • Abschirmung auf metallischem Untergrund • Keine Langzeiterfahrungen vorhanden • Hohe Anschaffungskosten • Hoher Aufwand zum Anbringen und Abnehmen der Chips an den Lagerteilen • Für jeden Lagerort müssen Gates beschafft werden

Tab. 3: Barcode- und RFID-Systeme im Vergleich

Aufgaben:

1. Stellen Sie zusammen, welche Möglichkeiten der Informationsbeschaffung es in Ihrem Betrieb gibt und welche genutzt werden.
2. Wie gehen Sie bei Ihrer privaten Informationsbeschaffung vor? Stellen Sie eine Rangliste der fünf hauptsächlich genutzten Möglichkeiten zusammen.
3. Nutzen Sie die vielfältigen Informationsmöglichkeiten und tragen Sie aktuelles Wissen zum Umweltrecht im Gartenbau zusammen: Welche Gesetzgebungen sind für Düngemittel und Pflanzenschutz zu beachten? Wie sieht es mit Vorschriften für Energieersparnis und Recycling aus? Was muss in Bezug auf Wasser-, Natur- und Artenschutz berücksichtigt werden? Stellen Sie zu diesen Punkten einen Katalog zusammen.

Bearbeiten Sie in Ihrem Arbeitsheft die Arbeitsblätter auf den Seiten 9 bis 13 und 15.

5. EDV-Nutzung

Für die betriebsinterne Nutzung der EDV (Elektronische Datenverarbeitung) ist die Anschaffung geeigneter Hard- und Software notwendig (Tab. 4). Der Begriff Hardware umfasst alle Geräte, die zur EDV-Nutzung notwendig sind, während die Software die Programme beinhaltet, die man zur Erledigung von Arbeiten am Computer benötigt (Briefe schreiben, Lohnbuchhaltung durchführen, Scan-Programm für die Lagerhaltung).

Hardware	Software
mechanische und elektronische Ausrüstung eines datenverarbeitenden Systems: • Motherboard oder Mainboard mit Chipsatz, Prozessor und Arbeitsspeicher (RAM) • Massenspeicher: Laufwerke (Festplattenlaufwerk, Flashspeicher, CD-ROM-Laufwerk, DVD-Laufwerk, Zip-Laufwerk, Jaz-Laufwerk usw.) und Speichermedien • Erweiterungskarten (Grafikkarte, Soundkarte, Netzwerkkarte, TV-Karte, ISDN-Karte, USB-Karte, PhysX-Karte usw.) • Netzteil, Gehäuse, Lüfter • Peripheriegeräte (Ausgabegeräte wie Drucker, Bildschirm, Beamer, Lautsprecher usw.; Eingabegeräte wie Tastatur, Maus, Joystick und Einlesegeräte wie verschiedene Arten von Scannern, Mikrofone, Kartenlesegeräte	Programme und die zugehörigen Daten: • z. B. Microsoft Office • Buchhaltungssoftware • CAD • Produktionsplanungs- und Steuerungssysteme (PPS)

Tab. 4: Hardware und Software

Das EDV-System eines Betriebes kann aber nicht nur für die Lagerhaltung genutzt werden. Alle verwaltungstechnischen Arbeiten lassen sich mithilfe von Computern vereinfachen:

- Angebote, Rechnungen und der gesamte Schriftverkehr lassen sich so nicht nur schreiben, sondern auch abspeichern.
- Für die Lohnbuchhaltung gibt es spezielle Software.
- Kalkulationen von Maschinen und Geräten lassen sich übersichtlich verwalten.
- Über E-Mail-Programme und das Intranet lassen sich alle Betriebsteile miteinander vernetzen.
- Arbeitskräfteeinsatz, Urlaubsplanungen und krankheitsbedingte Ausfälle sind leichter planbar.
- Über Websites u. Ä. lassen sich Werbung und persönliche Kundenansprache gezielt einsetzen.
- Die Klimasteuerung des Gewächshauses lässt sich durch die EDV optimieren.
- Gartenpläne lassen sich über Zeichenprogramme anfertigen.

Abb. 12:
EDV-Vernetzung

Die Liste ist keineswegs vollständig und lässt sich durch technische Neuerungen in Zukunft noch erweitern, vereinfachen oder ergänzen.

Aufgaben:

1. Ordnen Sie die folgenden Begriffe den Überschriften Hardware und Software zu: Externe Festplatte, USB-Stick, LINUX, Word, Kamera, Skype, Android, Tablet.
2. Listen Sie auf, welche Hardware und welche Software Sie privat nutzen und welche Ihr Ausbildungsbetrieb verwendet.

Bearbeiten Sie in Ihrem Arbeitsheft das Arbeitsblatt auf Seite 14.

6. Pläne zeichnen und lesen

Im Garten- und Landschaftsbau gehören das Zeichnen und Lesen von Plänen zu den alltäglichen Arbeitsabläufen. Der Gartenplan stellt die zeichnerische Anweisung dar, die der Gärtner auszuführen hat. Auch der Bauherr bekommt mit dem Plan eine Vorstellung davon, wie sein Garten bei Abschluss der Arbeiten aussehen soll. Damit dieser Plan für alle gleichermaßen verständlich ist, muss die gezeichnete Sprache einheitlich

sein. Dafür werden ein geeigneter Maßstab und spezielle Symbole z. B. für Laubbäume, Verlegemuster oder Treppenstufen verwendet. Die Bedeutung dieser Symbole gehört zu den Grundkenntnissen jeden Gärtners im Garten- und Landschaftsbau, aber auch im Friedhofsgartenbau.
Pläne sind zweidimensional, die Bauausführung erfolgt dagegen dreidimensional. Daher ist es häufig schwierig, alle Informationen in einen Plan einzuzeichnen. Deshalb gibt es für die unterschiedlichen Erfordernisse auch verschiedene Pläne:

- Der Bestandsplan bildet alle Dinge so ab, wie sie sich vor der Baumaßnahme darstellen.
- Der Ausführungsplan zeigt die Außenanlage nach Vollendung aller Arbeiten. Er enthält alle notwendigen Informationen zur Bauausführung.
- Detailpläne gehen auf Einzelheiten der Gesamtanlage genauer ein, beispielsweise die genaue Ausführung einer Teichanlage.
- Kabelpläne geben Auskünfte über alle verlegten Rohrleitungen und Kabelsysteme. Sie müssen vor Beginn der Baumaßnahme bei der zuständigen Amtsverwaltung (z. B. Tiefbauamt, Strom- und Wasserversorger) vorgelegt werden.
- Der Höhenplan informiert über die Höhen und Tiefen der Geländemodellierungen.
- Der Pflanzplan stellt Arten, Beschaffenheit und Anzahl der geplanten Bepflanzung dar.

6.1 Plansymbole

Sowohl bei der Planzeichnung von Hand als auch bei der Verwendung eines Computerprogramms zum Zeichnen müssen Symbole einheitlich und eindeutig interpretierbar sein. Eine Übersicht über gängige Symbole geben die Tab. 5 und die Abb. 13.

Symbol	Bedeutung
	Das Dreieck, der Pfeil und das N geben die nördliche Himmelsrichtung an.
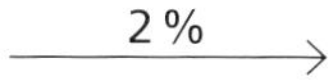	Die Richtung des Pfeils gibt die Gefälleneigung an. Hier: 2 cm auf 100 cm.
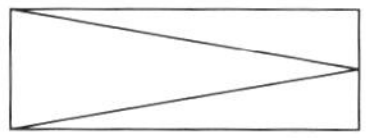	Rampe: Die Dreieckspitze gibt den höheren Punkt der Rampe an.
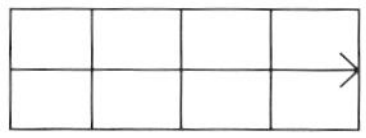	Treppe: Der Pfeil zeigt in Laufrichtung von unten nach oben.
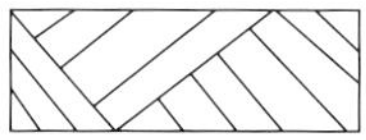	Anstehender Boden

Symbol	Bedeutung
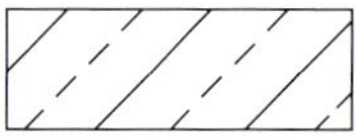	Bewehrter Beton
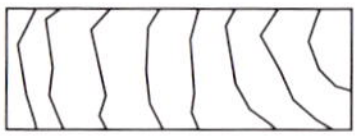	Holzschnittfläche
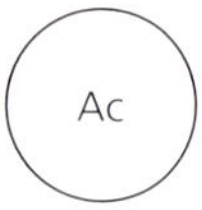	Laubbaum mit Hinweis auf Pflanzenart (Ac = *Acer campestre*)
	Nadelbaum mit Hinweis auf Pflanzenart (Jc = *Juniperus chinensis*)
	Flächendeckende Bepflanzung mit Hinweis auf Art und Anzahl (24 *Symphoricarpos chenaultii*)
	Symbole für Solitärstauden

Tab. 5: Auswahl an Plansymbolen

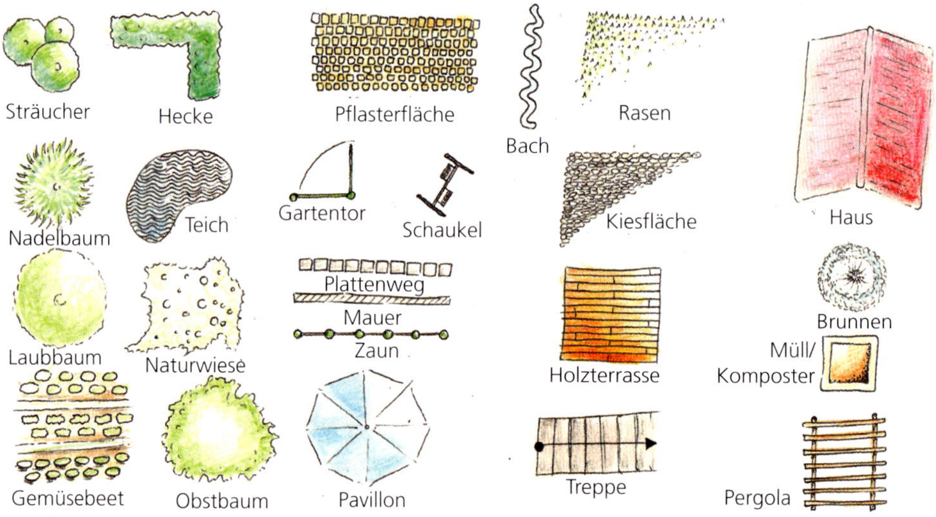

Abb. 13:
Gartensymbole

6.2 Pläne maßstabsgerecht zeichnen

Damit aus Plänen die Proportionen und tatsächlichen Längen und Breiten herausgelesen werden können, müssen alle Informationen in einem einheitlichen Maßstab eingezeichnet sein. Ein Maßstab von 1:100 bedeutet, dass eine Strecke, die auf dem Plan 1 cm misst, in der Realität 100 cm lang sein soll bzw. ist (also 1 m). Die vor Ort gemessenen Längen und Flächen müssen in einen selbst gewählten, aber von der Größe her geeigneten Maßstab übertragen werden. Der Maßstab muss so gewählt werden, dass alle Einzelheiten zu erkennen sind, aber auch die Dimension des Zeichenpapiers nicht überschritten wird. Schließlich müssen die Pläne auf der Baustelle ohne Schwierigkeiten und Beschädigungen auseinanderzufalten sein. Der Maßstab wird neben den Angaben des verantwortlichen Zeichners, dem Datum für den aktuellen Stand des Planes und der Bezeichnung für das genaue Bauvorhaben vermerkt, sodass jeder die Angaben entsprechend umrechnen kann.

Abb. 14:
Zeichnung eines Gartenplans

Merke:

Da Pläne häufig kopiert werden, können sich dadurch die gezeichneten Linien so verändern, dass sie nicht mehr mit dem Maßstab übereinstimmen. Deshalb dürfen nur die Maßangaben in Zahlen aus dem Plan verwendet und niemals Strecken aus dem Plan herausgemessen werden. Nur die Proportionen der Strecken und Flächen zueinander können im Zweifelsfall mit einbezogen werden.
Damit Pläne auch auf der Baustelle dauerhaft, trotz widrigen Wetters lesbar bleiben, sollten sie laminiert oder in spezielle und verschließbare Plantaschen eingeschoben werden. Achtung: bei größeren Bauvorhaben existieren häufig mehrere Pläne mit nur kleinen Unterschieden, die zu verschiedenen Zeitpunkten erstellt wurden, um z. B. auf Änderungswünsche des Bauherren einzugehen. Deshalb muss man vor Ort immer darauf achten, dass für das Bauvorhaben die jüngste Version vorliegt.

Abb. 15:
Gartenplan

Aufgaben:

1. Welche Details sind durch welche Symbole im Plan von Abb. 15 dargestellt?
2. Zeichnen Sie selbst einen maßstabsgerechten Plan für einen 400 m^2 großen Garten mit Rasen, Pflanzflächen, Terrasse und Teich.
3. Wie lang müssen folgende Strecken auf dem Plan gezeichnet werden: 27,50 m (1:250); 3,75 m (1:75); 55 dm (1:500).
4. Betrachten Sie den unten abgebildeten Planausschnitt in allen Einzelheiten und fassen Sie zusammen, welche Informationen Sie ihm entnehmen können.

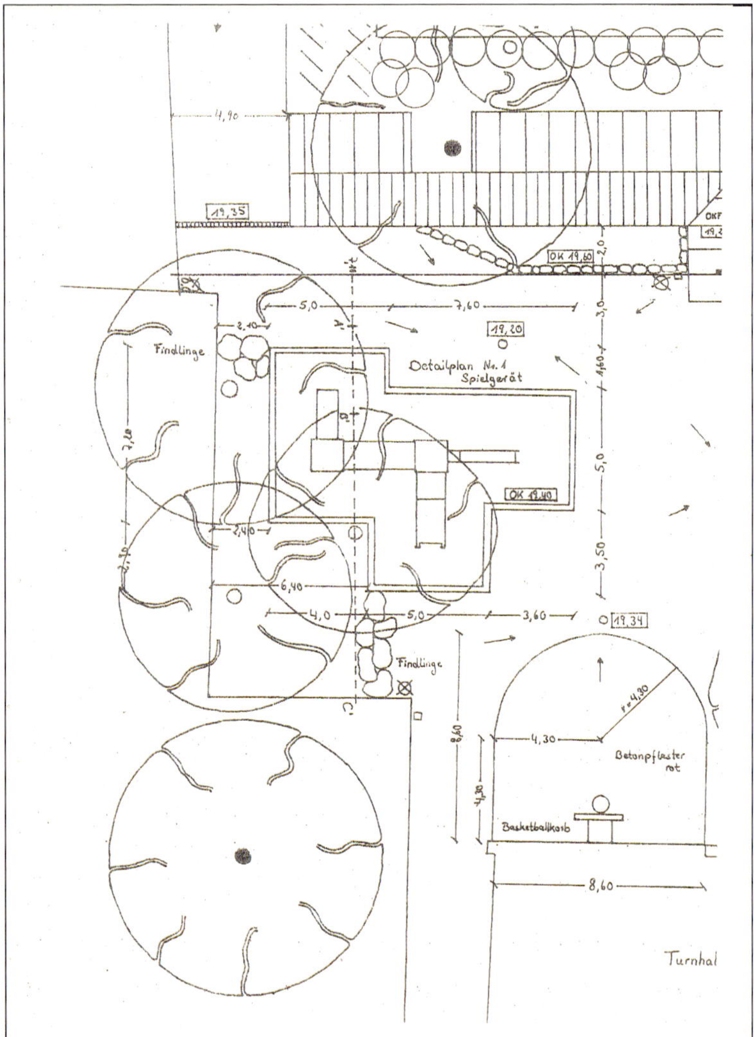

Abb. 15:
Gartenplan

PFLANZEN UND IHRE VERWENDUNG

Ganz aufgeregt kommt Nele am Abend nach Hause. Es war ihr erster Tag der Ausbildung zur Gärtnerin im Botanischen Garten. So viel hat sie gesehen und erlebt, das muss sie erst einmal ihren Eltern erzählen: „Ihr glaubt nicht, wie viele verschiedene Pflanzen die dort haben! Und in den Gewächshäusern imitieren die Kollegen die Klimazonen der Welt. Wusstet ihr, dass es Kakteen gibt, die nur in Amerika wachsen, weil sie sich an die Wetter- und Klimabedingungen dort angepasst haben? Und jede Pflanze ist dort ausgeschildert, da stehen der deutsche und der botanische Name drauf. Der botanische Name ermöglicht sozusagen die Bestimmung von Pflanzen auf der ganzen Welt, da kann es nicht zu Verwechslungen kommen. Heute durfte ich schon Ohrenkakteen vermehren, dazu braucht man nur einen Pflanzenabschnitt abtrennen und in einen Topf mit Substrat stecken. Wenn die dann in ein paar Wochen angewachsen sind, entstehen ganz neue Kakteen daraus. Und für dich, Mama, durfte ich ein paar Samenkörner für deinen Kräutergarten mitnehmen, die kannst du gleich morgen aussäen ...“ Nele erzählt noch den ganzen Abend. Dass der Beruf des Gärtners so viele Facetten hat, hat sie vorher nicht geahnt.

1. Klima- und Vegetationszonen unterscheiden

1.1 Die Klimazonen

Die Regionen der Erde, die sich durch ähnliche Wetterbedingungen, Temperaturen und Niederschläge auszeichnen, werden als Klimazonen zusammengefasst. Bedingt durch den Sonnenstand, verlaufen die Klimazonen parallel zum Äquator und bilden sogenannte Klimagürtel. Man kann fünf größere Klimagürtel unterscheiden, welche sich allerdings noch durch kleinere Abweichungen in insgesamt zehn Klimazonen aufsplitten.

1.1.1 Die tropischen Klimate

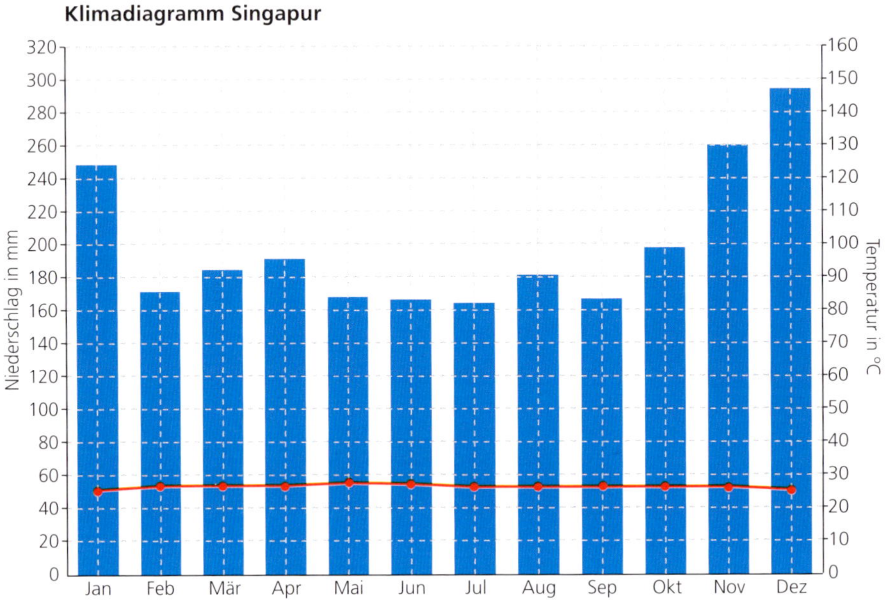

Abb. 1:
Tropisches Regenwaldklima

Die tropischen Klimate umfassen die Gebiete direkt am Äquator und werden durch die Wendekreise bei 23,5° nördlicher und südlicher Breite begrenzt. Hier herrschen im Mittel ganzjährig Temperaturen zwischen 24 und 30 °C und es fallen durchschnittlich über 1 500 mm Niederschläge in einer als Regenzeit bezeichneten Periode. Im Kern dieses Klimagürtels liegt das **tropische Regenwaldklima** mit Niederschlagsmengen von mehr als 2 500 mm pro Jahr (Abb. 1). Nördlich und südlich grenzt das **Savannenklima** an. Hier wird die Regenzeit von einer zwei bis sieben Monate andauernden Trockenperiode unterbrochen. Die Jahresniederschlagsmenge liegt bei rund 1500 mm. Die Temperaturen erreichen durchschnittlich über 25 °C (Abb. 2).

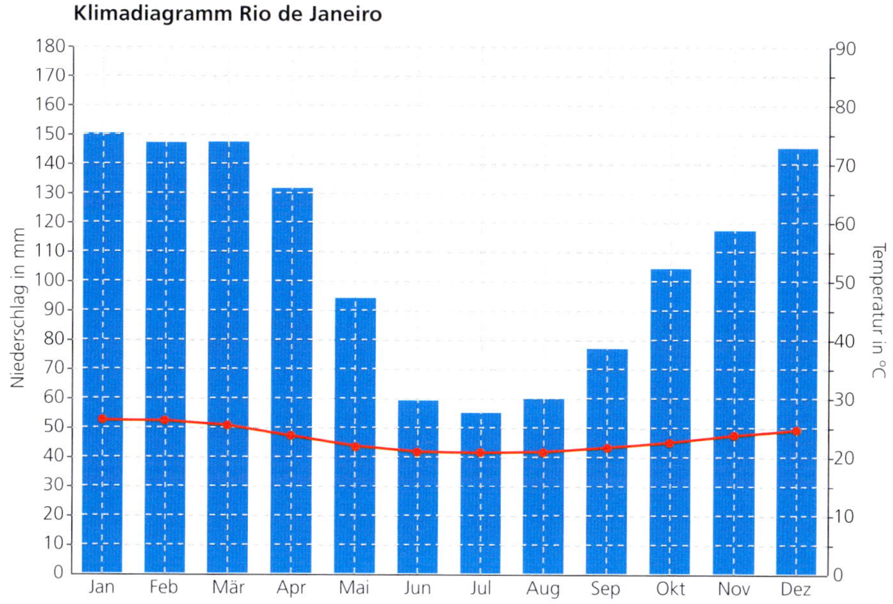

Abb. 2:
Savannenklima

1.1.2 Die Trockenklimate

An die tropischen Klimazonen grenzen die Trockenklimate an. Hier werden die Regenzeiten kürzer oder können sogar ganz ausbleiben. Es gibt auch große Temperaturschwankungen zwischen Tag und Nacht. Hierzu zählen die **Wüstenklimate** mit Tagesdurchschnittstemperaturen von bis zu 40 °C; nachts können die Temperaturen bis auf den Gefrierpunkt sinken. Niederschläge fallen bis zu 200 mm pro Jahr (Abb. 3). Wüstengebiete sind wegen der langen Trockenperioden und der hohen Temperaturen ausgesprochen vegetationsarm. Nach jedem seltenen Niederschlag blüht die Wüste jedoch sofort auf und erstrahlt in überschwänglicher Farbenpracht.
Bekannte Wüsten sind die Sahara oder die Kalahari in Afrika, die Wüste Gobi in Asien oder auch die Atacama-Wüste in Südamerika. Die **Steppenklimate** zählen ebenfalls zu den Trockenklimaten. Hier fällt die Trockenzeit kürzer aus und es fallen bis zu 200 mm Niederschläge pro Jahr. Die Jahresdurchschnittstemperatur liegt wegen der Tag- und Nachtschwankungen bei ca. 18 °C (Abb. 4).
Die Trockenklimate werden auch als Subtropen bezeichnet. Sie bilden ein sogenanntes Übergangsklima zwischen den Tropen und den gemäßigten Klimaten, die sich durch tropisch-heiße Sommer und nicht tropische, kühle Winter auszeichnet. Im Einzelnen lassen sich die trockenen, die winterfeuchten und die immerfeuchten Subtropen unterscheiden.

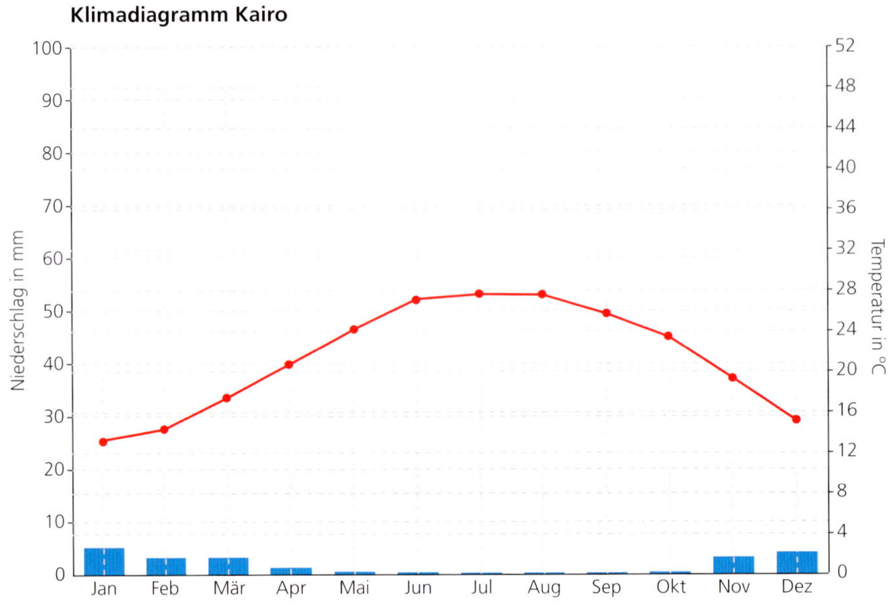

Abb. 3:
Klimadiagramm des Wüstenklimas

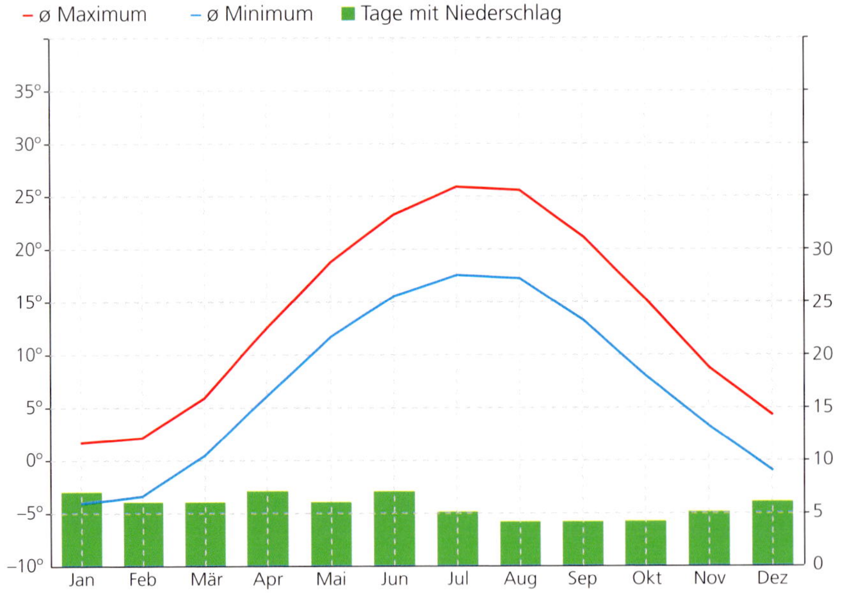

Abb. 4:
Steppenklima in Odessa/Ukraine

1.1.3 Die gemäßigte Klimazone

In diesem Klimagürtel werden drei Klimazonen unterschieden. Im **sinischen Klima** schwankt die Temperatur im Jahr zwischen 22 °C und –3 °C. In den Wintermonaten herrscht hier eine Trockenperiode vor. Die jährliche Niederschlagsmenge liegt zwischen 500 und 1000 mm (Abb. 5). Im **Mittelmeerklima** gibt es eine Trockenzeit während der Sommermonate mit Temperaturen zwischen 25 bis 30 °C. Die Jahresniederschlagsmenge schwankt zwischen 700 und 900 mm (Abb. 6). Im **feucht-gemäßigten Klima** fällt der Großteil der Niederschläge von 700 bis 1200 mm während des Sommers. In dieser Zeit liegen die Temperaturen bei 18 °C bis 25 °C, während sie im Winter auf unter –20 °C fallen können (Abb. 7).

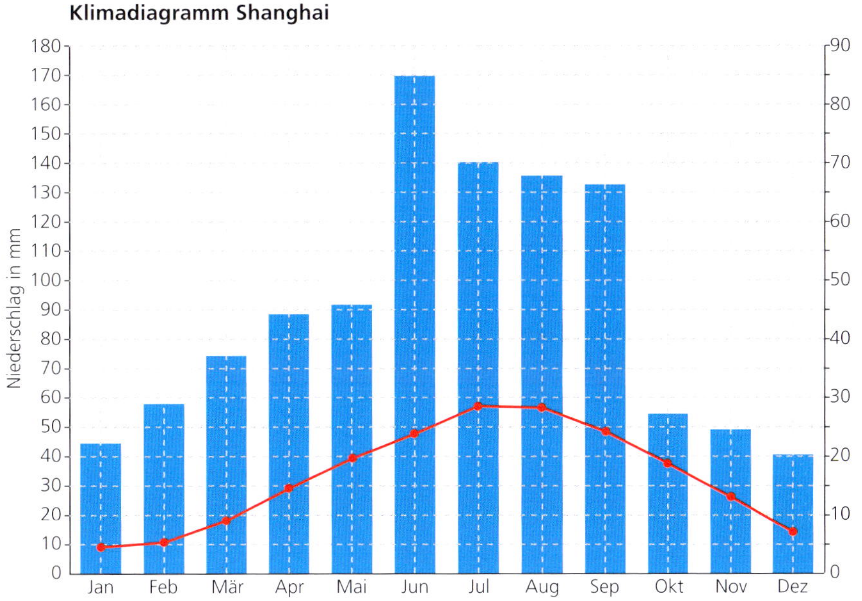

Abb. 5:
Klimadiagramm des sinischen Klimas

Vertiefung: sinisches Klima

Das sinische Klima weist in seiner Namensgebung auf die Klimabedingungen in China hin. Jedoch ist China so groß, dass dort mehrere unterschiedliche Klimazonen zu finden sind. Es gibt sowohl ein winterkaltes Nadelwaldklima, wie wir es auch in Sibirien vorfinden, die trockenen Wüsten und Steppen der Mongolei, ein durch den Monsun und kontinental geprägtes, gemäßigtes Klima am Meer, als auch tropische und subtropische Monsunklimate und das kalte Gebirgsklima des Himalaya.

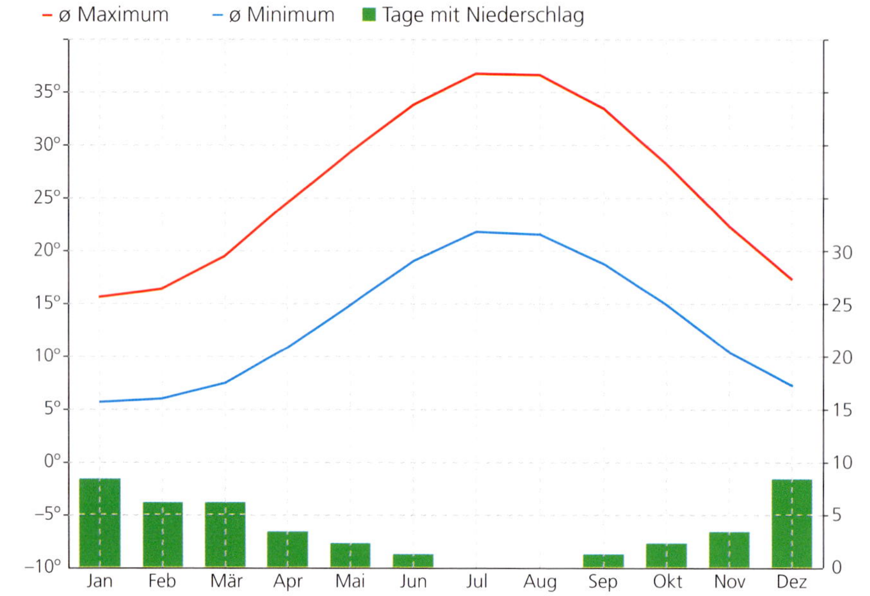

Abb. 6:
Mittelmeerklima in Nikosia/Zypern

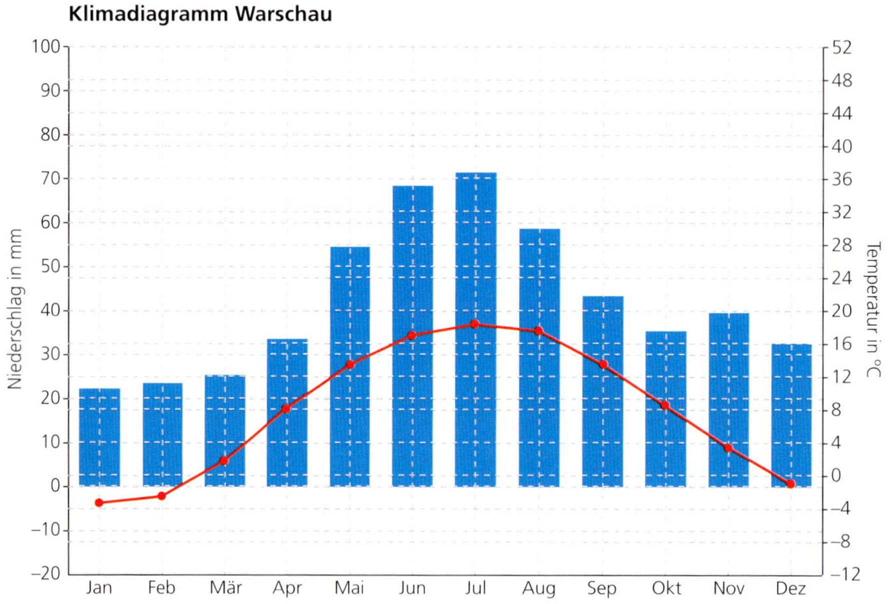

Abb. 7:
Klimadiagramm des feucht-gemäßigten Klimas

1.1.4 Die Schneeklimate

Dieser Klimagürtel erstreckt sich hauptsächlich über die Nordhalbkugel, da auf der Südhalbkugel kaum Landmassen zu finden sind. Im Winter hat man es dort mit sehr kalten Hochdruckwettergebieten zu tun. Im Landesinneren spricht man auch vom kontinentalen Klima, da Wetter- und Temperaturentwicklungen von den Landmassen geprägt sind. In Küstennähe haben die Meere maßgeblichen Einfluss auf das Wetter und es wird demzufolge von maritimem Klima gesprochen. Außerdem unterscheidet man das **feucht-winterkalte Klima** mit Niederschlägen von 700 bis 1000 mm pro Jahr und Temperaturen von 20 °C im Sommer und – 10 °C im Winter (Abb. 8). Diese Klimazone zeichnet sich durch mäßig warme Sommer und kalte Winter aus. In diese Klimazone fällt auch Deutschland, wobei Norddeutschland durch Nord- und Ostsee eher maritim geprägt ist. Süddeutschland ist demzufolge eher dem kontinentalen Klima zuzuordnen. Mecklenburg-Vorpommern, obwohl an der Ostseeküste gelegen, hat oft kontinentales Klima, das sich durch Wettereinflüsse aus Russland kennzeichnet: Es herrschen trockene, heiße Sommer (die Insel Hiddensee hat die höchste Sonnenscheindauer in Norddeutschland) und schneereiche Winter mit extremen Tiefsttemperaturen im zweistelligen Minusbereich. Das **transbaikalische (subarktische) Klima** ist von Sommertemperaturen von maximal 30 °C und Wintertemperaturen von bis zu –50 °C geprägt. Die jährliche Niederschlagsmenge liegt bei 250 bis 500 mm im Jahr (Abb. 9). Das subarktische Klima umfasst weite Teile von Russland, Skandinavien, Island, Grönland und Nord-Kanada. Vorherrschende Vegetation sind Nadelgehölze, vor allem Kiefern und Zwergsträucher wie Zwergweiden und -birken oder auch Heidelbeeren und verwandte Arten *(Vaccinum)*. Im Unterholz wachsen viele Moose, Farne und hartlaubige Gräser.

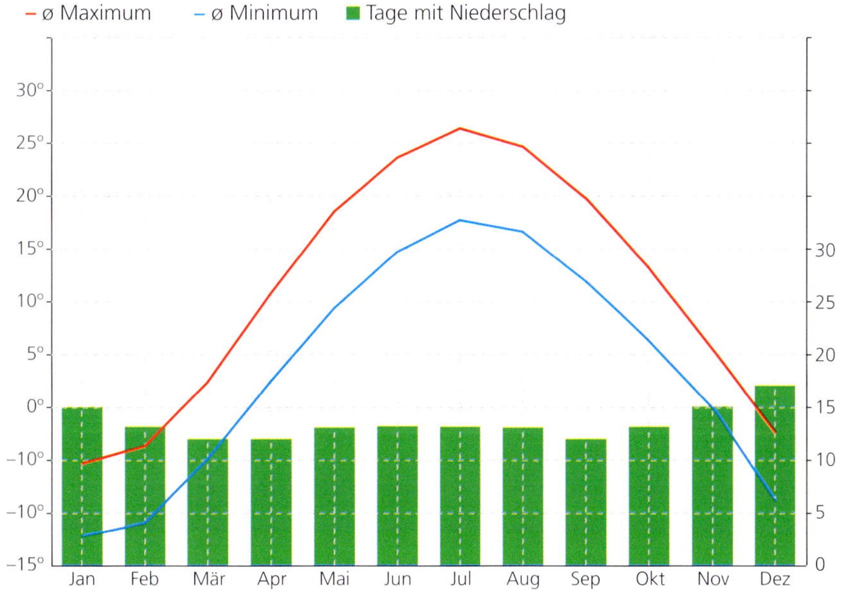

Abb. 8:
Feucht-winterkaltes Klima in Montreal/Kanada

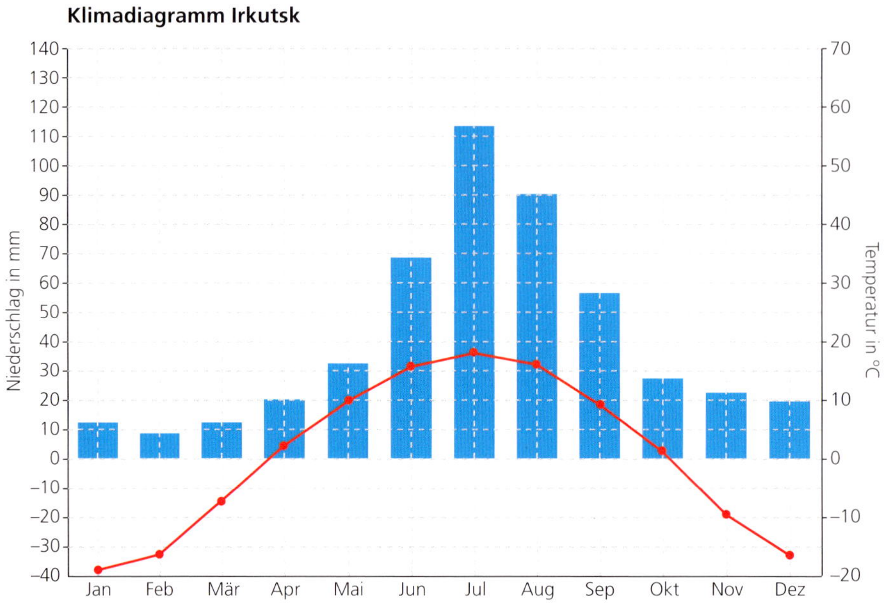

Abb. 9:
Klimadiagramm des transbaikalischen Klimas

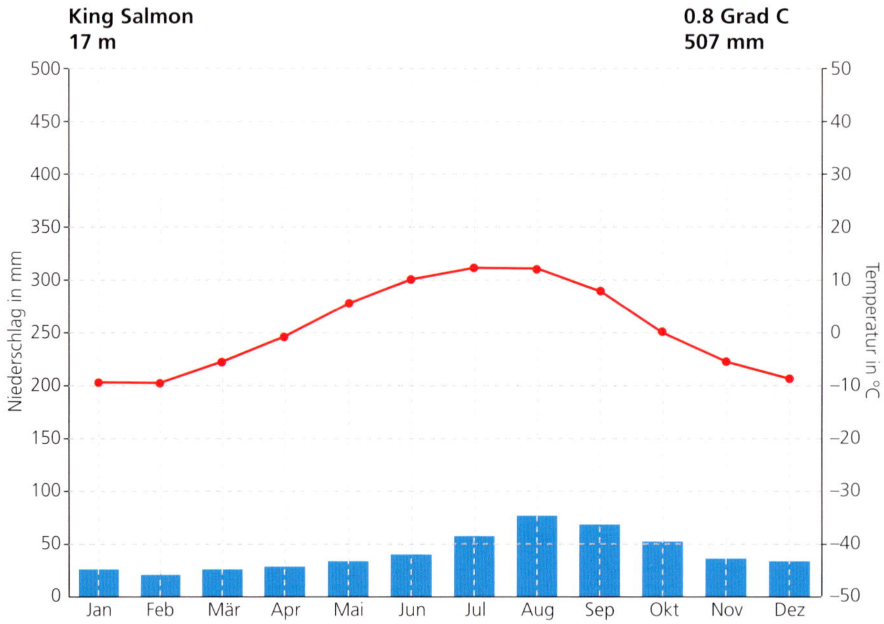

Abb. 10:
Eisklima in Alaska

1.1.5 Die Eisklimate

In diesem Klimagürtel steigen die Temperaturen nur wenig über den Gefrierpunkt an, sodass der Boden dauerhaft gefroren bleibt. Es wird von Permafrostboden gesprochen. Im Jahresmittel schwanken die Temperaturen zwischen +10 °C und −10 °C, während die jährliche Niederschlagsmenge von 600 mm fast ausschließlich als Schneefall registriert wird. (Abb. 10). Die Gletschergebiete der Gebirge werden den Eisklimaten zugerechnet, auch wenn das Gebirge selbst innerhalb einer anderen Klimazone beheimatet ist (z. B. der Kilimandscharo in Afrika).

Merke:

Die Klimazonen ordnen sich in Bändern entlang des Äquators an. Kennzeichen gleicher Klimate sind ähnliche Temperaturen und Jahresniederschlagsmengen, Trocken- und Regenzeiten. Weiteren Einfluss auf die Klimazonen hat ihre Nähe zum Meer bzw. zu den übrigen Landmassen. Klimadiagramme ermöglichen den Vergleich der klimatischen Bedingungen der unterschiedlichen Länder. Die Schnee- und Eisklimate werden auch als arktische Klimazone bezeichnet.

Aufgaben:

1. Kopieren Sie die unten skizzierte Weltkarte und tragen Sie die verschiedenen Klimazonen in unterschiedlichen Farben ein.

2. Schreiben Sie über die klimatischen Bedingungen eines Landes ihrer Wahl einen Kurzbericht. Welche Temperaturen, welche Niederschläge prägen dieses Land? Gibt es besondere Regen- oder Trockenzeiten? In welcher Klimazone liegt dieses Land?

Lösen Sie im Arbeitsheft die Arbeitsblätter auf den Seiten 71 bis 75 und 77 bis 78.

Vertiefung/Zusatzfragen:

1. Was versteht man unter Klimawandel?
2. Welche Konsequenzen kann der Klimawandel haben? Erläutern Sie die Folgen am Beispiel eines Landes oder einer Klimazone Ihrer Wahl und diskutieren Sie mit Ihren Mitschülern darüber.

1.2 Die Vegetationszonen

Die verschiedenen klimatischen Bedingungen haben Auswirkungen auf die dort wachsenden Pflanzen: Je nachdem, ob es eher warm oder kalt ist, ob viele Niederschläge in Form von Regen fallen, die Pflanzen längere Trockenperioden überleben oder im Permafrostboden gedeihen müssen, passt sich die Vegetation an die Klimazonen an. Allerdings gibt es eine mögliche Varianz, sodass nicht jede Klimazone eine eigene Vegetationszone hat. Aber ähnlich den Klimazonen werden Gebiete, in denen die gleiche Flora gedeiht, zu einheitlichen Vegetationszonen zusammengefasst. Dabei werden insgesamt zwölf Vegetationszonen unterschieden.

1.2.1 Die Vegetationszonen der tropischen Klimate

In direkter Umgebung des Äquators bezeichnet man die Vegetationszone als **immerfeuchte Tropen** (Abb. 11). Vorherrschend ist hier das Tageszeitenklima und das Fehlen verschiedener Jahreszeiten wie beispielsweise in Mitteleuropa. Hier regnet es regelmä-

Abb. 11: Immerfeuchte Tropen

Abb. 12: Savanne

ßig zu bestimmten Tageszeiten. Pflanzen dieser Zone sind *Ficus*- (Birkenfeige), *Tillandsia*- (Luftnelke) oder auch *Saintpaulia*-Arten (Usambaraveilchen), die durch ihre besonderen Laubeigenschaften dem feuchten und heißen Klima trotzen.
Je nach Länge der Trockenzeiten unterscheidet man im Savannenklima die Vegetationszonen der **Feuchtsavanne** und der **Trockensavanne** (Abb. 12). In ersterer wachsen Hartgräser und lichte, laubabwerfende Bäume in Wäldern. In der Trockensavanne wachsen nur einzelne Bäume wie z. B. *Adansonia digitata* (Affenbrotbaum) und die Gräser schießen höher auf. In der **Dornstrauchsavanne** wachsen bevorzugt kurze Gräser und dornige Sträucher wie beispielsweise *Euphorbia millii* (Christusdorn).

1.2.2 Die Vegetationszonen der Trockenklimate

Die hier vorherrschende Vegetationszone ist die **subtropische Wüstenvegetation** (Abb. 13). Wegen der hohen Temperaturschwankungen zwischen Hitze am Tag und Kälte in der Nacht sowie den geringen Niederschlagsmengen gedeihen hier nur Pflanzen, die extreme Trockenperioden überdauern können. Hierzu gehören Sukkulenten wie Kakteen, aber auch Dickblattgewächse wie *Agave* oder *Crassula*.
In der Vegetationszone der **winterkalten Steppen** (Abb. 14) mit den heißen Sommern und kalten Winter wachsen überwiegend im Sommer verdorrende Gräser wie *Stipa* (Federgras) und Kräuter wie *Eremurus* (Steppenkerze). Die amerikanische Prärie gehört beispielsweise in diese Vegetationszone.

Abb. 13: Wüstenvegetation

Abb. 14: Winterkalte Steppe

1.2.3 Die Vegetationszonen der warm-gemäßigten Klimazone

Prägende Vegetation dieser Klimate sind Pflanzen mit sehr festen Laubblättern. Demzufolge spricht man auch von der **Vegetationszone der Hartlaubgewächse** (Abb. 15). Hierzu zählen *Quercus ilex* (Korkeiche) *Cupressus*-Arten (Zypressen) und Mittelmeerkräuter wie Rosmarin und Thymian. Diese Pflanzen sind in der Lage, die heißen, trockenen Sommer zu überdauern.
In mehr maritimen Klimaten dagegen herrscht die **Vegetationszone des temperierten immergrünen Waldes** vor. Kennzeichnend sind waldartige Gehölzsäume wie die Rhododendron-Wälder Asiens oder die Mammutbäume in den Rocky Mountains. Die **som-**

mergrünen Laubwälder Mitteleuropas haben wegen der typischen Klimabedingungen dünnwandige Blätter, die vor dem kalten Winter abgeworfen werden (Abb. 16).

Abb. 15: Hartlaubgewächse

1.2.4 Die Vegetationszonen der Schneeklimate

Die kurzen Sommer und extrem niedrigen Temperaturen im Winter mit viel Schnee lassen vorwiegend Nadelgehölze wachsen. Es herrscht die **Vegetationszone des borealen Nadelwaldes** (Abb. 17) vor. Eine besondere Vegetationsform ist die **Taiga** Sibiriens, deren Vegetation aus vereinzelten Nadelgehölzen wie *Picea* (Fichte) oder *Pinus* (Kiefer) besteht, aber auch aus Zwergsträuchern, z. B. *Vaccinum* (Preiselbeere und verwandte Arten) sowie robusten Kräutern.

Abb. 16: Sommergrüne Laubwälder

Abb. 17: Borealer Nadelwald

1.2.5 Die Vegetationsformen der Eisklimate

Abb. 18: Tundrenvegetation

Die Pflanzen, die hier gedeihen, müssen sich dem Permafrostboden und dem sehr rauen Klima anpassen. Man spricht von **Tundra** oder **Tundrenvegetation** (Abb. 18).

Hier wachsen hauptsächlich Frostkeimer und niedrig wachsende Sticksoffsammler wie *Hedysarum* (Süßklee) oder *Dryas* (Silberwurz). In den Hochgebirgen herrscht zwar ein vergleichbares Klima, je nach Lage der Gebirge unterscheidet sich aber die typische Vegetation der europäischen Alpen von der aus dem Himalaja oder anderen Gebirgsketten. Das liegt aber weniger an den Klimabedingungen als vielmehr an den exponierten Lagen, die eine weite Verbreitung einzelner Pflanzenarten auf natürlichem Wege praktisch ausschließen.

Merke:

Die Vegetationszonen sind nicht zwangsläufig deckungsgleich mit den Klimazonen, sondern können sich überschneiden. Darüber hinaus gibt es nicht nur in der Pflanzenwelt kontinentale Besonderheiten: So wachsen einige Kakteen nur in der amerikanischen Wüste, nicht aber in der Wüste Gobi oder der Sahara. Das Gleiche gilt für Pflanzen der Gebirge oder auf abgelegenen Insellagen wie beispielsweise Australien oder Madagaskar.

Aufgaben:

1. Fertigen Sie eine Tabelle an, in der Sie die verschiedenen Vegetationszonen den Klimazonen zuordnen. Beschreiben Sie dabei auch die klimatischen Kennzeichen und nennen jeweils drei Beispielpflanzen.
2. Erstellen Sie ein Plakat: Wählen Sie eine Vegetationszone aus und stellen Sie die Eigenschaften der dort lebenden Pflanzen vor, mit denen sich die Vegetation auf diese Klimabedingungen einstellt.

1.3 Wetterkunde

Unabhängig von den überregionalen klimatischen Bedingungen ganzer Landstriche haben die regionalen Wetterereignisse für den Gärtner eine besondere Bedeutung. Deshalb ist es für jeden Gärtner sinnvoll, Wetterereignisse vor Ort aufzuzeichnen und alle Arbeiten darauf abzustimmen. Zu diesen Wetteraufzeichnungen gehört, neben der Tageshöchst- und der Tiefsttemperatur die Niederschlagsmengen, aber auch der Luftdruck, die Luftfeuchtigkeit, die Windrichtung und Windgeschwindigkeit sowie die Sonneneinstrahlung. Aus diesen gesammelten Daten lässt sich eine Wettertendenz ableiten, die eine relativ sichere Wetterprognose zulässt. So ist es zum Beispiel die Regel, dass in Süddeutschland der Frühling zwei bis vier Wochen eher Einzug hält als in Norddeutschland, weil sich dort der Boden rascher erwärmt und damit auch die Lufttemperatur ansteigt. Demzufolge haben feste Größen wie der kalendarische Frühlingsanfang am 21. März für den Gärtner eine nur untergeordnete Bedeutung.

Zur Messung der oben aufgeführten Wettergrößen existieren verschiedene Messinstrumente, die ohne großen Aufwand im eigenen Betrieb installiert werden können. Darüber hinaus können sie – verknüpft mit der Lüftung, Heizung oder Schattierung des Gewächshauses – den Kulturerfolg der Pflanzenproduktion maßgeblich beeinflussen und gewährleisten.

Merke:

Die regionalen Wetterbedingungen sind sowohl für den Produktions- als auch den Dienstleistungsgärtner eine nicht zu vernachlässigende Größe, die den Arbeitserfolg sichern kann. Sie haben meist mehr Gewicht als die Aussage über Klima- und Vegetationszonen. Regelmäßige Wetteraufzeichnungen sollten deshalb für jeden Gärtner eine Selbstverständlichkeit sein.

Aufgaben:

1. Informieren Sie sich über die verschiedenen Wetterparameter und erläutern Sie deren Bedeutung in einem Kurzreferat.
2. Recherchieren Sie zu einzelnen Wetterparametern im Internet und stellen dazu eine Wandzeitung Ihrer örtlichen vorherrschenden Wetterbedingungen her.

Bearbeiten Sie in Ihrem Arbeitsheft das Arbeitsblatt auf Seite 76.

Vertiefung/Zusatzfragen:

1. Diskutieren Sie die Bedeutung und die Aussagekraft von Bauernregeln. Welche haben sich bei Ihnen in der Regel bewahrheitet?
2. Was ist ein phänologischer Kalender? Fassen Sie dessen Kennzeichen kurz zusammen und erstellen Sie selbst in der Klasse einen phänologischen Kalender für Ihre Region.

2. Die Grundorgane der Pflanze

Grundsätzlich sind alle Gewächse, die sich der Klasse der Samenpflanzen zuordnen lassen, in der gleichen Weise aufgebaut (Abb. 19). Mit einem Wurzelgeflecht verankern sie sich in der Regel im Boden. Der Spross sorgt für ein aufrechtes Wachstum und bildet das Grundgerüst für die Beblätterung. Schließlich bilden sie Blüten und Früchte zur Fortpflanzung aus. Aber wie bei allen Dingen gibt es auch hier Ausnahmen oder Abweichungen vom normalen Aufbau, weshalb die verschiedenen Bauteile im Folgenden genauer betrachtet werden.

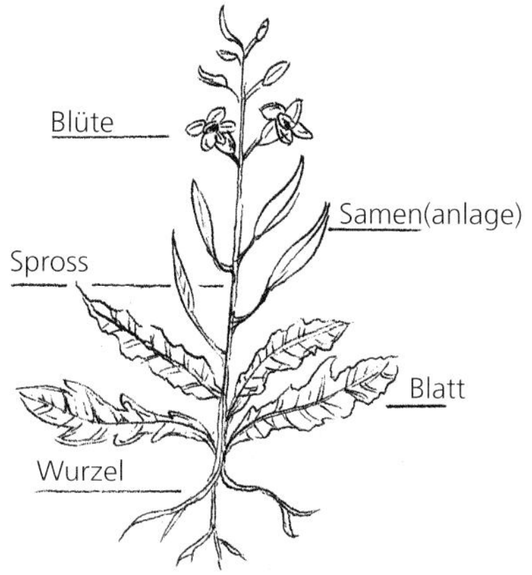

Abb. 19:
Bau einer Samenpflanze

Abb. 20:
Sprossarten (Schaft, Stängel, Halm)

2.1 Die Sprossachse

Der Spross bildet die senkrechte Wachstumsachse einer Samenpflanze. Sie kann extrem lang sein, wie beispielsweise bei *Helianthemum annuum* (Sonnenblume), oder sich über lange Strecken in der Waagerechten schlängeln wie bei Wasserpflanzen, z.B. *Nymphaea lutea* (Seerose). Einige Pflanzen haben einen gestauchten Spross (*Lithops* – lebender Stein) oder gar keinen. Die Sprossachse ist weich und krautig oder es kann Lignin eingelagert sein, sodass der Spross zu einem Baumstamm wird. Wenn die Gehölze betrachtet werden, wird deutlich, dass die Sprossachse nicht nur in die Länge, sondern auch in die Breite wächst.

Bei den krautigen Pflanzen unterscheidet man im äußeren Aufbau Halm, Schaft und Stängel (Abb. 20). Allen gemeinsam ist die Unterteilung der Sprossachse in einzelne Abschnitte, den Internodien, die durch verdickte Stellen, den Nodien, begrenzt werden. Aus den Nodien entwickeln sich Seitentriebe und die Laubblätter. Die besonders wachstumsfähige Triebspitze nennt sich Terminalknospe (Abb. 21).

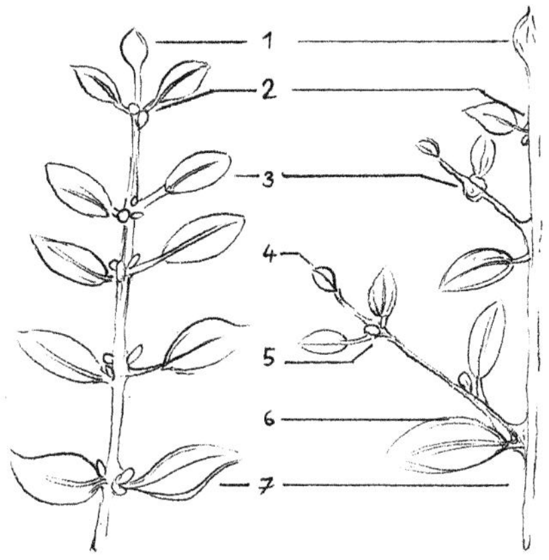

1 End-/Terminal-/Gipfelknospe (Endvegetationspunkt)
2 Achsel-/Seitenknospe 1. Ordnung (Achselvegetationspunkt)
3 Blattknoten (Nodium)
4 Endknospe 2. Ordnung
5 Achsel-/Seitenknospe 2. Ordnung
6 Seitensprossachse (Seitentrieb 1. Ordnung)
7 Hauptsprossachse (Haupttrieb)

Abb. 21:
Äußerer Sprossaufbau

Im inneren Bau des Sprosses lassen sich Unterschiede zwischen einkeimblättrigen und zweikeimblättrigen Pflanzen ausmachen (Abb. 22). Bei den Einkeimblättrigen ist über den ganzen Stängelquerschnitt ein Rohrleitungssystem verteilt, welches Leitbündel genannt wird. Es hat die Aufgabe, Wasser und Nährstoffe aus der Wurzel bis in die äußersten Spitzen zu leiten. Verantwortlich ist dafür das Xylem. In einem weiteren Teil des Leitbündels, dem Phloem, werden die von der Pflanze produzierten Stoffe wie Zucker in die Speicherorgane transportiert. Bei den zweikeimblättrigen Pflanzen liegt zwischen Xylem und Phloem das Kambium. Das ist ein besonders teilungsfähiges Gewebe, das für das Dickenwachstum sorgt.

1 Epidermis
2 Rinde
3 Markstrahlen
4 Festigungsgewebe (Sklerenchym/Kollenchym)
5 Kambium (meristematisches Gewebe)
6 Xylem (Holz- oder Gefäßteil)
7 Phloem (Sieb- oder Bastteil)
8 Mark

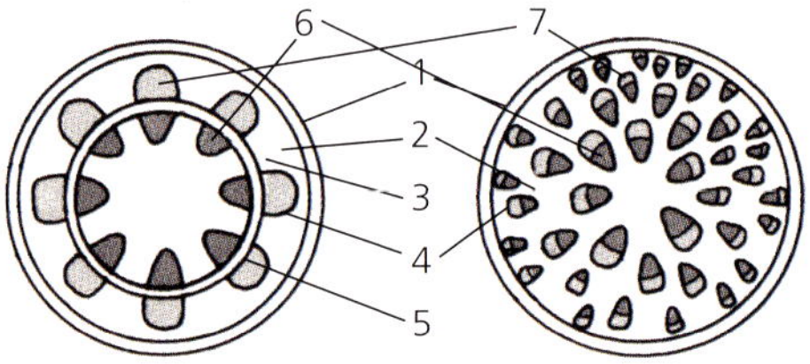

Querschnitt durch die Sprossachse
Zweikeimblättrige Pflanze (Dikotyledoneae) — Einkeimblättrige Pflanze (Monokotyledoneae)

Abb. 22: Sprossquerschnitt

Merke:

Die Lebensader der Pflanze sind die Leitbündel in der Sprossachse. In ihnen liegen die Leitungsbahnen, die mit dem Xylem (Holzteil) Wasser und gelöste Nährstoffe transportieren. Das Phloem (Siebteil) leitet die hergestellten Stoffe wie Zucker in die Wurzel oder die Speicherorgane. Getrennt werden die beiden vom Kambium, das für das Dickenwachstum sorgt. Einkeimblättrige (Monokotyledoneae) und Zweikeimblättrige (Dikotyledoneae) zeigen einen unterschiedlichen Sprossquerschnitt: Während bei den zweikeimblättrigen Pflanzen die Leitbündel ringförmig angeordnet und durch das Kambium verbunden sind, sind die Leitbündel der monokotylen Pflanzen weniger geordnet.

2.2 Die Sprossmetamorphosen

Einige Pflanzen haben Sonderformen der Sprossachse ausgebildet. Damit ist der Spross in der Lage, weitere Aufgaben für die Pflanze zu übernehmen. Diese Sonderformen oder Sprossmetamorphosen sind in der folgenden Tabelle mit Beispielen aufgelistet:

Art der Metamorphose	Kennzeichen	Abbildung	Beispiel-pflanzen
Kurztriebe (a)	Verkürzt und gestaucht wachsende Seitenäste. Sie tragen häufig die Blüten und Früchte.		*Gingko biloba*, Blütentriebe von *Malus domestica* oder *Prunus avium*
Rhizom (b)	Unterirdisch wachsende Seitentriebe, bei denen man deutlich die Nodien erkennen kann. Sie dienen der Ausbreitung der Pflanze.		*Iris hollandica*, *Aegopodium podagraria* , *Phyllostachys-Arten*
Sprossdornen (c)	Verkürzte Triebe, die zugespitzt enden. Sie sind fest mit dem gesamten Spross verbunden (im Gegensatz zu den Stacheln der Rosen) und dienen der Fraßabwehr oder als Verdunstungsschutz.		*Prunus spinosa*, *Crataegus monogyna*
Sprossknollen (d)	Es kommt zu Verdickungen oberhalb des Wurzelhalses oder auch unterirdisch an Sprossausläufern. Sie dienen der Nährstoffspeicherung.		Oberirdisch: *Brassica oleracea*, Unterirdisch: *Solanum tuberosum*
Sprossranken (e)	Als Kletterhilfen umfunktionierte Seitensprosse. Das gleiche gilt für Haftscheiben.		*Vitis vinifera*, *Parthenocissus quinquefolia*
Sukkulenz (f)	Die Sprosse sind zur Einlagerung von Wasser verdickt.		Kakteen

Art der Metamorphose	Kennzeichen	Abbildung	Beispielpflanzen
Stolonen (g)	Oberirdisch wachsende Seitentriebe, an denen sich Tochterpflanzen ausbilden (vegetative Vermehrung).		*Fragraria vesca*, *Chlorophytum commosum*
Zwiebel (h)	Verdickter Spross, um den sich schichtenweise umgewandelte Laubblätter gruppieren, in der Regel unterirdisch.		*Tulipa Cultivars*, *Allium cepa* *Narcissus-Arten*

Tab. 1: Sprossmetamorphosen im Überblick

Aufgaben:

1. Erstellen Sie ein Plakat zu den verschiedenen Sprossmetamorphosen.
2. Finden Sie noch weitere Beispielpflanzen für Sprossmetamorphosen. Greifen Sie dabei die Einteilung (a) bis (h) aus Tabelle 1 auf.

Lösen Sie im Arbeitsheft die Arbeitsblätter auf den Seiten 25, 26 und 38.

Vertiefung/Zusatzfragen:

1. Entwickeln Sie ein Quartett zu den Sprossmetamorphosen: Vier Beispielpflanzen zu einer Metamorphosenform bilden immer ein Quartett.
2. Entwickeln Sie weitere Spielmöglichkeiten zu diesem Thema.
3. Was meinen Sie: Warum haben sich diese Metamorphosen entwickelt?
4. Erstellen Sie Lernkarten zu den Sprossmetamorphosen: Auf die Vorderseite der Karte platzieren Sie eine passende Abbildung, auf der Rückseite notieren Sie den deutschen und botanischen Namen sowie die Besonderheiten der jeweiligen Metamorphose.

2.3 Das Laubblatt

Die Laubblätter der Pflanzen unterscheiden sich in ihrer Größe, Form, Randausprägung, Dicke, Farbe und Oberflächenbeschaffenheit voneinander. Die Unterschiede sind so groß, dass sie zur Pflanzenbestimmung herangezogen werden. Grundsätzlich baut sich ein Blatt aus Blattstiel, Blattspreite, Blattrand und Blattnerven auf (Abb. 23). Der Ansatz des Blattstieles an der Blattspreite nennt sich Blattgrund. Das Laubblatt hat die Aufgabe, aus Kohlendioxid und Wasser Zucker zu bilden, der zum Pflanzenwachstum benötigt wird. Als Abfallprodukt entsteht dabei Sauerstoff. Diesen Prozess nennt man Fotosynthese. Um dieser Aufgabe gerecht zu werden, haben die Pflanzen besondere Blattzellen, die man im Querschnitt gut beobachten kann (Abb. 24). Die äußere Begrenzung des Blattes ist die Epidermis, die im oberen Bereich von einer dicken Wachsschicht zum Schutz vor Witterungs- oder Fraßschäden, der Kutikula, abgeschlossen wird. Darunter befinden sich längliche Zellen, das Palisadengewebe. In diesen Zellen liegen die Chloroplasten, die für die Fotosynthese wichtig sind (s. auch Seite 64 ff.). An diese Zellschicht schließt sich ein lockeres Zellgewebe an, das Schwammgewebe. Die Zwischenräume der einzelnen Zellen heißen Interzellulare. Besonders große Interzellulare in der Nähe der unteren Epidermis sind die Atemöffnungen (Stomata). Hier findet über die Schließzellen der Gasaustausch von CO_2 und O_2 statt. In den Blattadern befinden sich die Leitbündel, die die gleiche Aufgabe wie im Spross haben.

1 Blattspitze
2 Blattrand
3 Blattadern
4 Hauptader
5 Blattfläche
6 Blattbasis
7 Blattstiel
8 Nebenblätter
9 Blattgrund

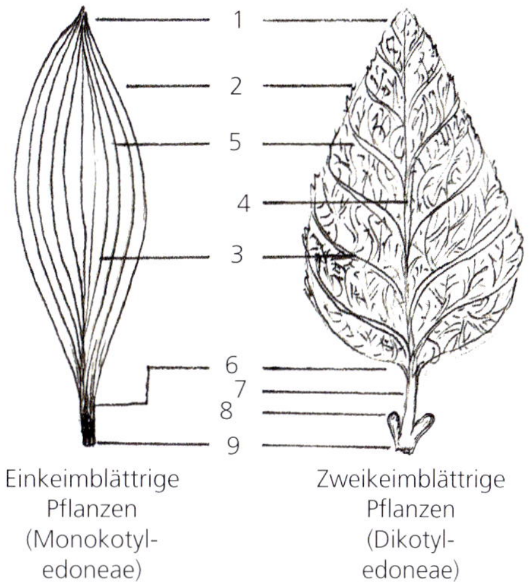

Abb. 23: Äußerer Blattaufbau

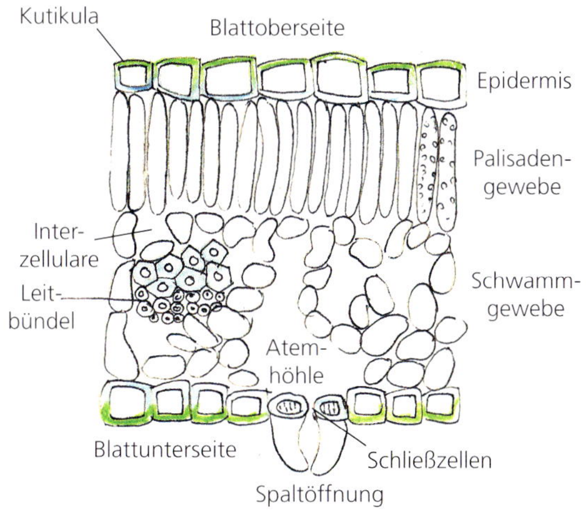

Abb. 24: Blattquerschnitt

2.4 Die Blattmetamorphosen

Auch bei den Blättern gibt es Sonderformen zur Erfüllung unterschiedlicher Aufgaben. Einen Überblick gibt Tab. 2.

Art der Metamorphose	Kennzeichen	Abbildung	Beispielpflanzen
Blattdornen (a)	Zum Schutz vor Fraß- oder Verdunstungsschäden haben sich einzelne Blätter zu Blattdornen umgewandelt.		*Berberis julianae, Kakteen*
Blattranken (b)	Blattranken dienen ähnlich wie Sprossranken der Kletterhilfe.		*Pisum sativum, Cucumis, Passifflora caerulea*
Blattsukkulenz (c)	Dickfleischige Blätter ermöglichen den Pflanzen das Überdauern extremer Trockenperioden.		*Sedum sempervivum, Crassula ovata*
Fangblätter (d)	Fleischfressende Pflanzen (Karnivoren) haben an ihren Blättern klebende oder zusammenklappende Fangmechanismen entwickelt, um die benötigten tierischen Eiweiße aufzunehmen.		*Drosera, Dionaea*
Hochblätter (e)	Pflanzen mit unscheinbaren Blüten bilden die obersten Laubblätter zu besonders auffälligen Scheinblüten aus, um Insekten zur Bestäubung anzulocken.		*Euphorbia pulcherrima, Cornus kousa*
Speicherblätter (f)	Zur Speicherung wichtiger Nährstoffe sind diese Blätter besonders verdickt.		*Allium cepa, Galanthus nivalis*

Tab. 2: Blattmetamorphosen im Überblick

Aufgaben:

1. Erstellen Sie in Gruppen ein Wandplakat zu den verschiedenen Blattformen. Geben Sie dazu Beispielpflanzen an.
2. Entwickeln Sie ein Kreuzworträtsel zum äußeren und inneren Aufbau des Blattes. Tauschen Sie dies mit Ihrem Nachbarn aus und lösen Sie es.

Lösen Sie im Arbeitsheft die Arbeitsblätter auf den Seiten 26 bis 28 und 39.

2.5 Die Wurzel

Mit der Wurzel verankert sich die Pflanze im Boden. Sie gibt ihr Halt und ermöglicht die Wasser- und Nährstoffaufnahme aus dem Boden. Meist handelt es sich nicht um eine einzige Wurzel je Pflanze, sondern um ein typisches Wurzelsystem, dass sich in folgende Arten unterscheiden lässt:

- Bei der Pfahlwurzel handelt sich um eine relativ senkrecht in den Boden ragende Hauptwurzel mit kleineren Seitenverzweigungen, den Seitenwurzeln. *Taraxacum Sectio Ruderale* (Löwenzahn) bildet beispielsweise Pfahlwurzeln aus.
- Tiefwurzler dringen senkrecht in tiefere Bodenschichten vor. Zu den Tiefwurzlern zählt z. B. *Quercus robur* (Stiel-Eiche).
- Flachwurzler verwurzeln sich in den oberen Bodenschichten in Form eines Tellers. Hierzu gehören die meisten Nadelgehölze wie beispielsweise *Picea abies* (Rot-Fichte).
- Herzwurzler bilden ein herzförmiges Wurzelsystem aus, das sich in den oberen Bodenschichten in die Breite erstreckt, aber auch mit einer Hauptwurzel in die Tiefe reicht. Eine typische Pflanze mit Herzwurzel-System ist *Tilia platiphyllos* (Sommerlinde).
- Bei den krautigen Pflanzen gibt es solche mit büschelartigem Wurzelsystem, dem Wurzelhorst, wie z. B. *Poa annua* (Wiesenrispengras).
- Andere krautige Pflanzen bilden einen dicht verschlungenen Wurzelteppich. Viele ausdauernde Wildkräuter wie *Aegopodium podagraria* (Giersch) sind deshalb gefürchtet.

Beim äußeren Aufbau (Abb. 25) zeigt sich die Wurzelspitze mit der Wurzelhaube und dem Vegetationskegel. In dieser Bildungszone entstehen ständig neue Zellen, sodass die Pflanzenwurzel in tiefere Schichten weiter vordringen kann. Darüber befindet sich die Streckungszone, in der das Längenwachstum maßgeblich stattfindet. Erst in dem darüber liegenden Bereich beginnen feine Nebenverzweigungen mit den sehr dünnen Wurzelhaaren. Sie sind verantwortlich für die Wasser- und Nährstoffaufnahme. Im obersten Bereich der Wurzel werden aus den älteren Wurzelhaaren dickere Seitenwurzeln. Im Querschnitt der Wurzel wird deutlich, dass die Wurzel nach außen hin durch die Rhizodermis begrenzt wird. Sie hat eine Schutzfunktion. Nach innen schließt sich die Endodermis an. Zusammen bilden diese beiden Hautschichten die Rindenschicht. Im Innersten liegt der Zentralzylinder mit den wasser- und nährstoffführenden Leitungsbahnen, bestehend aus Xylem, Phloem und dem für das Dickenwachstum verantwortlichen Kambium. Im Zentralzylinder befindet sich auch das Perizykel, aus dem die Seitenwurzeln erwachsen.

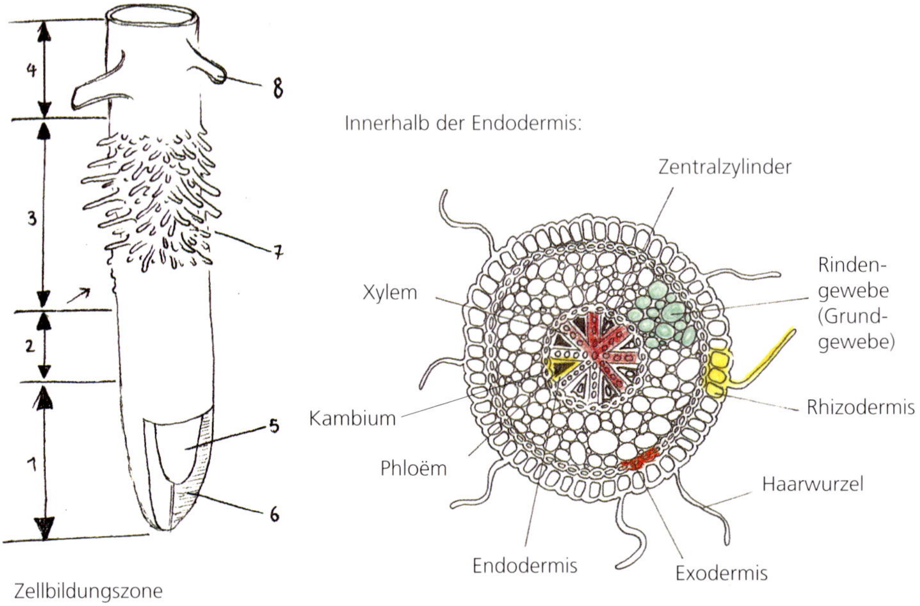

1 Zellbildungszone
2 Zellstreckungszone
3 Ernährungszone
4 Verzweigungszone
5 Wurzelvegetationspunkt
6 Wurzelhaube
7 Wurzelhaare
8 Seiten- oder Nebenwurzel

Zentralzylinder = Xylem + Phloëm (+ Kambium) + Grundgewebe
radiäres Leitbündel = Xylem + Phloëm (+ Kambium)

Abb. 25: Innerer und äußerer Wurzelaufbau

2.6 Die Wurzelmetamorphosen

Im Laufe der Evolution haben sich auch die Wurzeln einiger Pflanzen weiterentwickelt, um besondere Aufgaben zu erfüllen (Tab. 3).

Art der Metamorphose	Kennzeichen	Abbildung	Beispielpflanzen
Verdickung der Hauptwurzel (a)	Durch eine besonders starke Verdickung der Rindenschicht lassen sich hier Reservestoffe für die Pflanze einlagern.		Rübe, Rettich

Art der Metamorphose	Kennzeichen	Abbildung	Beispiel-pflanzen
Verdickung der Seitenwurzeln (b)	Im Bereich der Seitenwurzel führt eine Verdickung der Rindenschicht zu knollenartigen Wucherungen.		*Dahlia Cultivars*
Atemwurzeln (c)	Pflanzen, die im sumpfigen Gelände oder zum Teil in überfluteten Böden wachsen müssen, bilden Wurzeln aus, die aus dem wasserführenden Bereich herausragen, um Sauerstoff aufnehmen zu können.		*Mangroven, Taxodium*
Stelzwurzeln (d)	Im Übergangsbereich zwischen Wurzelhals und Spross sitzen viele die Pflanze stützende Wurzeln.		*Zea mais*
Haftwurzeln (e)	Über diese Metamorphose ist das Ranken einiger Kletterpflanzen an Hauswänden möglich.		*Hedera helix*
Luftwurzeln (f)	Epiphyten bilden diese Wurzelform aus, da sie sich nicht im Boden verankern und ihren Wasser- und Nährstoffbedarf aus der Luft decken.		*Phalenopsis, X Vuylstekeara*

Tab. 3: Wurzelmetamorphosen im Überblick

Aufgaben:

1. Zeichnen Sie den äußeren und den inneren Aufbau der Wurzel und beschriften Sie Ihre Zeichnung.
2. Erstellen Sie zu den Wurzelmetamorphosen jeweils ein Pflanzenportrait.

Lösen Sie im Arbeitsheft die Arbeitsblätter auf den Seiten 29 bis 30 und 40..

2.7 Die Blüte

Die Blüte dient der Pflanze zur geschlechtlichen Vermehrung. Die Formen der Einzelblüten und ihre Anordnung zu einem Blütenstand sind vielfältig. Einige Beispiele sind in den Abb. 26 und 27 dargestellt.

Korbblüte

Schalenblüte

Lippenblüte

Schmetterlingsblüte

Röhrenblüte

Zungenblüten (außen)

Glockenblüte

Veilchenblüte

Abb. 26:
Blütenformen

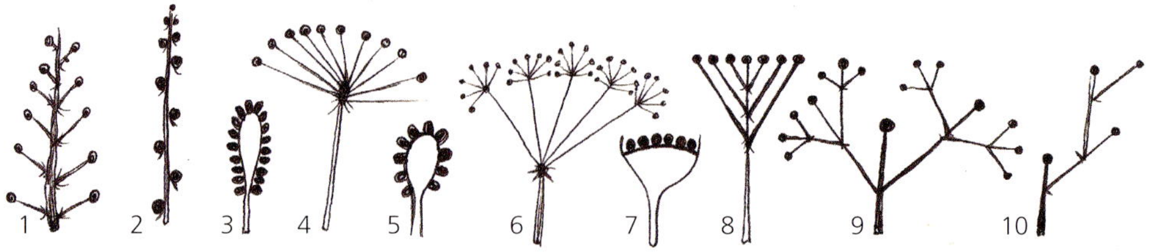

Blütenstände. 1) Traube, 2) Ähre, 3) Kolben, 4) Dolde, 5) Köpfchen, 6) zusammengesetzte Dolde, 7) Körbchen, 8) Doldentraube, 9) Trugdolde, 10) Wickel.

Abb. 27:
Beispiele von Blütenständen

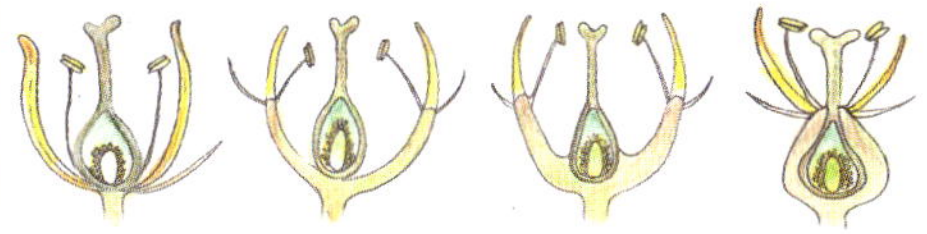

Abb. 28:
Anordnung des Fruchtknotens

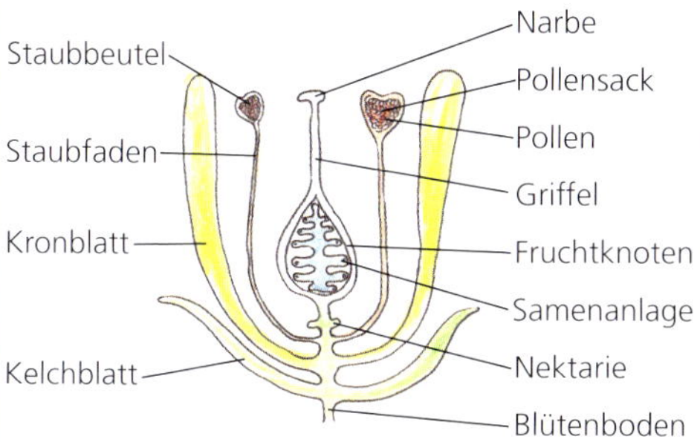

Abb. 29:
Blütenquerschnitt einer zwittrigen Blüte

Unabhängig davon besteht jede Blüte aus Blütenblättern (Kronblättern), Kelchblättern, Blütenboden und den Geschlechtsmerkmalen der Blüte. Zu den weiblichen Merkmalen gehören Narbe, Griffel und Fruchtknoten mit der Samenanlage im Inneren. Zusammen werden sie als Stempel bezeichnet. Je nach Stellung des Fruchtknotens gibt es Pflanzen mit oberständigen, mittelständigen und unterständigen Fruchtknoten (Abb. 28). Die männlichen Geschlechtsmerkmale sind die Staubblätter, bestehend aus Staubfaden, Staubbeutel mit Pollensäcken und zahlreichen Pollen. Einige Blüten bilden sowohl männliche als auch weibliche Geschlechtsmerkmale aus. Sie werden als zwittrig (Abb. 29) bezeichnet (z.B. *Tulipa* – Gartentulpe). Andere Pflanzen bilden rein männliche und rein weibliche Blüten aus. Sitzen beide Blütenarten auf einer Pflanze, ist die Pflanze einhäusig (*Corylus avellana* – Haselnuss). Existiert jeweils eine weibliche Pflanze und eine männliche Pflanze der gleichen Art, nennt man diese Pflanze zweihäusig (*Hippophae rhamnoides* – Sanddorn).

Merke:

Je nach Form der Einzelblüte und ihrer Anordnung am Spross spricht man von verschiedenen Blütenständen. Die Einzelblüte kann zwittrig, rein männlich oder rein weiblich sein. Nach Verteilung der verschiedenen Blütengeschlechter unterscheidet man einhäusige von zweihäusigen Pflanzen. Daneben gibt es unscheinbare Blüten mit auffälligen Hochblättern oder auch gefüllte Blüten mit unzähligen Blütenblättern. Viele Pflanzen mit gefüllten Blüten sind allerdings steril.

Aufgaben:

1. Erstellen Sie in Partnerarbeit ein Plakat mit allen bekannten Blütenständen. Nennen Sie zu dem jeweiligen Blütenstand auch eine Beispielpflanze.

2. Entwickeln Sie ein „Schwarzer Peter“-Spiel, in dem jeweils eine Blütenart einer Beispielpflanze als Paar zugeordnet wird. Stützen Sie sich dabei auf Abb. 27. Finden Sie noch weitere Blütenformen.

Lösen Sie im Arbeitsheft die Arbeitsblätter auf den Seiten 31 bis 33.

Vertiefung/Zusatzfragen:

Recherchieren Sie im Internet die Bedeutung von Blütendiagramm und Blütenformel und stellen Sie Ihr Rechercheergebnis in einem Kurzreferat vor.

2.8 Samen und Früchte

Nach erfolgreicher Bestäubung und Befruchtung (siehe LG 2, Kap. 3.1) bilden sich aus der Samenanlage die Samen. Die Vielzahl der Samenkörner ist häufig in Früchten gebündelt. Ein Überblick über die Früchte gibt Tab. 4.

Bezeichnung	Merkmale	Abbildung	Beispiele
Öffnungsfrüchte:	Bei der Reife öffnen sich die Früchte und lassen alle Samen frei.		
Balgfrucht (a)	An der Bauchnaht öffnet sich ein Fruchtblatt.		Rittersporn, *Paeonia*
Hülse (b)	Das Fruchtblatt öffnet sich an Bauch- und Rückennaht.		*Vicia*, *Cytisus*
Kapsel (c)	Mehrere Fruchtblätter öffnen sich an verschiedenen Stellen.		*Papaver*, *Aesculus*
Schote (d)	Die Samen sitzen an einer falschen Scheidewand. Die Fruchtblätter öffnen sich an den Nahtstellen.		Senf, Raps, Kohl

Bezeichnung	Merkmale	Abbildung	Beispiele
Schließfrüchte:	Schließfrüchte öffnen sich nicht, sondern halten auch nach der Reife den Samen umschlossen.		
Nuss (e)	Der Samen ist von einer harten Samenschale umschlossen.		*Corylus*, *Anemone*, *Fragraria*
Steinfrucht (f)	Der steinharte Samen ist von saftigem Fruchtfleisch umgeben.		*Prunus avium*, *Juglans regia*, *Sambucus nigra*
Kernobst (g)	Mehrere Samenkörner sitzen in einem mehrkammerigen Kerngehäuse.		*Malus*, *Pyrus*
Beere (h)	Die Samenkörner sitzen im saftigen Fruchtfleisch.		*Lycopersicon*, *Rubus idaeus*, *Ribes*

Tab. 4: Früchte der Samenpflanzen

Merke:

Enthält eine Blüte viele Fruchtknoten, bilden sich viele Früchte, die sich zu einem Fruchtstand vereinigen. Man spricht allgemein von Sammelfrüchten, die sich in Sammelsteinfrüchten (Himbeere, Brombeere), Sammelnussfrüchten (Erdbeere, Hagebutte) oder Beerenfruchtständen (Ananas) unterteilen.

Aufgaben:

Ordnen Sie Ihnen bekannte Obst- und Gemüsearten den verschiedenen Fruchtformen zu.

Lösen Sie im Arbeitsheft das Arbeitsblatt auf Seite 49.

2.9 Die Pflanzenzelle

Die Pflanzenzelle ist der kleinste Baustein der Pflanze (Abb. 30). Er enthält verschiedene Zellbestandteile für die unterschiedlichsten Aufgaben. Beides wird in Tab. 5 erläutert.

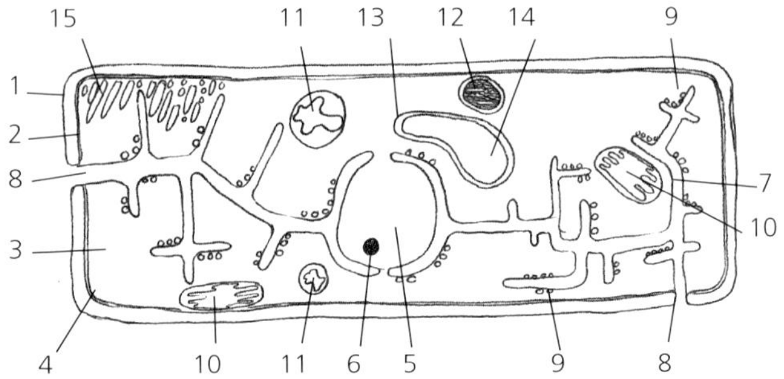

Abb. 30:
Die Pflanzenzelle und ihre Bestandteile

Nr.	Zellbestandteil	Aufgabe
6	Zellkern (Nukleus)	Steuerungszentrale mit den gesamten Erbinformationen der Pflanze
3	Zellplasma (Zytoplasma)	Flüssigkeit, in der die Zellbestandteile eingebettet sind
4	Plasmalemma	Trennende Schicht zwischen Plasma und Zellwand
10	Mitochondrien	Das „Kraftwerk" der Zelle. Hier findet die Atmung statt.
7	Endoplasmatisches Retikulum (ER)	Röhrenartiges Transportsystem, in dem auch Eiweiß produziert wird
8	Tüpfel (Plasmodesmen)	Sie sind die Verbindungsstellen der Zellen untereinander.
9	Ribosomen	Sie unterstützen das zelleigene Transportsystem.
15	Golgi-Apparat	Hier entstehen Zellwandsubstanzen, ätherische Öle und andere Sekrete, die in abgeschnürten Golgi-Vesikeln transportiert werden.
11–13	Plastiden	Sie enthalten Farbstoffe. Man unterscheidet • Leukoplasten in weißgelblichen Sprossteilen • Chloroplasten mit grünem Chlorophyll • Chromoplasten mit orangefarbenem Xanthophyll der Karotten oder purpurroten Anthocyan der Roten Bete.
14	Vakuole	Hierin befindet sich der Zellsaft, ein Ausscheidungsprodukt des Zytoplasmas.
1–2	innere/äußere Zellwand	Äußere Trennhaut der Zelle

Tab. 5: Die Aufgaben der Zellbestandteile

Aufgaben:

Pflanzenzellen-Bingo: Zeichnen Sie die äußeren Umrisse der Pflanzenzelle auf ein DIN-A4-Papier und die zehn Zellorganellen aus Tab. 5 auf kleinere Kärtchen, die Sie ausschneiden und einlaminieren. Bilden Sie anschließend eine Gruppe aus fünf Mitschülern, die alle ihre Kärtchen in einen Karton geben und gut durchmischen. Ziehen Sie reihum ein Kärtchen und legen Sie das Symbol auf Ihre Pflanzenzelle. Doppelte Karten werden zurückgelegt. Wer zuerst alle zehn Organellen gesammelt hat, hat gewonnen.

Lösen Sie im Arbeitsheft die Arbeitsblätter auf den Seiten 31 und 32.

3. Die geschlechtliche Vermehrung

3.1 Bestäubung und Befruchtung

Im Gegensatz zur ungeschlechtlichen oder vegetativen Vermehrung, die aus den einzelnen Bauteilen der Pflanze erfolgen kann, ist es für die geschlechtliche Vermehrung (auch generative Vermehrung genannt) notwendig, dass die weibliche Samenanlage der Pflanze durch den männlichen Pollen bestäubt wird. In der Regel geschieht das durch den Wind (Windbestäubung) oder durch Insekten, welche den Pollen auf ihrer Suche nach Nektar in einer Pflanze unbeabsichtigt einsammeln und diesen an der klebrigen Narbe der nächsten Blüte wieder abstreifen. Hier bildet sich ein Pollenschlauch aus, der über den Griffel in den Fruchtknoten vordringt. Dort vereinigt er sich mit einer der vielen Samenanlagen. Diesen Vorgang nennt man Befruchtung (Abb. 31). Nun können sich die Samenkörner ausbilden und heranreifen.

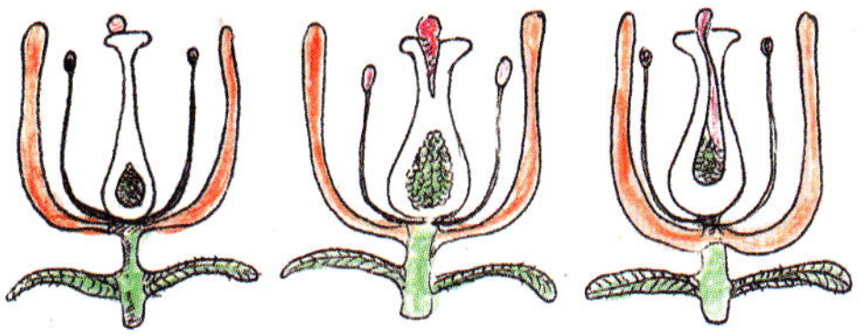

1. Pollen gelangt auf die Narbe und haftet an.
2. Pollenschlauch bildet sich und wächst zur Samenanlage.
3. Der Pollenschlauch verschmilzt mit der Samenanlage.

Abb. 31:
Die Befruchtung

Merke:

Bei der Bestäubung wird unterschieden zwischen Selbstbestäubung, bei der der Pollen die Narbe der gleichen Pflanze oder gar Blüte bestäuben kann, und der Fremdbestäubung, bei der der Pollen einer Pflanze zur Narbe einer anderen Pflanze kommen muss. Als Transportmittel kann der Wind dienen (Windbestäubung), aber auch Insekten oder andere Tiere.

3.2 Die Keimung

1 Laubblätter
2 Keimblätter
3 Nährgewebe
4 Embryo
5 Samenschale
6 Keimspross
7 Keimwurzel

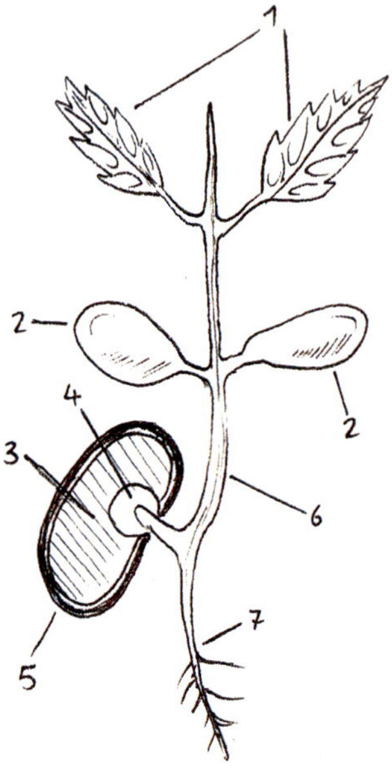

Abb. 32:
Die Keimung

Gelangt nach der Samenreife das Samenkorn auf fruchtbaren Boden, kann es auskeimen. Damit dies gelingt, braucht das Samenkorn genügend Feuchtigkeit, um aufzuquellen, bis die Samenschale platzt. Ist dieser Vorgang in Gang gesetzt, darf es nicht wieder eintrocknen, da sonst der Embryo (Abb. 32) absterben würde. Ebenso benötigt der Embryo eine artentypische Keimtemperatur. Ein Frostkeimer braucht zum Starten des Keimprozesses eine Frostperiode, um die Keimhemmung aufzubrechen. Auch das richtige Verhältnis zwischen Licht und Dunkelheit ist für die Keimung von Bedeutung: Lichtkeimer dürfen nicht zu tief in der Erde stecken, da sie Helligkeit für die Keimung brauchen (Rasensaatgut!). Dunkelkeimer müssen dagegen mit ausreichend Substrat bedeckt sein, um keimen zu können. Jeder Embryo ist über das Nährgewebe mit ausreichend Nährstoffen zum Wachsen versorgt. Erst wenn die Keimwurzel sich in das Erdreich versenkt hat, kann er aus diesem Substrat weitere Nährstoffe herauslösen. Allerdings darf das Substrat auch nicht zu nährstoffreich sein, da sonst die empfindliche Keimwurzel zerstört werden könnte. Schließlich streckt sich auch der Keimspross mit den Keimblättern in die Höhe. Entwickeln sich die Keimblätter noch unterhalb der Erdoberfläche, spricht man von epigäischer Keimung. Streckt sich der Keimspross über die Erdoberfläche, bevor sich die Keimblätter entfalten, bezeichnet man diese Form der Keimung als hypogäisch. Die Keimblätter sind die ersten sich entwickelnden Laubblätter. Sie sehen in den meisten Fällen den eigentlichen Laubblättern nicht ähnlich. So wie sich Keim- oder Laubblätter grün verfärbt haben, nimmt die Jungpflanzen die Fotosynthesetätigkeit auf. Sie ist nun nicht mehr vom Nährgewebe abhängig, sodass dieses abstirbt.

Aufgaben:

1. Recherchieren Sie die Unterschiede zwischen vegetativer und generativer Vermehrung und stellen Sie Vor- und Nachteile der beiden Vermehrungsarten einander gegenüber.
2. Erklären Sie die Begriffe Frostkeimer, Lichtkeimer und Dunkelkeimer mit eigenen Worten.
3. Was ist eine epigäische, was eine hypogäische Keimung? Nennen Sie jeweils zwei Beispielpflanzen.

Bearbeiten Sie in Ihrem Arbeitsheft die Seiten 48, 54 bis 56 und 119 bis 121.

3.3 Die Zellteilung

Bestäubung, Befruchtung und Keimung sind wichtige Lebensvorgänge der Pflanze. Was als Pflanzenwachstum mit dem bloßen Auge wahrgenommen wird, ist unter dem Mikroskop als Zellteilung erkennbar: Die Zellen verdoppeln sich, sodass mehrere identische Zellen entstehen. Identisch heißt, dass jede Zelle über die gleichen Erbinformationen verfügt wie die Ursprungszelle. Das geschieht durch die Wachstumsteilung (Mitose). Abb. 33 zeigt diesen Kernteilungsvorgang. Die Erbinformationen (Gene) sind auf den Chromosomen gespeichert. Jede Zelle enthält den zweifachen Chromosomensatz, d.h., sie ist diploid. Die Mitose verläuft in mehreren Schritten. In der ersten Phase knäueln sich die Chromosomen zusammen und werden sichtbar (Prophase). Danach bricht die Zellmembran zusammen (Prometaphase) und die Chromosomen ordnen sich in der Äquatorialebene an (Metaphase). Anschließend werden die doppelten Chromatiden jeweils zu einer Polseite des Zellkerns gezogen (Anaphase). Nun schnürt sich der Zellkern mit dem jeweils halben (haploiden) Chromosomensatz ein (Telophase). In der Interphase verdoppelt sich der haploide Chromosomensatz wieder und die Wachstumsteilung kann von Neuem beginnen.

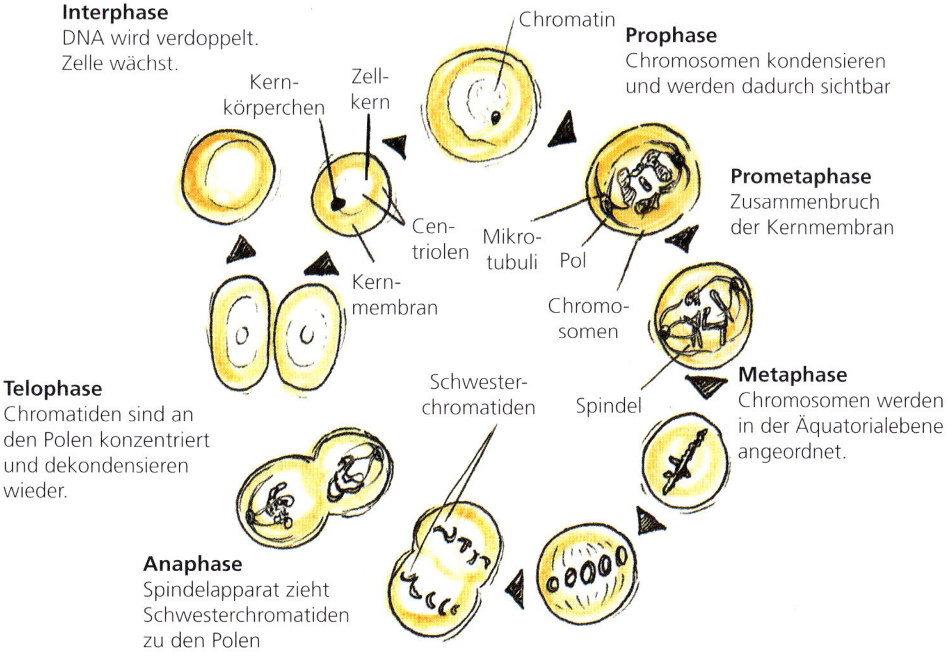

Abb. 33:
Die Mitose

Im Gegensatz zur Mitose ist die Meiose der Vorgang, der die Keimzellen bereitstellt. Bei der Befruchtung trifft nun der haploide Chromosomensatz des männlichen Pollens auf den haploiden Chromosomensatz der weiblichen Samenanlage. Beide Zellen verschmelzen, sodass die neu entstandene Zelle sowohl Erbinformationen der männlichen als auch der weiblichen Ursprungszelle in sich trägt. Sinn der Meiose ist es, Keimzellen mit einem haploiden – also einfachen – Chromosomensatz hervorzubringen. Dies gewährleistet, dass zwei zusammentreffende Keimzellen mit je einem haploiden Chromosomensatz eine gesunde, befruchtete Eizelle mit einem diploiden Chromosomensatz ergeben. Der eigentlichen Meiose ist eine Interphase vorgeschaltet, in der sich die Chromosomen in der Urkeimzelle verdoppeln, die nun also einen diploiden Chromosomensatz aufweist. Unterteilen lässt sich die Meiose in zwei große Abschnitte: die 1. Reifeteilung oder Reduktionsteilung und die abschließende 2. Reifeteilung oder Äquationsteilung, die prinzipiell wie die Mitose verläuft. Die Meiose (Abb. 34) dient der Erweiterung der genetischen Vielfalt der Pflanzen und ist die Grundlage jeder Pflanzenzüchtung.

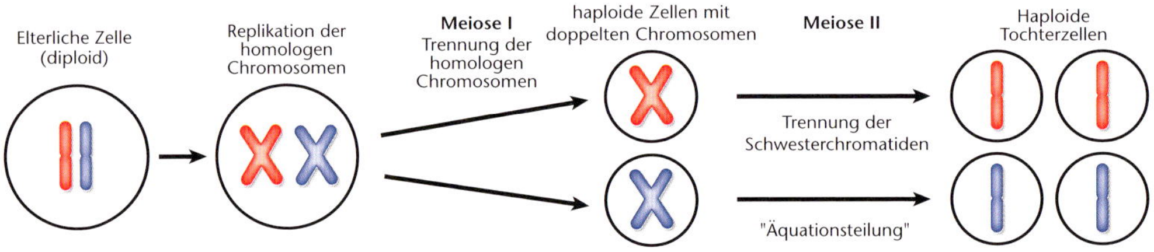

Abb. 33:
Die Meiose

Aufgaben:

Stellen Sie sowohl Mitose als auch Meiose zeichnerisch auf einem Plakat dar. Beschreiben Sie die Vorgänge in den einzelnen Phasen dabei jeweils mit Ihren eigenen Worten.

Bearbeiten Sie in Ihrem Arbeitsheft die Seite 37.

4. Die Stoffwechselvorgänge der Pflanze

4.1 Die Fotosynthese

Nur Pflanzen mit dem grünen Blattfarbstoff Chlorophyll sind in der Lage, Licht als Energiequelle zu nutzen. Mithilfe dieser Energie können sie aus Wasser, das sie über die Wurzeln aufnehmen, und Kohlendioxid, das durch den Gasaustausch über die Spaltöffnungen der Laubblätter in die Pflanze gelangt, Zucker herstellen. Den Zucker verwendet die Pflanze zum Aufbau von Zellulose. Zellulose ist Bestandteil der Pflanzenzellen und damit wichtig für das Wachstum. Der Zucker kann auch als Reservestoff in Form von Stärke in den Speicherorganen eingelagert werden. Neben dem Zucker entsteht bei der Fotosynthese auch Sauerstoff. Den Sauerstoff benötigt die Pflanze in der Regel nicht, weshalb er an die Umgebungsluft abgegeben wird. Diesen verwenden die übrigen Lebewesen auf der Erde zur Atmung.

Merke:

Die Fotosynthese lässt sich als chemische Reaktionsgleichung darstellen:

$$\text{Kohlendioxid} + \text{Wasser} \xrightarrow{\text{Licht + Chlorophyll}} \text{Traubenzucker} + \text{Sauerstoff} \quad \text{oder:}$$

$$6\,CO_2 + 12\,H_2O \longrightarrow 1\,C_6H_{12}O_6 + 6\,O_2$$

Die Fotosynthese läuft in zwei Schritten ab. Während der Lichtreaktion, die am Tage stattfindet, wird das Wasser in seine Bestandteile Wasserstoff und Sauerstoff zerlegt. Dafür nutzt die Pflanze die Energie aus dem Tageslicht. Der Sauerstoff wird an die Umgebungsluft abgegeben. Der zweite Schritt ist die Dunkelreaktion. Für diesen Vorgang wird die in der Lichtreaktion nicht ganz verbrauchte Lichtenergie verwendet. Deshalb kann dieser Prozess auch während der Nacht stattfinden. Während der Dunkelreaktion verbindet sich der Wasserstoff mit dem Kohlendioxid zu Traubenzucker.

Vertiefung: Fotosynthese

Der Fotosyntheseprozess wird auch als Assimilation bezeichnet. Damit sie stattfinden kann, sind besondere Anforderungen an die Lichtqualität (Lichtintensität) und ein ausreichendes Vorhandensein von Kohlendioxid und Wärme erforderlich. Im Gewächshaus lassen sich diese Bedingungen durch zusätzliche Belichtung und eine ergänzende Kohlendioxid-Begasung bzw. Temperaturregelung künstlich erzeugen.

Aufgaben:

1. Stellen Sie den Fotosyntheseprozess zeichnerisch dar. Verwenden Sie dabei auch die Fotosynthesegleichung.
2. Recherchieren Sie die besonderen Voraussetzungen (Licht, Temperatur und CO_2) der Fotosynthese und erklären Sie diese in eigenen Worten.

Bearbeiten Sie in Ihrem Arbeitsheft die Seite 44.

4.2 Die Dissimilation

Für einige Vorgänge in der Pflanze verbraucht diese auch Sauerstoff, sodass Pflanzen nicht nur Sauerstoff freisetzen, sondern auch aufnehmen. Dieser Prozess wird als Atmung oder Dissimilation bezeichnet. Ähnlich wie bei der körperlichen Arbeit des Menschen, bei der eingeatmeter Sauerstoff unter Verbrauch von Zucker in den Muskeln Energie freisetzt, wird der Sauerstoff von der Pflanze benötigt, um Zucker in seine Bestandteile zu zerlegen und Energie für andere Lebensvorgänge nutzen zu können. Bei der Dissimilation wird Kohlendioxid frei, das über die Spaltöffnungen an die Luft abgegeben wird. Außerdem entsteht Wasser.

Merke:

Dissimilation oder Atmung lässt sich auch als umgekehrte Fotosynthesegleichung darstellen.

$$6\,O_2 + 1C_6H_{12}O_6 \longrightarrow 6\,CO_2 + 6H_2O$$

Vertiefung: Dissimilation

Während die Fotosynthese im Palisadengewebe der Laubblätter stattfindet, geschieht die Dissimilation im Mitochondrium in der Pflanzenzelle. Die bei diesem Prozess freiwerdende Energie wird in Form des Moleküls Adenosintriphosphat (ATP) gebunden und so zu den Stellen transportiert, an denen die Energie benötigt wird.

4.3 Die Gärung

Auch ohne Vorhandensein von Sauerstoff lässt sich aus Zucker Energie gewinnen. Der Prozess, der dies ermöglicht, heißt Gärung (Abb. 35). Die bekanntesten Gärungsarten sind die Milchsäuregärung und die alkoholische Gärung. Vereinfacht dargestellt wird bei der Gärung aus Zucker Kohlendioxid abgespalten, um den Energieträger ATP zu erhalten. Über den Prozess der Milchsäuregärung entsteht beispielsweise aus Weißkohl Sauerkraut. Sie wird auch für die Entstehung des Muskelkaters beim Menschen verantwortlich gemacht. Bei der alkoholischen Gärung entsteht durch die Tätigkeit von Hefepilzen unter Sauerstoffabschluss aus Zucker oder Stärke Ethanol. Dieser Vorgang wird für die Bier- oder Weinherstellung genutzt.

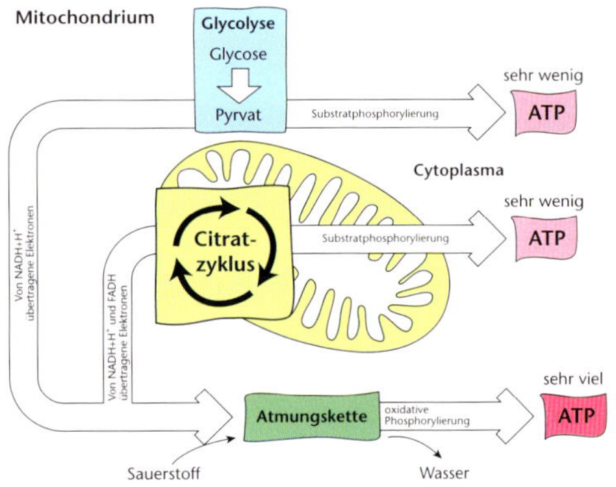

Abb. 35:
Die Gärung

Aufgaben:

Fertigen Sie sich Lernkarten zu den Begriffen Fotosynthese, Lichtreaktion, Dunkelreaktion, Dissimilation, Gärung und Adenosintriphosphat (ATP) an.

Bearbeiten Sie in Ihrem Arbeitsheft die Seite 45.

4.4 Der Wasserhaushalt der Pflanze

Das Vorhandensein von Wasser ist eine Grundbedingung jeden Lebens auf der Erde. Pflanzen bestehen zu 80 bis 95 % aus Wasser. Es wird benötigt, um die Pflanzenzellen prall zu halten. Man spricht dabei vom Turgordruck. Er hält die Pflanze stabil und aufrecht. Wasser sorgt für das Öffnen und Schließen der Stomata. Daneben ist Wasser Bestandteil der Fotosynthese und es wird genutzt, um Nährstoffe darin aufzulösen. Denn nur in gelöstem Zustand können die Nährstoffe von der Pflanze aufgenommen werden.

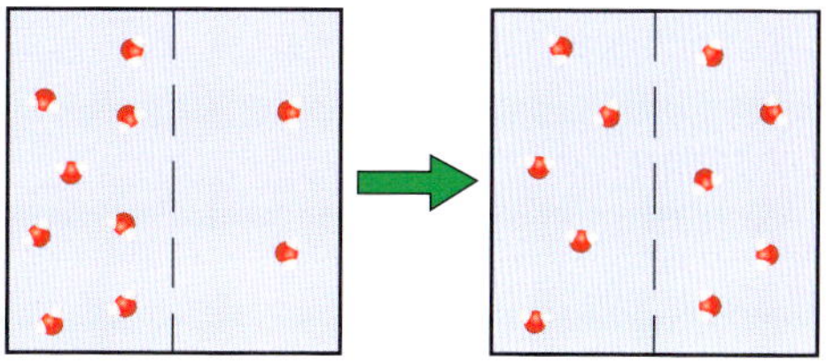

Abb. 36: Diffusion

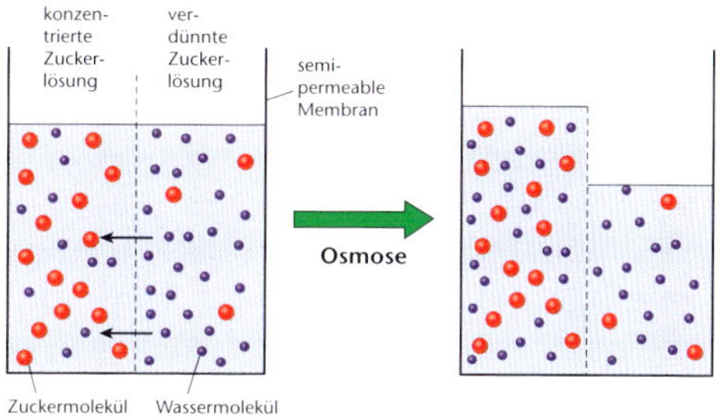

Abb. 37: Osmose

Das Wasser und seine Eigenschaften gewährleisten auch den Stofftransport innerhalb der Pflanze, indem es physikalische Gesetzmäßigkeiten nutzt: Jeder Stoff hat den Drang, sich gleichmäßig in dem ihm zur Verfügung stehenden Raum zu verteilen. Nährsalze, die über die Spitze der Wurzelhaare aufgenommen wurden, haben das Bestreben, sich in den gesamten Leitungsbahnen auszubreiten. Dadurch werden die Nährsalze auch in die obersten Pflanzenspitzen transportiert. Diese Art der gleichmäßigen Durchmischung nennt man Konzentrationsausgleich oder Diffusion (Abb. 36). Der Nährstofftransport in den Leitungsbahnen muss über mehrere Zellen geschehen, die durch die Zellmembran begrenzt sind. Diese Membranen sind wie Filter nicht für alle Stoffe gleichermaßen durchlässig, sie lassen nur die Nährsalze durch, die durch die Zellporen passen. Sind die Stoffe für die Membran zu groß, strömt in dem Bestreben nach Konzentrationsausgleich Wasser in das Gebiet, wo sich diese Stoffe angereichert haben. Man spricht hier von Osmose (Abb. 37). Experimentell lässt sich die Osmose beobachten, wenn man Gurkenscheiben mit Salz bestreut. Nach einer gewissen Zeit ist so viel Wasser aus den Zellen der Gurkenscheiben ausgetreten, das die Scheiben weich und schlaff auf dem Teller liegen.

Merke:

Nicht die Salze bewegen sich innerhalb der Pflanze, sondern die Wassermoleküle bewegen sich in Richtung der höheren Salzkonzentration. Die Zellmembran ist nicht für alle Nährsalze durchlässig; sie ist nur halbdurchlässig (= semipermeabel). Demzufolge ist die Osmose die Diffusion durch eine semipermeable Membran.

Aufgaben:

1. Fertigen Sie sich Lernkarten zu den Begriffen Turgordruck, Diffusion und Osmose an.
2. Recherchieren Sie, was Kapillarkräfte sind und in welchem Zusammenhang dieser Begriff mit der Wasseraufnahme der Pflanzen steht.

Bearbeiten Sie in Ihrem Arbeitsheft die Seite 46.

4.5 Pflanzenreaktionen auf Umwelteinflüsse

Alle Pflanzen reagieren bewusst auf äußere Umwelteinflüsse mit einem Bewegungsreiz. Grundsätzlich unterscheidet man Tropismen und Nastien.

4.5.1 Tropismus

Tropismen sind bewusste Wachstumsbewegungen der Pflanze in Richtung der Reizquelle oder auch von ihr weg. So reagieren alle Pflanzen auf einen verstärkten Lichtreiz (Fototropismus): Die meisten Pflanzen wachsen direkt zur Lichtquelle hin, nur sogenannte Schattenpflanzen wachsen von der Lichtquelle weg. Beim Thigmotropismus reagiert die Pflanzen auf Berührung: Wenn die Wurzel auf einen Widerstand im Boden stößt, weil beispielsweise ein Stein die Wachstumsrichtung behindert, wächst sie um den Widerstand herum. Das Wachstum der Pollenschläuche in Richtung der Samenanlage wird durch den chemischen Reiz des Narbensekrets ausgelöst (Chemotropismus). Dass Keimlinge ihre Keimwurzel immer in die Erde stecken und auf den Erdmittelpunkt zu wachsen, liegt an einem durch die Schwerkraft bedingten Reiz, dem Geotropismus oder Gravitropismus.

4.5.2 Nastien

Als Nastien bezeichnet man die Bewegungen der Pflanze, die unabhängig von der Reizrichtung erfolgen. Seismonastie beispielsweise ist der Vorgang, bei der die Mimose ihre Blätter zusammenklappt, wenn sie von vermeintlichen Fressfeinden berührt wird. Auch das Öffnen und Schließen der Blüten bei Sonnenlicht bzw. wolkenverhangenem Himmel ist eine Nastie (Fotonastie). Eine Pflanzenreaktion auf Kälte und Wärme wird als Thermonastie bezeichnet.

4.5.3 Transpiration und Guttation

An den Spaltöffnungen der Pflanzen findet nicht nur der Austausch von Sauerstoff und Kohlendioxid statt, sondern hier verdunstet auch ständig Wasser. Das liegt zum Teil daran, dass die Umgebungsluft einen geringeren Wasseranteil hat als die Pflanzenzellen. Um hier Konzentrationsausgleich zu erreichen, muss die Pflanze das Wasser in Form von Transpiration abgeben. Ist die Umgebungsluft gesättigt, kommt die Transpiration nicht zum Erliegen, sondern die Pflanzen geben aktiv (d. h. unter Energieaufwand) Wasser ab. Dieses herausgepresste Wasser sammelt sich als Wassertröpfchen häufig am Blattrand wie bei *Alchemilla mollis* (Frauenmantel). Dieser aktive Prozess heißt Guttation.

Aufgaben:

1. Fertigen Sie sich Lernkarten für die aufgeführten Tropismen und Nastien an.
2. Beschreiben Sie den Unterschied zwischen Transpiration und Guttation in eigenen Worten.

Bearbeiten Sie in Ihrem Arbeitsheft die Seite 59.

Vertiefung/Zusatzfragen:

Führen Sie in Gruppenarbeit ein Experiment zu Fototropismus, Gravitropismus und Fotonastie durch. Beschreiben Sie detailliert die Versuchsanordnung und den Versuchsablauf. Was ist das Ergebnis?

5. Was brauchen Pflanzen zum Wachsen?

Wenn Pflanzen sich optimal entwickeln sollen, müssen sie mit den Grundstoffen ihrer Lebensvorgänge versorgt sein. Dazu zählen die äußeren Bedingungen wie Licht, Luft, Temperatur, Nährstoffe und Wasserversorgung.

5.1 Die Wachstumsfaktoren

5.1.1 Licht

Die Pflanzen benötigen Licht als Energiequelle für die Fotosynthese. Fehlt das Licht, kann keine Energie gewonnen werden und die Lebensvorgänge der Pflanze wie beispielsweise Wachstum oder Blütenbildung kommen zum Erliegen. Dabei sind sowohl die Lichtintensität als auch die Lichtqualität und die Helligkeitsdauer für die Pflanze von Bedeutung. Die Lichtintensität meint die Helligkeit, mit der die Sonne (oder die künstliche Beleuchtung) auf die Pflanzen strahlt. Ein Lichtstrahl strahlt in unterschiedlichen Wellen von der Lichtquelle her. Je nach-

Abb. 38:
Kurztagspflanze *Euphorbia pulcherrima*

dem, ob das Licht in kurzen oder in lang geschwungenen Wellen verläuft, verändert sich die Lichtqualität für die Pflanze. Deshalb sind für eine künstliche Beleuchtung nur Lichtquellen mit Vegetationsbeleuchtung (d.h. bläulichem Licht) von Nutzen. „Kaltes" Neonlicht hilft den Pflanzen nicht. Die Sonne strahlt dabei das am besten auf das Pflanzenwachstum abgestimmte Licht aus. Wenn es im Winter weniger Sonnenstundendauer gibt als im Sommer, reicht es jedoch nicht für ein Fortsetzen des Wachstums aus. Erst mit den längeren Tagen im Frühjahr kommen die Lebensvorgänge der meisten Pflanzen wieder in Gang. Besonders wichtig ist die Tageslänge für die Blütenbildung. Kurztagspflanzen bilden ihre Blüten erst, wenn nach den langen Tagen des Sommers eine bestimmte Tageslänge unterschritten wird (Abb. 38). Dazu zählt z.B. *Euphorbia pulcherrima* (Weihnachtsstern). Langtagspflanzen dagegen benötigen zur Blütenbildung besonders lange Tage (Abb. 39). Ein Beispiel für diese Gruppe ist *Digitalis purpurea* (Fingerhut). Ähnliches gilt – wie bereits erwähnt – für die Keimung (siehe LG 2, Kap. 3.2). Die Fähigkeit der Pflanzen, anhand der Lichtintensität und Tageslängendauer die oben genannten Lebensprozesse zu steuern, bezeichnet man auch als Fotoperiodismus.

Abb. 39:
Langtagspflanze *Digitalis purpurea*

5.1.2 Luft

Die Luft ist ein Gasgemisch, welches gleich zwei wichtige Grundstoffe für die Pflanze enthält, nämlich Kohlendioxid (0,03 vol%) und Sauerstoff (21 vol%) für Fotosynthese und Atmung. Den größten Bestandteil der Luft stellt mit 78 vol% Stickstoff in Form von N_2 dar. Einige Pflanzen können mithilfe von Knöllchenbakterien diesen Luftstickstoff aufnehmen und für ihr Wachstum nutzen. Hierzu zählen *Lupinus*-Arten (Lupine) und andere Schmetterlingsblütler. Die meisten Pflanzen nehmen jedoch den Stickstoff als Nährstoff aus dem Boden auf.

5.1.3 Temperatur

Damit eine Maschine rund und störungsfrei läuft, muss sie sich erst warmlaufen. Den Pflanzen ergeht es ähnlich: Ohne eine gewisse Umgebungswärme kommen die Lebensvorgänge nur schwer in Gang. Daher treten viele Pflanzen über die Wintermonate in Vegetationsruhe. Erst mit den steigenden Temperaturen im Frühjahr fängt das

Pflanzenwachstum (Vegetationsperiode) wieder an. Welche Temperatur dafür entscheidend ist, ist von Pflanze zu Pflanze unterschiedlich.

5.1.4 Nährstoffe

Grundsätzlich nimmt die Pflanze die Nährstoffe über die Wurzel aus dem Boden auf. Dazu gehören die Hauptnährstoffe Stickstoff (N), Phosphor (P) und Kalium (K), von denen die Pflanze relativ große Mengen benötigt. Auch Kohlenstoff (C) und Wasserstoff (H) zählen dazu. Ersteres nimmt die Pflanze hauptsächlich in Form von CO_2 aus der Luft, letzteres als Bestandteil des Wassers als H_2O auf. Daneben benötigt die Pflanze geringere Anteile an Spurenelementen wie Magnesium (Mg), Mangan (Mn), Eisen (Fe), Kalk (Ca), Kupfer (Cu), Schwefel (S), Bor (B), Molybdän (Mo) und Zink (Zn). Alle diese Stoffe sind am Bau der Pflanze, ihrem Längen- und Dickenwachstum, der Blüten- und Fruchtbildung und auch ihrer Widerstandsfähigkeit gegen Schädlinge beteiligt.

Vertiefung: Lebewesen und ihre besonderen Ernährungsformen

Es gibt Lebewesen, die sich im Laufe der Entwicklungsgeschichte auf besondere Ernährungsformen spezialisiert haben. Recherchieren Sie dazu im Internet die Begriffe Epiphyten, Vollschmarotzer und Halbschmarotzer, Insektivore und Carnivore. Anschließend bearbeiten Sie in Ihrem Arbeitsheft die Seiten 42 und 43.

5.1.5 Wasser

Wasser ist das Lebenselixier jeglicher Lebensform. Pflanzen bestehen bis zu 95 % aus Wasser: Es festigt die krautigen Pflanzenteile. Wassermangel führt zum Erschlaffen der Zellen, Blätter und Triebspitzen hängen herab und beginnen zu welken. Die Temperatur der Pflanzen wird über das Wasser geregelt. Zudem ist Wasser ein Ausgangsstoff bei der Fotosynthese, es ist aber auch Transportmittel für die Nährstoffe genauso wie für die Speicherstoffe Zucker und Stärke. Daneben braucht der Samen Wasser zum Quellen. Dies macht deutlich, dass ohne Wasser kein Pflanzenleben möglich ist.

Aufgaben:

1. Stellen Sie in einem Plakat die Bedeutung der Wachstumsfaktoren für die Pflanze dar.
2. Entwickeln Sie in Gruppenarbeit ein Quiz zu den Wachstumsfaktoren der Pflanzen: Jede Gruppe erstellt für jeweils einen Wachstumsfaktor einen Fragenkatalog mit sieben Fragen. Anschließend spielen Sie das Quiz in der Klasse.

Vertiefung: Der Wasserkreislauf

Anlässlich der Bedeutung des Wassers für das Leben ist es beruhigend zu wissen, dass kein Tropfen Wasser verloren geht, sondern grundsätzlich der Erde erhalten bleibt (Abb. 40): Das Grundwasser speist Flüsse und Seen und es versorgt die Pflanzen über die Wurzeln, indem es als Kapillarwasser aus den Bodenporen herausgelöst wird. Das Wasser bleibt in den Pflanzen gebunden. Ein Teil des Wassers verdunstet über die Pflanzen (Transpiration) und über den unbewachsenen Boden (Evaporation). Es kondensiert anschließend in den Wolken. Die Wolken geben das Wasser in Form von Niederschlägen wieder frei, sodass die Pflanzen es wieder aufnehmen können oder es in tieferen Bodenschichten versickert (Sickerwasser) und den Grundwasserspeicher wieder ergänzt. Wasser, das oberirdisch in die Flüsse abfließt, heißt Oberflächenwasser. Ein Teil des Wassers im Boden (Bodenwasser) haftet fest an mineralischen Bodenbestandteilen und ist nicht für die Pflanzen verfügbar. Man nennt es Haftwasser. Die größtmögliche Wassermenge, die vom Boden entgegen der Schwerkraft festgehalten werden kann, heißt Feldkapazität. Synonym wird der Begriff Wasserkapazität verwendet, der sich allerdings mehr auf gärtnerische Erden und Substrate bezieht.

Abb. 40:
Der Wasserkreislauf

Aufgabe:

Erstellen Sie ähnlich der Abb. 3 eine Skizze zum Luft- und eine zum Nährstoffkreislauf.

5.2 Die Wachstumsgesetze

Alle Wachstumsfaktoren sind von großer Bedeutung für die Pflanze, es gibt keine Rangfolge der Wachstumsfaktoren. Im Gegenteil, das Wachstum einer Pflanze wird von dem Wachstumsfaktor bestimmt, von dem ihr die geringste Menge in Bezug auf ihren Bedarf zur Verfügung steht (Minimumgesetz, Abb. 41). Jedoch ist der Ertragszuwachs einer Pflanze nicht unbegrenzt steigerbar; es gibt eine genetisch bedingte Höchstgrenze. Je mehr sich die Pflanze ihrem typischen Höchstertrag nähert, desto mehr nimmt der Ertragszuwachs trotz Steigerung der Wachstumsfaktoren ab (Gesetz vom abnehmenden Ertragszuwachs).

Abb. 41: Minimumgesetz

6. Pflanzen systematisch einordnen

Um Pflanzen über Länder- und Sprachgrenzen hinweg korrekt bestimmen und benennen zu können, wurde die Pflanzensystematik eingeführt. Die klassische Systematik beschäftigt sich hauptsächlich mit der Einteilung, Benennung und Identifizierung der Pflanzen. Sie geht zurück auf den schwedischen Naturforscher Carl von Linné (1707–1778) und beruht auf der Ähnlichkeit der Pflanzen untereinander. Dadurch werden also die Verwandtschaftsverhältnisse der verschiedenen Pflanzen ausgedrückt: Pflanzen mit wenigen Gemeinsamkeiten werden in gleiche Abteilungen einsortiert. Je größer die Anzahl der Gemeinsamkeiten ist, desto größer ist die Ähnlichkeit der gleichen Bezeichnung. Für den Gärtner ist der Botanische Name wichtig, der grundsätzlich aus zwei Worten besteht. Deshalb spricht man auch von binärer Nomenklatur. Der erste Teil des Botanischen Namens bezeichnet die Gattung und wird

Abb. 42: Carl von Linné

immer groß geschrieben. Der zweite Namensteil bezeichnet die Art. Pflanzen mit dem gleichen Gattungsnamen werden in eine Familie eingeordnet. Die kleinste Einheit der botanischen Systematik ist die Sorte. Sie wird in Anführungsstrichen geschrieben und bezeichnet oft nur geringe Unterschiede einzelner Pflanzenarten, z.B. die Blütenfarbe.

Neben dieser einfachen botanischen Bezeichnung gibt es auch Botanische Namen, in denen ein X vorkommt. Dieses bedeutet, dass eine Kreuzung vorliegt. Steht das Symbol zwischen dem Gattungs- und Artnamen, handelt es sich um eine Kreuzung zweier Pflanzen der gleichen Gattung (z.B. *Viola x wittrockiana* – Gartenstiefmütterchen). Steht das X vor dem Gattungsnamen, handelt es sich um eine Kreuzung zweier oder mehrerer verschiedener Gattungen einer Familie (z.B. *X Miltonidium*, eine Kreuzung aus den Gattungen *Miltonia* und *Oncidium* aus der Familie der *Orchidaceae*).

Pflanzen, mit denen sich die Züchtung intensiv beschäftigt hat, sind häufig nicht mehr eindeutig in die binäre Nomenklatur einzuordnen. Für sie wird der alte, noch gültige Begriff Hybride oder der neue Cultivars verwendet.

Der botanische Name ist in lateinischer Sprache verfasst, der gültigen wissenschaftlichen Sprache. Er kann Hinweise auf bestimmte Pflanzenmerkmale geben, wie beispielsweise weiße Blütenfarbe (*alba, album, albus*) oder auch an den Deutschen Namen angelehnt sein (Hirtentäschelkraut: *Capsella bursa-pastoris*). *„Minor"* oder *„minus"* meint klein oder kleiner und *„sativus"* oder *„sativa"* (= ausgesät) ist ein Hinweis auf eine Kulturpflanze. Pflanzen mit dem Artnamen *„officinale"* oder *„officinalis"* wurden schon früh als Heilpflanze im *„officium"* der Klöster angebaut. *Camellia sinensis* ist der Teestrauch, der seine Heimat in China hat. Tab. 2 gibt einen kleinen Überblick über die Bedeutung einiger Artnamen. Andere Pflanzen haben ihren botanischen Namen nach ihrem Entdecker oder zu Ehren von Personen, so z.B. *Berberis thunbergii*, Thunbergs Berberitze.

Latein	Deutsch	Latein	Deutsch
acaulis	stängellos	*annuus*	einjährig
autumnalis	Herbst-	*compactus*	gedrungen
elatior	hoch, groß	*davidii*	Davids-
excelsior	hoch, herausragen	*japonica*	aus Japan stammend
fastigiatus	keglig, zugespitzt	*millefolia*	tausendblütig
gracilis	schlank	*pennsylvanica*	aus Pennsylvanien
media	mittel	*perennis*	ausdauernd
nana	klein	*repens*	kriechend
sextilis	August-	*sinensis*	aus China
suffruticosus	halbstrauchig	*thunbergii*	Thunbergs-

Tab. 6: Bedeutung botanischer Artnamen

Vertiefung: Flora

Das Pflanzenreich (Flora) unterteilt sich in sieben Abteilungen (1. Spaltpflanzen, 2. Algen, 3. Flechten, 4. Pilze, 5. Moose, 6. Farne und 7. Samenpflanzen – *Spermatophyta*), von denen für den Gärtner hauptsächlich die letzte interessant ist. Die Spermatophyta umfassen drei Unterabteilungen (1. *Coniferophytina*, die nadelblättrigen Nacktsamer, 2. die *Cycadophytina*, die fiederblättrigen Nacktsamer und 3. die *Angiospermae*, die Bedecktsamer). In absteigender Reihenfolge kommen dann die Klassen, die Unterklassen, die Ordnungen, die Familien, die Gattungen, die Arten, die Unterarten (Varietät) und die Sorte.

Bearbeiten Sie in Ihrem Arbeitsheft die Seiten 19 bis 23.

Aufgaben:

1. Übersetzen Sie mithilfe eines Nachschlagewerkes folgende Botanische Namen: *Acer japonicum*, *Taxus canadensis*, *Poa annua*, *Ranunculus arvensis*, *Geum montanum*, *Ficus elastica* und *Viola cornuta*.
2. Fertigen Sie sich Lernkarten zu den Begriffen Dicotyledonae, Monoctyledonae, Varietas, Angiospermae, Subspecies, Spermatophyta.
3. Entwerfen Sie in Gruppen ein kleines botanisches Lexikon mit der Bedeutung gebräuchlicher lateinischer Begriffe und stellen Sie diese als Wandzeitung dar.

Bearbeiten Sie in Ihrem Arbeitsheft die Seite 41.

Zusatzaufgabe

Übertragen Sie sich folgende Tabelle in Ihr Heft und füllen Sie diese aus!

Familie	Gattung	Art	Unterart	Varietät	Sorte	Dt. Name
						Blumenkohl
	Heuchera	X brizoides			Schneewittchen	
						Rebhuhnbeere
						Kulturheidelbeere
	Fraxinus	ornus		ornus		
						Teppichverbene
						Ajan-Fichte

Pflanzen und ihre Verwendung

Till ist gerade von einem einjährigen Auslandspraktikum aus den USA zurückgekehrt, wo er bei Rangern in der Sierra Nevada gearbeitet hat und besonders von den riesigen Mammutbäumen beeindruckt war. Heute hat er ein paar Kollegen und Freunde für eine Fotoshow eingeladen. „Wahnsinn, was das für Riesengewächse sind! Und wie viele Jahre die schon auf dem Buckel haben, die sind ja praktisch schon mit den Dinosauriern auf der Erde gewesen." Till kommt aus dem Schwärmen gar nicht mehr heraus. Seine Freundin Marie stupst ihn mit dem Ellbogen in die Seite: „Hey, du solltest mal mehr ein Auge für die kleinen Dinge entwickeln! Überleg' doch mal, wie winzig klein einige Stauden sind. Wenn die dann auch noch im Hochgebirge wachsen – und nur da, wo es so kalt, windig und schneereich ist – dann finde ich das viel erstaunlicher." „Überhaupt ist die gesamte Vielfalt aller verschiedenen Pflanzenformen beeindruckend", mischt sich sein Kollege Assad ein. „Ob großer Baum, kleine Staude, Pflanzen die im Schatten oder in der prallen Sonne wachsen, alle Varianten finden wir auf unserer Erde. Und wenn wir ihre Standortansprüche berücksichtigen, wachsen sie zum größten Teil auch hier!"

7. Standortansprüche von Pflanzen

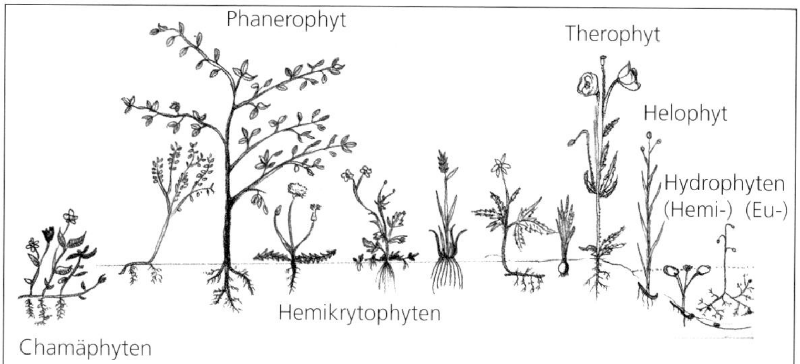

Abb. 43:
Lebensformen nach Raunkiaer

Alle Pflanzen haben für sie typische Ansprüche an den Boden, das Klima (Niederschläge, Temperatur) und an die Belichtung. Pflanzen mit ähnlichen Ansprüchen gedeihen am gleichen Standort, sie finden sich zu einem Biotop zusammen; manchmal wachsen einige nur in Begleitung anderer. Je nachdem, ob sie den Winter in unseren Breiten überdauern und wo ihre Überdauerungsknospen sitzen, unterscheidet man folgende Pflanzengruppen (Abb. 43):

- Phanerophyten (mehrjährige Pflanzen, deren Überdauerungsknospen mindestens 30 Zentimeter über dem Erdboden liegen. Die Knospen befinden sich damit über der Laubstreu oder der Schneedecke und sind somit der winterlichen Kälte ohne jeden Schutz ausgesetzt. Häufig finden sich daher spezielle Anpassungen an die Winterkälte wie Laubfall oder Nadelblätter. Beispiel: Bäume und Sträucher)
- Chamaephyten (Überdauerungsorgane bzw. Erneuerungsknospen befinden sich unterhalb der mittleren Schneehöhe von 25 cm und überwintern damit im Schutz einer Schneedecke bzw. überdauern sonstige hygrische oder thermische Ungunstabschnitte im Jahresverlauf. Zu ihnen gehören Halb- und Zwergsträucher, z. B. Heidelbeere, ausdauernde Polsterpflanze und kriechende ausdauernde krautige Pflanzen und einige Moose.)
- Hemikryptophyten (Überdauerungsknospen unmittelbar an der Bodenoberfläche, sodass sie durch die Laubschicht geschützt sind. Die Knospen sitzen häufig an basalen Teilen der vorjährigen Triebe. Hierzu zählen die meisten Stauden.)
- Geophyten (im Boden verborgene Überdauerungsorgane und -knospen, die so besonders gut geschützt sind, z. B. *Convallaria majalis*, *Iris hollandica*, *Tulipa Cultivars*)
- Therophyten (krautige Arten, die ihren Lebenszyklus in weniger als einem Jahr vollbringen und keine Überdauerungsorgane bilden. Die Überwinterung erfolgt durch Samen, z. B *Papaver rhoeas*, *Gallinsoga parviflora*.)

Bei den im und am Wasser lebenden Pflanzen werden Hydrophyten (Wasserpflanzen wie *Nymphaea alba* als Hemihydrophyt und Euhydrophyten wie *Eichhornia azurea*) und Helophyten (Sumpfpflanzen, z. B. *Mentha aquatica*) unterschieden.

Merke:

Diese Lebensformen wurzeln alle im Boden. Ihnen werden zwei Gruppen von Pflanzen gegenübergestellt, die nicht im Boden wurzeln:

- Haftende oder adnate Pflanzen sitzen auf anderen Pflanzen, zu ihnen zählen etwa die Epiphyten (z. B *Bromeliaceae*).
- Bewegliche oder errante Pflanzen sind die frei schwimmenden und schwebenden Wasserpflanzen (z.B. *Lemna minor*).

Neben der Einteilung nach den Überdauerungsknospen lassen sich die mehrjährigen Pflanzen auch nach ihren Wuchsformen unterscheiden, und zwar in Pflanzen mit verholzenden Sprossen (Bäume und Sträucher), die Gehölze, und in Stauden, die bei einer Lebensdauer von mindestens zwei bis vier Jahren nicht verholzen und krautig bleiben.

7.1 Gehölze

Abb. 44: Gehölzbeispiele

Der Begriff Gehölz bezieht sich auf ausdauernde Pflanzen, deren Sprosse im Laufe der Zeit verholzen und dauerhaft erhalten bleiben, sodass ihr oberirdisches Sprosssystem mit zunehmendem Alter an Größe gewinnt. Zu den Gehölzen zählen Bäume, Sträucher und Lianen (Abb. 44). Gehölze sind in erster Linie Samenpflanzen, es gibt jedoch auch einige holzige Vertreter unter den Farnen (Baumfarne). Bäume bilden dabei einen Stamm und eine Krone aus, während Sträucher mehrere verholzende Triebe aus dem Boden sprießen lassen und sich schon von der Basis aus verzweigen. Halbsträucher verholzen nur zum Teil mit den älteren Trieben. Die jüngeren Triebe bleiben weich und krautig. Sie sterben zum Ende der Vegetationsperiode ab (z.B. *Perovskia abrotanoides* – Blauraute). Zwergsträucher bleiben meist klein, wie Heidelbeere (*Vaccinum myrtillus*) oder Salbei (*Salvia officinalis*).

7.2 Stauden

Stauden sind mehrjährige ausdauernde (perennierende) krautige Pflanzen, deren oberirdische Pflanzenteile nicht verholzen, sondern krautig weich sind und in der Regel nach jeder Vegetationsperiode absterben. Im Gegensatz zu den anderen krautigen Pflanzen, den Einjährigen und den Zweijährigen, überdauern Stauden mehrere Jahre und blühen in jedem Jahr erneut (Abb. 45). Stauden überwintern je nach Art als Geo-

oder Kryptophyten. Aus den Überwinterungsknospen treiben die Stauden in den folgenden Vegetationsperioden immer wieder aus. Abweichend von dieser Regel gibt es unter den Stauden auch eine Reihe wintergrüner Arten, die nicht „einziehen". In den kalten und gemäßigten Zonen sind diese so niedrig, dass sie vom Schnee bedeckt werden, und werden mit den verholzten Zwergsträuchern unter dem Begriff Chamaephyten zusammengefasst; tropische immergrüne Stauden wie die Bananen können dagegen beachtliche Größen erreichen. So ist der Begriff Staude nicht eindeutig umgrenzt. Beispiele für Stauden sind *Alcea rosea* (Stockrose), *Fragaria vesca* (Monatserdbeere) oder *Pachysandra terminalis* (Dickmännchen).

Abb. 45: *Echinacea purpurea* ist eine Staude

7.3 Die Lebensbereiche der Pflanzen

Ordnet man Pflanzen nach Lebensgemeinschaften, erkennt man schnell, dass es zwölf Lebensbereiche gibt, die sich voneinander abgrenzen lassen (Tab. 7). Häufig findet man diese Lebensbereiche in Gestalt von Biotopen oder Ökosystemen wieder, die eine hohe ökologische Bedeutung haben: Das Verschwinden solcher Biotope oder Ökosysteme bedeutet gleichzeitig, dass viele Tier- und Pflanzenarten ihres Lebensraumes und ihrer Nahrungsgrundlage beraubt sind und deshalb nicht mehr lebensfähig sind. Sie sterben unwiederbringlich aus. Oft ist der Mensch an der Zerstörung der Lebensräume schuld, da er Flächen zu Siedlungszwecken umgestaltet oder als Ackernutzflächen verwendet. Auch der für unser Klima wichtige tropische Regenwald ist aufgrund des Profitstrebens des Menschen vom Aussterben bedroht, während das Ökosystem Meer durch die industriell verschuldete Klimaerwärmung und die Vermüllung durch den Menschen stark gefährdet ist.

Abbildung	Beschreibung	Beispiele
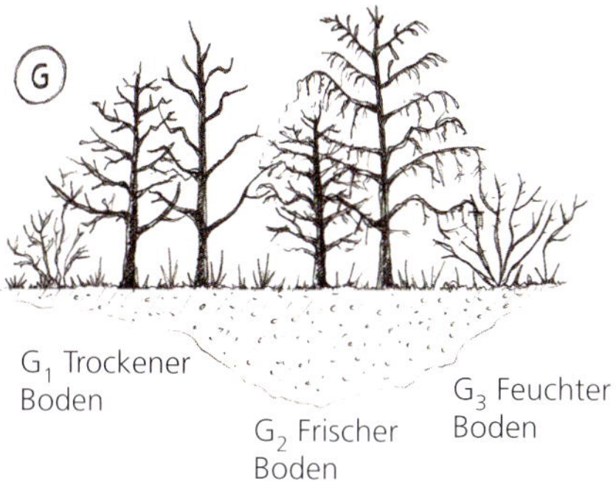	**Gehölz (G)** Locker-unregelmäßig wachsende Großbäume sorgen für lichten Schatten bis Halbschatten und durch die Streuschicht für frischen humosen Boden.	Vorbild: Ökosystem Wald Gehölze: *Fagus sylvatica, Quercus robur, Fraxinus excelsior* Stauden: *Aruncus sylvestris, Anemone nemorosa, Galium odoratum*

Abbildung	Beschreibung	Beispiele
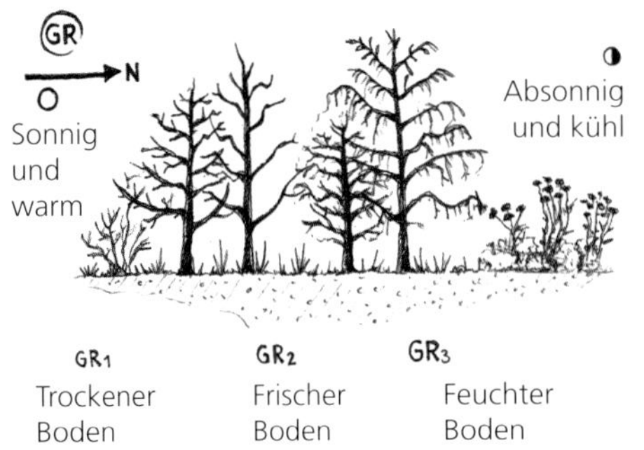	**Gehölzrand (GR)** Im Randbereich von Großgehölzen wachsen Sträucher und hohe Stauden, je nach Lichteinfall mehr sonnig-warm über halbschattig bis wechselschattig an bodenfrischen Standorten.	Vorbild: Waldrand, Knick Gehölze: *Sorbus aucuparia, Corylus avellana, Prunus spinosa* Stauden: *Salvia azurea, Campanula glomerata, Digitalis purpurea, Blechnum spicant*
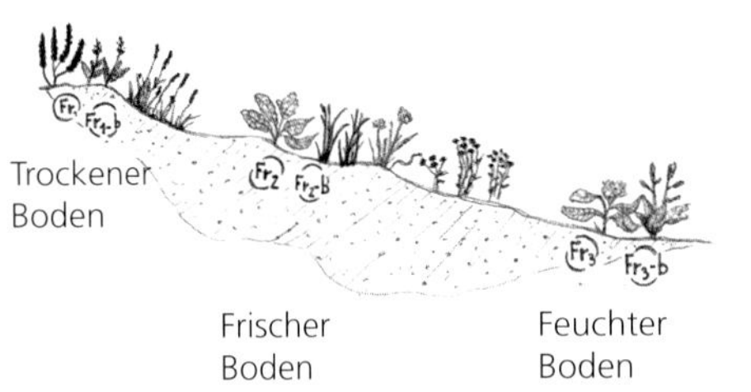	**Freiflächen (FR)** offene sonnige Freiflächen mit trockenem, durchlässigem Substrat, über frische bis feuchte Standorte	Vorbild: Wiesen Stauden: *Geranium sanguineum, Achillea filipendulina, Dianthus plumarius, Geum coccineum, Filipendula ulmaria*
	**Steppenheiden (SH)** warme, zur Sonnenseite geneigte Flächen mit trockenem kalkhaltigen Boden	Vorbild: Steppen, natürliches Grünland Gehölze: *Cytisus scoparius, Pyracantha coccinea* Stauden: *Carlina acaulis, Veronica spicata*
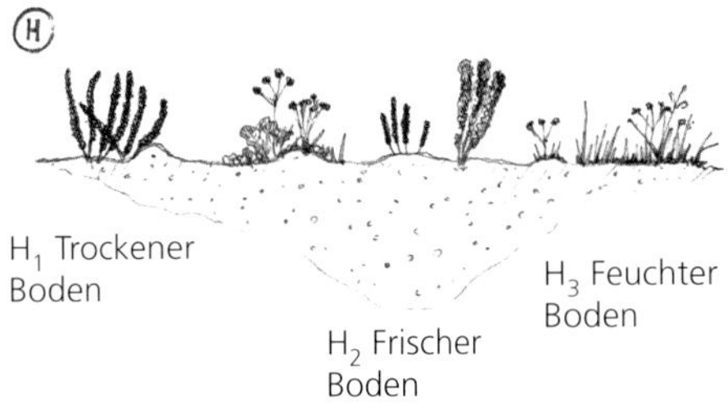	**Heide (H)** warme, sonnige Standorte mit nährstoffarmen, leicht sauren Böden	Vorbild: Heidelandschaften Gehölze: *Taxus baccata, Salix cinerea* Stauden: *Arnica montana, Stipa pennata*
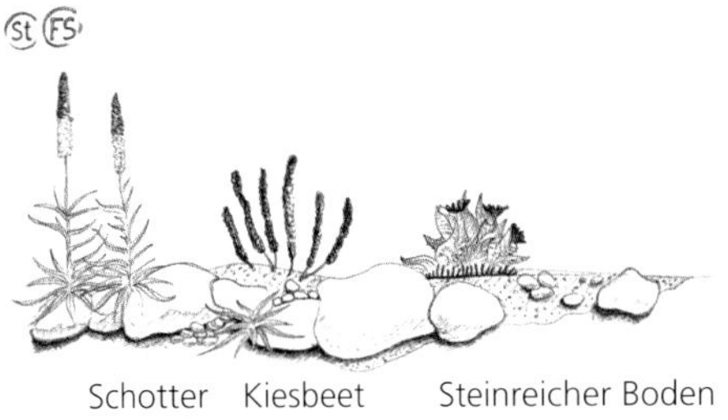	**Steinanlagen (ST) und Felssteppen (FS)** steinige, kiesige, wasserdurchlässige Böden, meist vollsonnig	Vorbild: Felsige Berglandschaften Stauden: *Helianthemum apenninum, Linum flavum, Melica ciliata, Matricaria caucasica, Cotula dioica*

Abbildung	Beschreibung	Beispiele
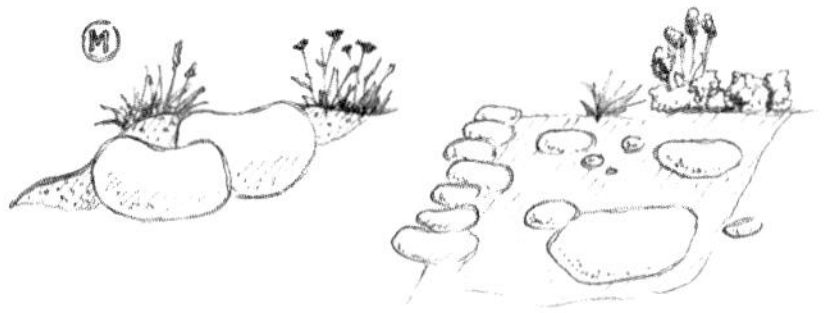	**Felsmatten (M)** steinige, geringe Substrattiefen	Vorbild: Geröllwüsten *Aster alpinus, Thymus serpyllum, Potentilla aurea*
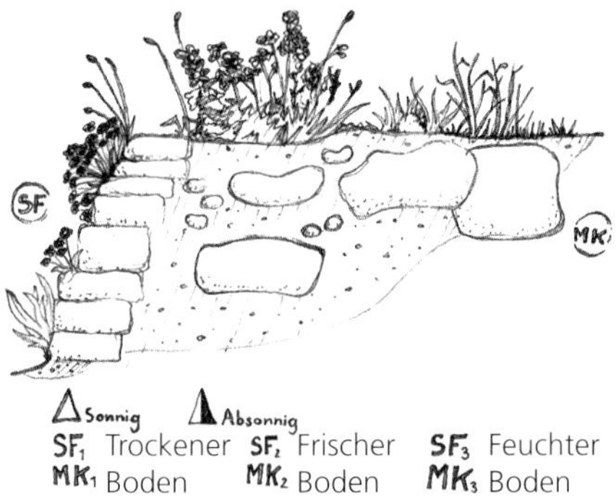	**Steinfugen (SF) und Mauerkronen (MK)** in den Fugen von Trockenmauern wachsend oder auf Mauerkronen	Vorbild: Terrassierungen in Weinbaugebieten Stauden: *Veronica prostata, Sedum-* und *Sempervivum-*Arten, *Arabis caucasica, Festuca gautieri, Asplenium trichomanes, Corydalis lutea*
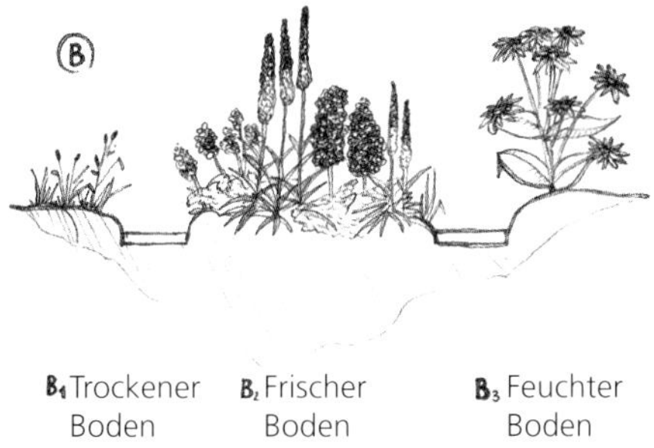	**Beet (B)** auf humosen, nährstoffreichen Standorten mit Leitstauden und Begleitstauden	Vorbild: typische Gartensituation, z. B. in Bauerngärten Leitstauden: *Yucca filamentosa, Papaver orientale* Begleitstauden: *Aster amellus, Rudbeckia nitida*
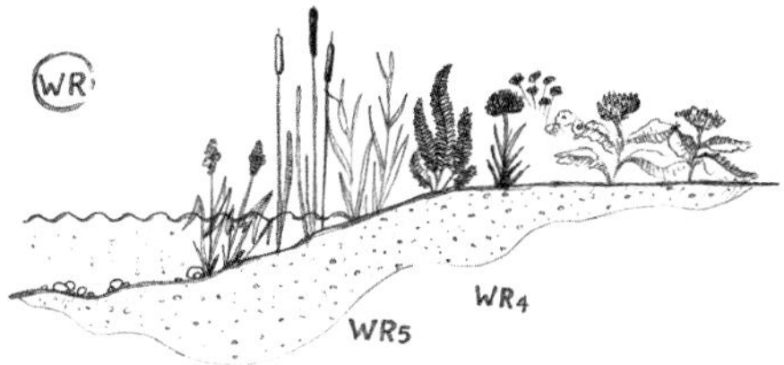	**Wasserrand (WR)** Grenzbereiche am Ufer von Teichen und Bächen auf feuchten Standorten, teilweise sumpfig	Vorbild: Auen und Flussufer Gehölze: *Alnus glutinosa, Salix alba, Populus nigra „Italica"* Stauden: *Caltha palustris, Menyanthe trifoliata, Typha minima*

Abbildung	Beschreibung	Beispiele
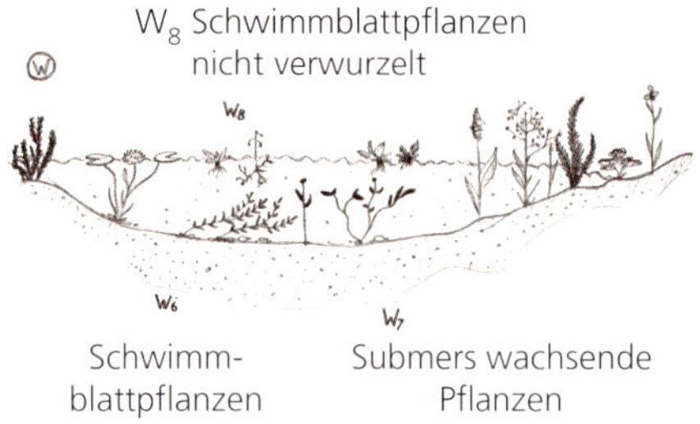	**Wasser (W)** Standorte mit ständigem Wasserstand, können im Boden wurzeln als auch im Wasser schwimmen	Vorbild: Stille und fließende Naturgewässer Stauden: *Acorus calamus, Ranunculus lingua, Cyperus longus, Nuphar lutea, Nymphaea-Hybriden, Stratiotes alloides*
	**Alpinum (A)** Spezielle Steinanlage für Pflanzen aus den Kalkalpen und anderen hochalpinen Regionen der Welt. Größtenteils steinig bis felsig	Vorbild: Hochgebirgsflora, insbesondere der Alpen Gehölze: *Pinus mugho, Rhododendron hirsutum* Stauden: *Gentiana acaulis, Leontopodium nivalis*

Tab. 7: Lebensbereiche der Pflanzen nach Prof. Dr. J. Sieber

Aufgaben:

1. Es gibt verschiedene Varianten, Pflanzen in Gruppen zu ordnen. Listen Sie die vorgestellten Möglichkeiten auf und nennen Sie jeweils drei Beispiele.
2. Sie erhalten den Auftrag, den Pflanzplan für eine 20 m lange Trockenmauer in vollsonnigem Standort anzulegen. Zeichnen Sie den Plan und erstellen Sie eine Pflanzliste.
3. Erstellen Sie Lernkarten zu den Fachbegriffen aus diesem Kapitel.

Bearbeiten Sie die Arbeitsblätter auf den Seiten 84 bis 86.

8. Eingruppierung und Verwendung von Pflanzen

Blättert man durch einen Pflanzenkatalog, kann man feststellen, dass die Pflanzen zu Verkaufszwecken in zusätzliche Kategorien eingeteilt sind, nämlich nach ihrer Verwendung. Dabei spielt es eine Rolle, ob ein Gehölz als Hecke gepflanzt, als Zierstrauch verwendet oder als Solitär eingesetzt werden soll. Sie werden nach Wuchshöhen, nach Stamm- und Blütenbildung und der Verzweigung geordnet.

8.1 Laub- und Nadelgehölze

Ein Laubbaum ist ein Großgehölz, das sommergrüne oder immergrüne Laubblätter ausbildet. Bei den Nadelgehölzen sind die Laubblätter zu nadelartigen (z. B. *Larix decidua* – Europäische Lärche) oder schuppenförmigen Blättern (z. B. *Thuja occidentalis* – Abendländischer Lebensbaum) umgeformt.

Bäume sind die Pflanzen, die einen verholzten Stamm ausbilden, während die Verzweigung, die Krone, ab einer Höhe von 180–200 cm beginnt. Laubbäume mit besonders hohem Wuchs haben ihren Kronenansatz in einer Höhe von 200 bis 220 cm. Eine Ausnahme bilden die Nadelbäume, die meist schon auf den unteren Zentimetern des Stammes mit der Verzweigung beginnen. Zu den Großbäumen zählen Nadelgehölze wie *Abies alba*, *Picea abies* oder *Larix decidua*, die alle Wuchshöhen von 20 bis sogar über 40 m erreichen. Bei Laubbäumen mit diesen Wuchshöhen spricht man von Bäumen erster Ordnung. Bäume zweiter Ordnung erreichen Wuchshöhen von 12 bis 20 m und Bäume dritter Ordnung werden 7 bis 12 m hoch.

Erster Ordnung	Zweiter Ordnung	Dritter Ordnung
Acer platanoides Spitzahorn	*Acer campestre* Feldahorn	*Acer ginnala* Feuerahorn
Castanea sativa Esskastanie	*Alnus glutinosa* Schwarzerle	*Aesculus x carnea* Scharlach-Kastanie
Fagus sylvatica Rot-Buche	*Betula pendula* Sandbirke	*Crataegus coccinea* Scharlach-Weißdorn
Quercus robur Stiel-Eiche	*Prunus padus* Traubenkirsche	*Eleagnus angustifolia* Ölweide
Tiia cordata Winterlinde	*Salix caprea* Bruchweide	*Robinia pseodoacacia* Robinie
Ulmus glabra Bergulme	*Sorbus aucuparia* Eberesche	*Ulmus carpinifolia* Feldulme

Tab. 8: Bäume erster, zweiter und dritter Ordnung

Neben den Bäumen gibt es auch Heister, die einen geraden Leittrieb aufweisen und deren seitliche Verzweigung schon auf den unteren ersten Zentimetern beginnt. Sie werden häufig als Solitärgehölze gepflanzt. Höhe, Stammumfang, Ballen sind Kriterien, die der Baumschule zur Preisfindung dienen und nichts mit der botanischen Eingruppierung von Gehölzen zu tun haben.

8.2 Obstgehölze

Als Obstgehölze werden alle verholzenden Pflanzen bezeichnet, die wie Apfel, Birne, Pfirsich oder auch Brombeere verzehr- und genießbare Früchte hervorbringen. Hier unterscheidet man Hochstämme, Halbstämme, Stammbüsche, Sträucher, Spaliergehölze und Kletterpflanzen voneinander (Tab. 9), wobei sich nicht jede Kulturart für jedes Obst eignet.

Gehölzform	Beispiele
Hochstamm Kronenansatz in mindestens 180–220 cm Höhe, Leittrieb, der in einer drei- bis vierastigen Krone mündet	*Malus domestica, Pyrus communis, Prunus avium, Prunus cerasus, Prunus domestica*
Halbstamm Kronenansatz zwischen 100 cm und 160 cm, Kronenaufbau wie oben	*Prunus armeniaca, Prunus persica, Cydonia oblonga, Malus domestica*
Stammbusch (Spindelbusch) Stammlänge von etwa 40–60 cm auf schwach wachsender Unterlage mit wenig ausladenden Seitenästen	
Strauch Kein Stamm als Hauptachse, sondern mehrere regelmäßige Stämme aus bodennahen Knospen	*Ribes rubrum, Ribes nigrum, Ribes uva-crispa, Corylus avellana, Vaccinum corymbosum, Sambucus nigra*
Spaliergehölz Äste werden so zurechtgeschnitten, dass sie an einer zweidimensionalen Gitterkonstruktion, die z. B. an einer Hauswand befestigt ist, festgebunden werden und etagenförmig wachsen	Alle, die als Hochstamm, Halbstamm oder Stammbusch wachsen
Kletterpflanze Bilden statt eines Stammes als Wuchsform eine Klettertechnik (Kletterstrategie) aus. Kletterpflanzen können ein- bis mehrjährige (ausdauernde), krautige oder verholzende Pflanzen sein.	*Rubus fruticosus, (Rubus idaeus), Vitis vinifera, Actinidia deliciosa*

Tab. 9: Obstgehölze

Merke:

Neben Obstgehölzen gibt es auch Obst-Stauden, wie z. B. *Musa x paradisiaca* (Banane), *Ananas comosus* (Ananas) oder *Fragaria x ananassa* (Erdbeere).

8.3 Sträucher und bodendeckende Gehölze

Sträucher sind ausdauernde Gehölzpflanzen, die bodendeckend oder aufrecht wachsen. Bodendeckende Sträucher werden als Bodendecker oder Flächendecker bezeichnet. Sträucher können mehrere aufrechte Stämme haben, von denen die Verzweigungen ausgehen. Sie sind laubabwerfend (sommergrün), halbimmergrün (wintergrün) oder immergrün (durchgängig das Laubkleid tragend) sein.

Merke:

Bodendecker bilden überhängende Triebe, die in Bodennähe sofort wieder einwurzeln und so einen dichtverwurzelten Pflanzenteppich bilden. Beispiele sind *Cotoneaster dammeri* (Teppichmispel) *Hedera helix* (Efeu) oder *Euonymus fortunei* – Arten (Kletterspindelstrauch). Flächendecker bilden schirmartig überhängende Triebe, die nur selten wieder mit dem Boden verwurzeln. Bei einem Rückschnitt lassen sich dann die einzelnen Pflanzen an ihrer Wurzelbasis ausmachen. Beispiel: *Stephanandra incisa* (Kranzspiere), *Potentilla fruticosa* (Fünffingerstrauch) oder *Hypericum calycinum „Hidcote Gold"* (Johanniskraut) (Abb. 46).

Bei den höherwachsenden Sträuchern unterscheidet man Großsträucher mit einer Wuchshöhe von drei bis sieben Metern von Normalsträuchern (1,5 bis 3 m), Kleinsträucher (0,5 bis 1,5 m) und Zwergsträuchern (0,1 bis 0,5 m). Halbsträucher verholzen nicht in allen Pflanzenteilen, sondern behalten zum Teil krautige Triebe, die zum Ende der Vegetationsperiode absterben (Tab. 10).

Abb. 46:
Bodendecker und Flächendecker

Bezeichnung	Beispiele
Großstrauch	*Amelanchier lamarckii, Berberis julianae, Cercis siliquastrum*
Normalstrauch	*Buddleja davidii, Enkianthus campanulatus, Hibiscus syriacus*
Kleinstrauch	*Corylopsis pauciflora, Ilex crenata, Paeonia suffruticosa*
Zwergstrauch	*Calluna vulgaris, Gaultheria procumbens, Viburnum davidii*
Halbstrauch	*Lavandula angustifolia, Perovskia abrotanoides, Salvia officinalis*

Tab. 10: Größenordnung von Sträuchern

8.4 Kletterpflanzen

Kletterpflanzen haben Wuchsformen entwickelt, die es ihnen ermöglichen, entgegen der Schwerkraft Fassaden, Mauern und Bäume zu begrünen. Einige dieser Pflanzen schaffen dies aus eigener Kraft durch verschiedene Klettertechniken (Abb. 47), andere brauchen Unterstützung in Form eines Rankgerüstes oder von Rankseilen. Grundsätzlich werden folgende Klettermechanismen abgegrenzt:

Abb. 46:
Verschiedene Kletterpflanzen

- **Selbstklimmer** heißen Pflanzen, die Flächen wie Mauern und Fassaden direkt bewachsen können. Die Mehrheit der Selbstklimmer sind Haftwurzelkletterer. Diese Pflanzen bilden an den Sprossen Kletterwurzeln aus, die sich in Mauerunebenheiten einwurzeln, wie zum Beispiel *Hedera helix* (Efeu), *Campsis radicans* (Trompetenwinde) *und Hydrangera aspera ssp. anomala* (Kletterhortensie). Andere selbstklimmende Pflanzenarten bilden Haftscheiben aus, die wie die Saugnäpfe der Amphibien anmuten. Beispiele dafür sind *Parthenocissus tricuspidata* (Wilder Wein). Die Jungtriebe der Selbstklimmer wachsen lichtfliehend orientiert aufwärts und die Haftorgane (Haftwurzeln, Haftscheiben) werden bevorzugt an der lichtabgewandten Seite ausgebildet. Dabei sucht die Sproßspitze einen Weg, während immer mehr Haftscheiben die statische Sicherung übernehmen. Bei einem Berührungsreiz scheiden die Haftscheiben eine Art Klebstoff aus, der die Triebe sogar an Fensterglas haften lässt.
- **Gerüstkletterpflanzen** nennt man zusammenfassend Kletterpflanzen, die Hilfseinrichtungen (zum Beispiel Rankgerüste) benötigen. Diese werden unterschieden nach:
  a) Rankpflanzen, die an den Blatt- oder Sprossenden windende Rankorgane gebildet haben. Dazu gehören zum Beispiel *Clematis*-Arten (Waldrebe) oder *Vitis vinifera* (Echter Wein).
  b) Schlingpflanzen (auch Winder oder Schlinger genannt), die den gesamten Spross entweder rechts- oder linksherum um einen Draht, ein Seil oder Ähnliches herumwickeln. Rechtswinder sind beispielsweise *Humulus lupulus* (Echter Hopfen) und *Wisteria sinensis* (Blauregen), Linkswinder sind z. B. *Lonicera henrii* (Immergrünes Geißblatt) und *Fallopia aubertii* (Schlingknöterich).
  c) Spreizklimmern klammern sich mithilfe von Dornen und Stacheln an den Rankhilfen fest (Beispiele: Brombeere oder Kletterrose).

8.5 Hecken und Vogelnährgehölze

Heckengehölze sind Pflanzen, die von der Wurzelbasis her dicht austreiben und eine üppige Verzweigung bilden. Sie sollten schnittverträglich sein, d. h. auf die regelmäßige Behandlung mit der Heckenschere nicht mit Kümmerwuchs oder verbräunenden

Blättern reagieren. Allerdings gibt es auch Gehölze, die sich zur Pflanzung von ungeschnittenen Hecken eignen. Diese brauchen aber häufig mehr Platz, da ihr Wachstum in der Breite nicht durch Schnittmaßnahmen gestutzt werden kann. Heckengehölze gibt es in allen Größen. Dabei müssen es nicht nur Laubgehölze sein, sondern es stehen auch einige Nadelgehölze für diese Verwendung zur Auswahl. Auch gibt es immergrüne Pflanzen, die sich als Hecke eignen (Tab. 11).

 *Fagus sylvatica „Atropunicea“*	Schnittverträgliche Hecken, über 250 cm hoch	
	Laubgehölze	*Acer campestre, Berbeis thunbergii, Carpinus betulus, Crataegus monogyna, Fagus sylvatica*
	Nadelgehölze (i)	*Chamaecyparis lawsoniana, Taxus baccata, Thuja occidentalis*
 *Larix decidua*	Schnittverträgliche Hecken, 100 bis 250 cm hoch	
	Laubgehölze	*Ligustrum vulgare (i)*
	Nadelgehölze	*Larix decidua*
 *Taxus media*	Schnittverträgliche Hecken, 50 bis 100 cm hoch	
	Laubgehölze	*Berberis verruculosa (i), Ligustrum ovalifolium*
	Nadelgehölze	*Taxus media (i)*
 *Berberis buxifolia*	Schnittverträgliche Einfassungshecken, bis 50 cm hoch	
	Laubgehölze	*Berberis buxifolia (i), Buxus sempervirens (i), Euonymus fortunei (i)*

 *Spiraea x vanhouttei*	Ungeschnittene Blütenhecken	
	Laubgehölze	*Ilex aquifolium (i), Prunus laurocerasus (i), Pyracantha coccinea (i), Rosa rugosa, Spiraea x vanhoutteii*
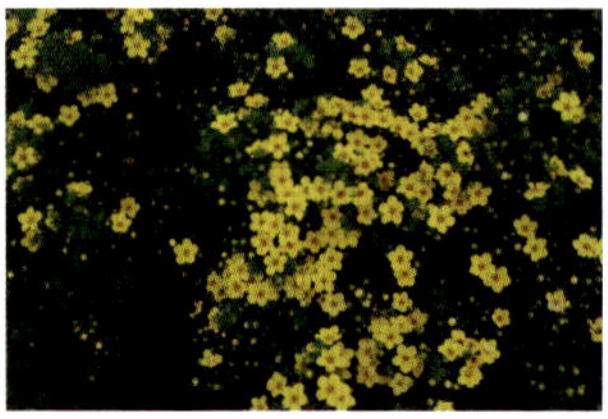 *Potentilla fruticosa*	Ungeschnittene Einfassungshecken	
	Laubgehölze	*Lonicera pileata (i), Spiraea japonica, Potentilla fruticosa*

Tab. 11: Heckengewächse im Überblick (i = immergrün)

Als Vogelnährgehölze werden diejenigen Sträucher bezeichnet, die wegen ihres Fruchtschmucks der Ernährung der heimischen Vogelarten dienen. Dazu zählen z. B. *Cornus mas* (Kornelkirsche), *Prunus spinosa* (Schlehe), alle *Avium*-Arten (Kirschen), aber auch *Corylus avellana* (Haselnuss) oder *Hedera helix* (Efeu). Viele dieser Gehölze sind darüber hinaus auch eine Nahrungsquelle für Insekten und Kleinsäuger und bieten Nistmöglichkeiten für viele Tiere. Dies gilt insbesondere, wenn sie im Rahmen eines Knicks angepflanzt wurden.

Abb. 48:
Typischer Knick

Vertiefung: Knick

Der Knick ist nicht allein ein die Landschaft prägendes Naturelement, das nur naturkundlich, kulturell oder schlicht an einem attraktiven Landschaftsbild Interessierte begeistert. Er beherbergt auch eine typische Tier- und Pflanzenwelt, die hier auch ihren Lebensraum findet. Für viele Vögel ist es eine wichtige Brutstätte in der Kulturlandschaft. Von hier aus suchen sie nach Nahrung in den Feldern, Wiesen und Weiden. Manche Pflanzen wie besondere Wildrosenarten sind hier beheimatet (Abb. 48).
Alle sind aber darauf angewiesen, dass sie einen möglichst ursprünglichen Lebensraum vorfinden, der nicht durch nachhaltige Eingriffe geschädigt wird, aber regelmäßig

durch das Knicken, d.h. das Abnehmen der Gehölze, in seiner markanten Wuchsart erhalten bleibt. Zur naturnahen Ausstattung gehört auch ein ausreichend breiter Saumstreifen, den manche Tierarten wie Amphibien auch zum Wandern zwischen verschiedenen Lebensräumen nutzen. Auf einem bunten Knick kann eine Vielzahl von Gehölzen wachsen – in Abhängigkeit von der Region, dem Nährstoffangebot, Boden und Standort. Die häufigsten Gehölzarten der Knicks zeichnen sich durch ein sehr gutes Stockausschlagsvermögen aus, sodass sie sich nach dem regelmäßigen „Knicken“ schnell wieder zu dichtem Wuchs regenerieren können. Die dornigen bzw. stacheligen Sträucher (Schlehe, Weißdorn, Brombeere, Hundsrose) sind darüber hinaus vom Weidevieh weniger verbissen worden.
Knicks sind nicht nur in allen Landesteilen Deutschlands vertreten, sondern lassen sich auch im europäischen Ausland finden. Ursprünglich dienten sie der Territorialabgrenzung landwirtschaftlicher Flächen. Sie zeichnen sich dadurch aus, dass auf einem niedrigen Erdwall in zwei oder drei Reihen die regional typischen Gehölze angepflanzt wurden. Die Sträucher werden regelmäßig, ca. alle sieben Jahre bis auf 20 cm zurückgeschnitten (geknickt), wobei alle 25 m ein Baum als Überhälter stehen bleibt. Heute stehen Knicks unter Landschaftsschutz.

8.6 Besondere Ziergehölze

Ziergehölze zeichnen sich durch eine üppige Blüte, einen malerischen Wuchs, interessanten Fruchtschmuck oder eine besonders schöne Rinde aus. Sie werden in den Gärten gepflanzt, um eine über lange Zeit andauernde Blüte zu bewundern oder weil sie im Winter im kahlen Zustand, mit Reif auf den verholzten Trieben, sehr eindrucksvoll wirken. Zu der ersten Kategorie gehören Gehölze wie *Philadelphus coronarius* (Falscher Jasmin) oder *Buddleja davidii* (Sommerflieder), die auch viele Insekten anlocken. *Hydrangea*-Arten (Hortensien) oder *Forsythia x intermedia* (Goldglöckchenstrauch) sind dagegen steril und bestechen nur durch ihre auffällige Blüte. Zu den Gehölzen, die auch im Winter eine gute Figur machen, gehören *Corylus avellana „Contorta“* (Korkenzieherhaselnuss) mit seinem gedrehten Wuchs oder *Malus floribunda* (Zierapfel) mit seinem Fruchtschmuck, der vielen Vögeln Winterfutter bietet.

8.7 Moorbeetpflanzen

Abb. 49: Niedermoorvegetation

Besondere Anforderungen an den Boden stellen die sogenannten Moorbeetpflanzen. Sie benötigen ein frisches bis feuchtes, humoses Substrat im niedrigen pH-Wert-Bereich von ca. 4 bis 6. Nicht alle Moorbeetpflanzen lieben „nasse Füße“, für sie sollte der Boden gut wasserdurchlässig sein. Wer sich beim Anlegen eines Moorbeetes nicht sicher ist, sollte sich nach den Standortbedingungen der

Pflanzen an ihrem Naturstandort orientieren: Pflanzen, die natürlicherweise auf einem Nieder- oder Hochmoor (Abb. 49) wachsen, wie z. B. *Drosera lasiantha* (Sonnentau), *Dionaea muscipula* (Venusfliegenfalle), *Vaccinum corymbosum* (Heidelbeere) oder *Gaultheria mucronata* (Torfmyrte) kommen mit anhaltender Nässe gut zurecht. Rhododendren und Azaleen lieben zwar auch niedrige pH-Werte, wachsen aber in ihrer chinesischen Heimat am Gehölzrand und sollten deshalb in einem wasserdurchlässigen Boden im lichten Schatten wachsen.

Aufgaben:

1. Finden Sie zu den Lebensformen nach Raunkiaer jeweils Beispielpflanzen mit deutschem und botanischem Namen.
2. Außer Gehölzen und Stauden gibt es noch andere Pflanzengruppen. Welche sind das? Nennen Sie Bespiele.
3. Erklären Sie den Unterschied zwischen Boden- und Flächendecker mit eigenen Worten.
4. Fertigen Sie sich Lernkarten zu den Wuchsformen der Obstgehölze an.
5. Erstellen Sie ein Plakat zum Thema Kletterpflanzen: Welche Klettertechniken gibt es? Worin liegen die Vor- und Nachteile? Was bedeutet rechts- bzw. linkswindend? Fügen Sie Ihrem Plakat auch Bilder von Beispielpflanzen hinzu.
6. Sie sollen das Grundstück eines Kunden mit einer Hecke einfassen. Machen Sie ihm in einem Rollenspiel Vorschläge und erläutern ihm dabei die Vor- und Nachteile der verschiedenen Möglichkeiten.
7. Was versteht man unter Ziergehölzen? Stellen Sie eine Pflanzenliste zusammen.
8. Moorbeetpflanzen haben besondere Standortansprüche. Welche sind das und wie können Sie dem gerecht werden?

Bearbeiten Sie in Ihrem Arbeitsheft die Arbeitsblätter auf den Seiten 87 bis 94.

9. Saatgut

Saatgut ist der für die generative Vermehrung aufbereitete Samen von Pflanzen. An das Saatgut werden besondere Anforderungen gestellt, um das einheitliche Keimen zu gewährleisten. Genauso wird garantiert, dass nur die eine Sorte, die auf der Saatgutverpackung beschrieben ist, aufläuft. Deshalb wird nach dem Saatgutverkehrsgesetz die Qualität festgelegt. Folgende Kriterien sind dafür maßgebend:

- Das Saatgut muss absolut frei von Krankheiten sein.
- Die genetische Information, die in jedem Saatkorn steckt, ist einheitlich und garantiert somit eine gleichmäßige Entwicklung und Eigenschaften der daraus wachsenden Pflanzen.
- Das Saatgut muss frei von Fremdsaatgut, insbesondere Unkrautsamen sein. Eine Reinheit von 95 % gewährleistet, dass 95 von 100 Körnern den Anforderungen ent-

sprechen. Auch Sandkörner, Spreu oder andere unerwünschte Bestandteile dürfen nicht enthalten sein.

- Das Saatgut muss so frisch sein, dass nahezu alle Körner zu Pflanzen heranwachsen können. In der Regel liegt die Keimfähigkeit bei 90 bis 97 %. Die Keimfähigkeit nimmt mit dem Alter des Saatguts rapide ab, sodass nach einem Jahr die Keimfähigkeit auf bis zu 75 % reduziert sein kann. Auch optimale Lagerungsbedingungen (kühl bei um die 5° C, trocken und unter Luftabschluss) ändern daran nichts.

Vertiefung: Gebrauchswert einer Pflanze

Hat eine Pflanze eine Reinheit von 90 % und eine Keimfähigkeit von 95 %, multiplizieren sich die beiden Werte zum Gebrauchswert:

$$\text{Gebrauchswert} = \frac{\text{Reinheit in \% * Keimfähigkeit in \%}}{100\,\%} = \frac{90\,\% * 95\,\%}{100\,\%} = 85{,}5\,\%$$

Das Tausendkorngewicht einer Pflanze gibt an, wie schwer 1000 Samenkörner sind. Daraus lässt sich der Saatgutbedarf für eine Kultur errechnen. Je kleiner das Saatgut, desto geringer ist das Tausendkorngewicht (TKG). So liegt es bei Tabak bei 0,1 g; bei Bohnen 150–500 g.

9.1 Saatgutformen und Keimbedingungen

Saatgut lässt sich natürlich an den Mutterpflanzen selbst sammeln. Für die professionelle Pflanzenkultur sollte jedoch auf speziell aufbereitetes Saatgut zurückgegriffen werden. Dabei werden hauptsächlich sechs verschiedene Formen der Aufbereitung unterschieden (Tab. 12).

Verfahren	Kennzeichen
Kalibrieren	Saatgut nach Größe sortieren oder sieben, damit es maschinell besser ausgesät werden kann.
Graduieren	Zusätzlich zum Kalibrieren erfolgt eine Sortierung nach Gewicht für ein gleichmäßiges Auflaufen.
Pillieren	Jedes einzelne Samenkorn wird mit einer Hülle aus Ton, Lehm oder anderen Stoffen umgeben, sodass eine einheitliche Kugelform entsteht. Der Hüllmasse können auch noch Fungizide, Insektizide oder Nährstoffe beigemengt sein. Für eine verbesserte maschinelle Einzelkornablage.
Inkrustieren	Hier umgibt den Samen eine der Form angepasste Hüllmasse, die ähnlich wie beim Pillieren aufbereitet sein kann. Wird häufig im Gemüsebau verwendet, um die Pestizidmengen zu reduzieren.

Verfahren	Kennzeichen
Granulieren	Mehrere Samenkörner werden in Abhängigkeit der Keimfähigkeit zu Granulaten zusammengefügt. Eignet sich besonders für feinsamige Pflanzen (*Lobelia, Antirrhinum, Daucus*)
Beizen	Behandeln des Saatguts mit Pflanzenschutzmittel, insbesondere gegen Pilzerkrankungen, die Keimpflanzen relativ häufig befallen (*Pythium*- und *Phytophthora*-Arten). Es wird zwischen Trocken- und Nassbeize unterschieden.

Tab. 12: Saatgutaufbereitung

Um die Arbeitsverfahren zu vereinfachen, wird das Saatgut nicht mehr ausschließlich in Einzelkörnern angeboten, sondern auch als Saatbänder oder Saatteppiche (Abb. 30). Dabei wird das Saatgut in ein wasserlösliches Vlies eingeschlossen.

Abb. 50: Saatband und Saatteppich

Gleichgültig, wie das Saatgut aufbereitet wurde, die Keimbedingungen sind für alle Pflanzen gleich, nur die Dosierung ist von Pflanze zu Pflanze unterschiedlich.

Merke:

Jedes Saatgut benötigt zum erfolgreichen Keimen genügend Feuchtigkeit, eine gute Sauerstoffversorgung, angenehme Temperaturen und Licht bzw. Dunkelheit.

- **Feuchtigkeit:** Das Samenkorn muss aufquellen, um keimen zu können. Es saugt sich mit Wasser voll, wodurch die harte Keimschale gesprengt wird, und das trockene Embryogewebe beginnt mit einer erhöhten Stoffwechseltätigkeit. Ist dieser Vorgang erst einmal in Gang gesetzt, darf er durch Austrocknung nicht unterbrochen werden, da dies zum Absterben des Keimlings führt.
- **Sauerstoff:** Um den Energiebedarf zu decken, „veratmet" der Keimling sein Nährgewebe. Dafür benötigt er Sauerstoff. Deshalb muss das Aussaatsubstrat locker und luftdurchlässig sein.
- **Temperatur:** So wie sich der Mensch bei Wärme wohler fühlt als bei Kälte, gilt dies auch für Pflanzen und ihre Keimlinge. Jede Pflanze hat eine optimale Keimtemperatur, die sich mit den (Boden-)Temperaturen der Vegetationsperioden in der Heimat der Pflanze decken. Bei Getreide liegt die Temperatur bei 3–5° C, bei den wärmeliebenden Tomaten bei 18° C. Temperaturen um den Gefrierpunkt sollten vermieden werden. Droht noch Bodenfrost, wird auf die Aussaat im Freiland verzichtet und vorzugsweise unter Glas ausgesät. Allerdings benötigen einige Pflanzen kühle Temperaturen, um die Keimhemmung aufzuheben (siehe unten).

- **Licht/Dunkelheit:** Bei Pflanzen unterscheidet man die Lichtkeimer von den Dunkelkeimern (Tab. 13). Lichtkeimer dürfen nur schwach mit Substrat abgedeckt werden, ca. 0,5 bis 1 cm stark. Dunkelkeimer brauchen die Dunkelheit, um erfolgreich zu keimen. Sie werden tiefer, bis zu mehrere Zentimeter, mit Substrat abgedeckt. Als Faustregel gilt: nur so viel Substrat auf das Saatgut verteilen, bis es gerade nicht mehr zu sehen ist.

Lichtkeimer	Dunkelkeimer
Gemüse: Salat, Möhren Zierpflanzen: Fuchsien, Männertreu Stauden: Pfingstrosen, Vergissmeinnicht Gehölze: Ginkgo, Fichte, Kiefer, Thuja, Goldregen	Gemüse: Gurke, Kürbis Zierpflanzen: Alpenveilchen, Jungfer im Grünen Stauden: Tulpe, Lilien Gehölze: Buchsbaum

Tab. 13: Licht- und Dunkelkeimer

Die meisten Samen keimen allerdings bei allen Lichtverhältnissen gleich gut.

Vertiefung: Keimhemmung

Die Keimung von Saatgut kann – gewollt oder ungewollt – durch verschiedene Ursachen nur verzögert oder gar nicht stattfinden. Solche Keimsperren sind z. B. eigene Keimungshemmstoffe, die für den Samen in allen seinen Teilen oder auch in der Fruchtwand vorkommen. Sie müssen erst abgebaut werden, bevor der Keimprozess in Gang gesetzt werden kann. Diese Zeitverzögerung ist von den Pflanzen erwünscht, um z. B. eine Winterperiode abzuwarten. Auch andere Pflanzenarten können Keimungshemmstoffe abgeben (Allelopathie). Dies dient der Unterdrückung von Konkurrenzpflanzen. Bei Esche, Bärenklau und Buschwindröschen ist der Embryo nur unvollständig vorhanden. Hier sorgt die Keimhemmung für eine Samenruhe, um den Embryo nachreifen zu lassen. Eine harte oder für Wasser und Sauerstoff undurchlässige Samenschale muss erst durch mikrobielle Zersetzung geschwächt werden, damit der Keimling auflaufen kann.

9.2 Pflanzen generativ kultivieren

Im Bereich der Staudengärtnerei, des Zierpflanzenbaus und des Gemüsebaus werden Pflanzen generativ, also durch Aussaat vermehrt und bis zur Verkaufsgröße kultiviert. Aber auch im Garten- und Landschaftsbau und im Friedhofsgartenbau findet eine generative Vermehrung statt, wenn eine Rasenfläche angesät wird. Trotz der unterschiedlichen Pflanzen und den verschiedenen Aussaatbedingungen (Gewächshaus versus Freiland) ist der Arbeitsablauf grundsätzlich ähnlich.

Abb. 50:
Saatkiste füllen

Abb. 51:
Substrat abstreichen

Abb. 52:
Substrat andrücken

Abb. 53:
Saatgut aussäen

Abb. 54:
Saatgut übersieben

Abb. 55:
wässern

Für die Aussaat im Gewächshaus werden spezielle Aussaatkisten benötigt. Hier hinein wird das Aussaatsubstrat gleichmäßig eingefüllt. Grobe Klumpen werden dabei zerkleinert und das Substrat auch in die Ecken verteilt (Abb. 50). Überschüssiges Substrat wird mit einer Leiste abgestrichen und anschließend mit einem Andrückbrett festgedrückt (Abb. 51 bis 52). Anschließend kann das Substrat gleichmäßig verteilt werden: Bei einer Breitsaat wird die gesamte Fläche der Aussaatkiste ausgenutzt. Soll direkt aus der Tüte gesät werden, hilft ein kleines „Sichtfenster", das in die Rückseite der Tüte gerissen wird, und eine Falz auf der Vorderseite, damit die Samenkörner einzeln aus der Tüte rieseln (Abb. 53). Danach muss das Saatgut übergesiebt und nochmals angedrückt werden, um besseren Bodenschluss zu erhalten (Abb. 54). Schließlich wird die Kiste mit einem fein versprühenden Strahl (damit die Samenkörner nicht weggeschwemmt werden) ausgiebig gewässert und mit einem Etikett versehen (Abb. 55). Um die Luftfeuchtigkeit zu erhöhen und so die Keimbedingungen zu verbessern, kann man die Aussaatkiste mit einer Folie oder Abdeckhaube zusätzlich abdecken. Wenn die ersten zwei Laubblätter nach den Keimblättern erschienen sind, müssen die Pflanzen pikiert, d.h. vereinzelt werden, damit sie genügend Platz für ihre Weiterentwicklung haben, dafür werden sie einzeln in Multitopfplatten (Abb. 56) gesetzt oder in kleine Kulturgefäße.

Abb. 56:
Multitopfplatte

Aufgaben:

1. Stellen Sie die verschiedenen Saatgutformen in einer übersichtlichen Tabelle zusammen und beschreiben Sie die jeweiligen Vor- und Nachteile.
2. Welche Keimbedingungen benötigen Pflanzen? Erläutern Sie dies konkret am Beispiel von Tomaten und Petunien.
3. Um 5 000 Leberbalsam-Pflanzen (*Ageratum houstonianum*) zu kultivieren, müssen sie ausreichend Saatgut bestellen. Das TKG beträgt 1,5 g, die Reinheit liegt bei 90 %. Die Keimfähigkeit des Saatguts beträgt 80 %. Durch Kulturfehler und Pflanzenkrankheiten rechnen Sie mit einem Verlust der aufgelaufenen Jungpflanzen von 15 %. Wie viel Saatgut benötigen Sie?
4. Erklären Sie den Begriff Keimhemmung mit eigenen Worten. Nennen Sie zwei Beispiele für Kaltkeimer.
5. Zu welchem Zweck wird Saatgut gebeizt?
6. Eine neue Saatgutsorte hat ein TKG von 5,2 g und eine Keimfähigkeit von 90 %. Wie viel Samenkörner brauchen Sie, um 4 500 Pflanzen sicher zum Keimen zu bringen? Wie viel g sind das?

Bearbeiten Sie in Ihrem Arbeitsheft die Arbeitsblätter auf den Seiten 50 bis 56.

10. Grundlagen der Genetik

Die Genetik oder Vererbungslehre befasst sich mit den Gesetzmäßigkeiten und materiellen Grundlagen der Ausbildung von erblichen Merkmalen und der Weitergabe von Erbanlagen (Genen) an die nächste Generation (Vererbung).
Das Wissen, dass individuelle Merkmale über mehrere Generationen hinweg weitergegeben werden, ist relativ jung; Vorstellungen von solchen natürlichen Vererbungsprozessen prägten sich erst im 18. und frühen 19. Jahrhundert aus. Als Begründer der Genetik gilt der Augustinermönch und Hilfslehrer Gregor Mendel, der in den Jahren 1856 bis 1865 im Garten seines Klosters systematisch Kreuzungsexperimente mit Erbsen durchführte und diese statistisch auswertete. Dadurch entdeckte er die später nach ihm benannten Mendelschen Regeln, die in der Wissenschaft allerdings erst im Jahr 1900 veröffentlicht und bestätigt wurden.
Was Gregor Mendel noch nicht wusste, heute aber zum Allgemeinwissen gehört, ist, dass die einzelnen Erbinformationen in Form verschiedener Kombinationen aus vier Aminosäuren auf den Chromosomen festgeschrieben sind. Sie legen die Eigenschaften und das Aussehen (Phänotyp) aller Lebewesen fest und werden nach bestimmten Gesetzmäßigkeiten auf die Nachkommen vererbt und sorgen für genetische Vielfalt.

10.1 Die Mendelschen Regeln

Die Mendelschen Regeln beschreiben den Vererbungsvorgang bei Merkmalen, deren Ausprägung von nur einem Gen bestimmt wird (einfacher Erbgang) und gelten nur für Organismen mit doppeltem Chromosomensatz und einfachem Satz Keimzellen – also solche, die von beiden Eltern je einen Chromosomensatz erben. Mendel untersuchte die Form und die Farbe von Erbsensamen und die Farbe von Erbsenblüten. Er führte dafür die Begriffe „rezessiv" (untergeordnet) und „dominant" (vorrangig) ein. Mendel entdeckte dabei Gesetzmäßigkeiten, die anderen zuvor verborgen geblieben waren. Der Erfolg seiner Untersuchungen beruht auf der Beschränkung auf wenige, klar unterscheidbare Merkmale, die Auswahl reinerbiger Stämme, der Schutz vor Fremdbestäubung, großangelegte Versuchsreihen sowie der statistischen Auswertung. Die Mendelschen Regeln beziehen sich auf Merkmale, die von einem einzigen Gen festgelegt werden. Jedes Gen liegt in zwei Kopien („Allelen") vor, von denen je eines von jedem Elternteil stammt.

Regel 1: Uniformitätsregel
Die Uniformitätsregel oder Reziprozitätsregel gilt, wenn zwei Eltern (Parentalgeneration P) miteinander verpaart werden, die sich in einem Merkmal unterscheiden, für das sie beide jeweils homozygot (reinerbig) sind. Die Nachkommen der ersten Generation (Tochtergeneration F1) sind dann uniform, d.h. bezogen auf das untersuchte Merkmal gleich. Dies gilt so-

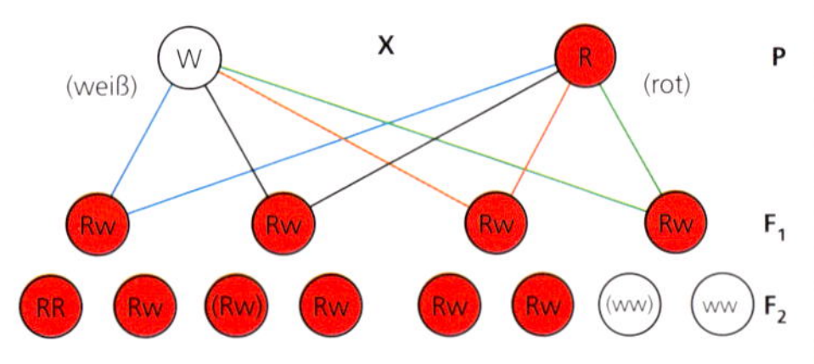

Abb. 57: Dominant-rezessiver Erbgang

wohl für den Phänotyp als auch für den Genotyp, welcher bei allen Nachkommen der ersten Generation heterozygot (mischerbig) ist. Für die Ausprägung des Merkmals tritt je nach dessen Erbgang eine von drei Möglichkeiten ein:
Beim dominant-rezessiven Erbgang haben alle Mitglieder der F1-Generation denselben Phänotyp wie ein Elternteil. Beispiel: Bei Erbsen ist die rote Blütenfarbe dominant gegenüber der weißen, die Anlage für weiße Blüten wird daher als rezessiv bezeichnet. Wenn reinerbige rotblühende und reinerbige weißblühende Individuen gekreuzt werden, haben alle Mitglieder der F1-Generation ein Allel für weiß und ein Allel für rot vererbt bekommen, sie sind heterozygot. Trotzdem sind sie alle rotblühend, weil rot gegenüber weiß dominant ist (Abb. 57).
Beim intermediären Erbgang haben alle Mitglieder der F1-Generation eine Mischform der elterlichen Merkmale. Ein Beispiel ist die Blütenfarbe von *Mirabilis jalapa*: Wenn rot- und weißblütige Exemplare gekreuzt werden, haben alle Nachkommen der F1-Generation rosafarbene Blüten (Abb. 58).

Regel 2: Spaltungsregel

Die Spaltungsregel oder Segregationsregel gilt, wenn zwei Individuen gekreuzt werden, die beide gleichartig heterozygot sind, also z. B. zwei Pflanzen, die für die Blütenfarbe „Weiß" und „Rot" Erbanlagen haben. Das kann etwa die F1-Generation des vorherigen Abschnitts sein. In Beschreibungen der Mendelschen Regeln werden die Nachkommen einer solchen Heterozygoten-Kreuzung daher als Enkel- oder zweite Filialgeneration (F2) bezeichnet. Die Nachkommen aus dieser Paarung sind untereinander nicht mehr uniform, sondern spalten sich sowohl im Genotyp als auch im Phänotyp auf. Handelt es sich um eine dominant-rezessive Vererbung, sind durchschnittlich ein Viertel der F2-Individuen reinerbig mit zwei rezessiven Erbanlagen und zeigen eine entsprechende Merkmalsausprägung (z. B. weiße Erbsenblüten, aa). Die anderen drei Viertel zeigen im dominant-rezessiven Erbgang den Phänotyp der dominanten Erbanlage. Diese drei Viertel setzen sich zusammen aus reinerbigen (ein Viertel, AA) und mischerbigen (zwei Viertel, Aa) Individuen. Insgesamt besteht also im Phänotyp ein Verhältnis von 3:1, im Genotyp eines von 1:2:1 (Abb. 59). Bei intermediärer Vererbung weist je ein Viertel der Nachkommen eine der beiden reinerbigen Varianten und die Hälfte der Individuen die Mischform der 1. Generation auf (Verhältnis von 1:2:1, da der Genotyp am Phänotyp erkennbar bleibt).

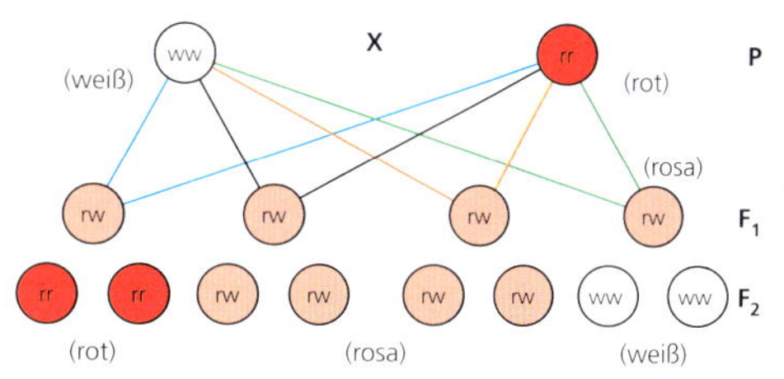

Abb. 58: Intermediärer Erbgang

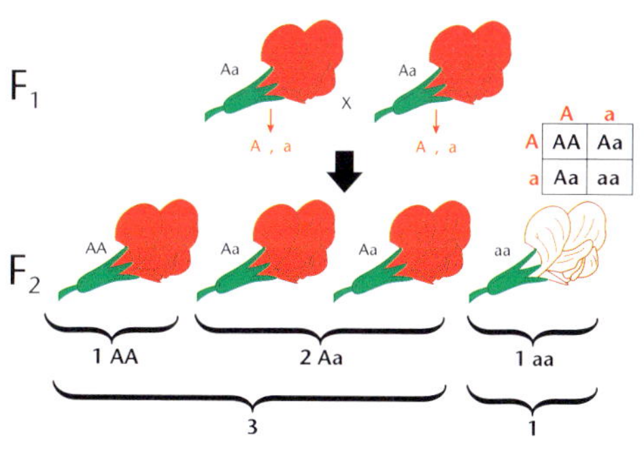

	A	a
A	AA	Aa
a	Aa	aa

Abb. 59: Die Spaltungsregel

Regel 3: Unabhängigkeitsregel/Neukombinationsregel

Die Unabhängigkeitsregel beschreibt das Vererbungsverhalten von zwei Merkmalen (dihybrider Erbgang, z. B. Farbe gelb oder grün und Schale glatt oder runzlig) bei der Kreuzung reinerbiger Individuen und deren Nachkommen. Beide Merkmale werden unabhängig (daher der Name der Regel) voneinander vererbt, wobei ab der F2-Generation neue, reinerbige Kombinationen auftreten.

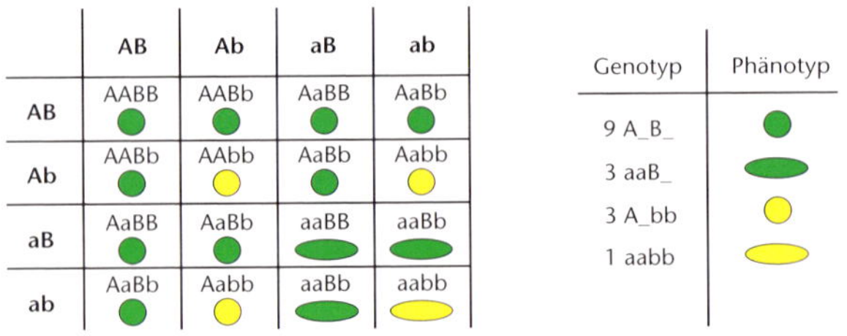

A – glatt; a – runzlig; B – grün; b – gelb

Abb. 60:
Unabhängigkeitsregel

Zwei Merkmale (gelbe/grüne Erbsen und glatte/runzlige Schale, wobei „grün“ und „glatt“ dominant sein sollen) zeigen in der F2-Generation im Phänotyp ein Verhältnis von 9:3:3:1 (Abb. 60).

Zu beachten ist, dass es sich bei beiden Merkmalen um dominant-rezessive Erbgänge handelt. Werden ein oder beide Merkmale intermediär vererbt, werden die Phänotypen nicht im Verhältnis 9:3:3:1 ausgebildet. Im Genotyp bleiben die Verhältnisse bei allen Erbformen gleich.

Diese Regel gilt allerdings nur dann, wenn sich die für die Merkmale verantwortlichen Gene auf verschiedenen Chromosomen befinden oder wenn sie auf dem gleichen Chromosom so weit voneinander entfernt liegen, dass sie während der Meiose durch Crossing-over regelmäßig getrennt voneinander vererbt werden. Befinden sich Gene auf dem gleichen Chromosom nahe beieinander, werden sie in Kopplungsgruppen vererbt.

10.2 Pflanzenzüchtung

Die Möglichkeiten der generativen Vermehrung werden in der Pflanzenzüchtung ausgenutzt. Durch gezielte Fremdbefruchtung versuchen Züchter, Eigenschaften zweier Pflanzen, wie beispielsweise der Duft einer Rosensorte, den eine Pflanze hat, mit der Resistenz gegen Rosenrost einer zweiten Sorte, miteinander in einer Pflanze zusammenzuführen. Grundlage dafür bilden die oben beschriebenen Vererbungsgesetze.

Wenn das Zuchtziel feststeht (z. B. schmackhaftere Früchte, verbesserte Krankheitsresistenz oder besondere Blütenfarbe), kann sich die Pflanzenzüchtung drei verschiedener Zuchtmethoden bedienen, die in Tab. 14 kurz umrissen sind.

Selektion oder Auslese	Kombinationszüchtung	Hybridzüchtung
Aus dem Pflanzenbestand werden Pflanzen mit den gewünschten Merkmalen herausgesucht und gezielt weitervermehrt. Nachteil: Sehr langwieriger Prozess der Züchtung, bis Fortschritte sichtbar werden.	Es werden Elternpflanzen mit den gewünschten Erbmerkmalen herausgesucht und miteinander kombiniert. Dies muss über mehrere Jahre wiederholt werden, bis sich die gewünschten Merkmale bei nahezu allen Nachkommen stabil vererben.	Über Selbstbefruchtungen werden Inzuchtlinien hergestellt, sodass das Erbgut reinerbig vorliegt. Anschließend wird eine Kombinationszüchtung durchgeführt, sodass die F1-Generation die gewünschten Merkmale zeigt – aber auch nur die (Heterosiseffekt). Nachteilig wirkt sich allerdings die verringerte Lebensfähigkeit der Pflanzen aus.

Tab. 14: Zuchtmethoden

Daraus lässt sich ablesen, dass Zuchterfolge sehr zeit- und kostenintensiv sind. Deshalb werden neu entstandene Sorten über Jahre hinaus patentgeschützt. Aber auch die Verbraucher werden geschützt, da nur die neuen Sorten für den Handel zugelassen werden, wenn sie unterscheidbar von anderen Sorten sind, das Saatgut Homogenität aufweist, die Eigenschaften beständig und neu sind und die Sorte durch einen eingetragenen Namen identifizierbar ist. Anerkanntes Saatgut muss zusätzlich zur Sortenechtheit einen hohen Reinheitsgrad und eine nahezu 100 % Keimfähigkeit aufweisen. Als Maßzahl gilt dafür das Tausendkorngewicht (TKG).

Aufgaben:

1. Informieren Sie sich auf http://www.biologie-schule.de/genetik.php über die Grundlagen der Genetik und fassen Sie die wichtigsten Punkte auf Lernkarten zusammen.
2. Kopieren Sie die beiden Abbildungen und ergänzen Sie die Zeichnungen so, dass die Uniformitätsregel für einen dominanten und einen intermediären Erbgang dargestellt werden (Abb. 61).

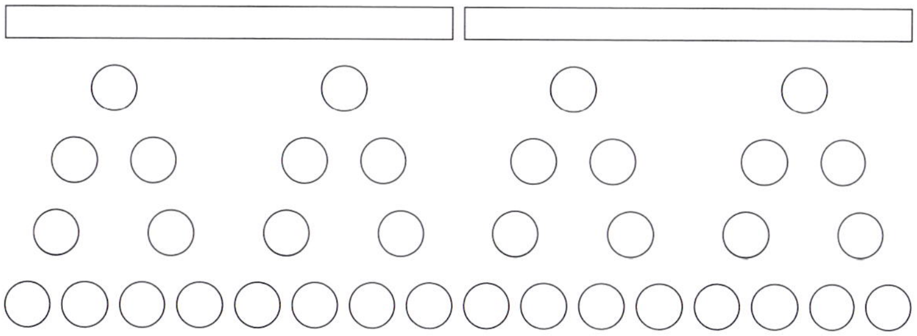

Abb. 61: Uniformitätsregel

3. Erklären Sie die Spaltungsregel und die Unabhängigkeitsregel mit eigenen Worten.
4. Um eine neue anerkannte Pflanzensorte auf den Markt zu bringen, braucht es ca. 15 Jahre. Erklären Sie anhand eines Beispiels, warum diese Zeitspanne so lang ist.
5. Neben der beschriebenen Pflanzenzüchtung lassen sich Pflanzen durch absichtlich herbeigeführte genetische Veränderungen in ihren Eigenschaften beeinflussen. Welche Möglichkeiten sind das? Nennen Sie Beispiele.
6. Spielen Sie das Pro und Kontra der genetischen Möglichkeiten aus Aufgabe 5 in einem Rollenspiel durch.
7. Welche Rolle spielen Mutationen und Crossing-over in der Pflanzenzüchtung?
8. Was ist der Heterosiseffekt? Erklären Sie den Begriff mit eigenen Worten.

Bearbeiten Sie in Ihrem Arbeitsheft die Arbeitsblätter auf den Seiten 61 bis 70.

11. Gestaltungsprinzipien

Bei der Gestaltung eines Gartens, einer Grabanlage oder einer Kübelbepflanzung sollte man nicht nur nach den Standortansprüchen der Pflanzen zu Werke gehen, sondern auch einige Leitlinien der Gestaltungslehre beherzigen, damit die Pflanzung optimal auf den Betrachter wirkt. Einige Pflanzen wirken besonders, wenn sie in herausragender Einzelstellung gepflanzt werden, andere kommen in kleineren oder größeren Gruppen besser zur Geltung. Grundsätzlich ist weniger mehr, d.h., nicht besonders viele Pflanzenarten auf kleiner Fläche machen den Reiz aus, sondern wenige, mit Bedacht ausgewählte. Die Gesamtheit der Pflanzen soll in der Blütezeit aufeinander abgestimmt sein, sodass immer etwas blüht, egal welche Jahreszeit gerade herrscht. Auch farblich und von der Größe der Pflanzen sollte eine harmonische Wirkung erzielt werden. Um alle Anforderungen miteinander in Einklang zu bringen, geht man bei der Planung am besten in drei Schritten vor:

- Flächenaufteilung und Pflanzenanzahl,
- der goldene Schnitt,
- die Farbgestaltung.

11.1 Flächenaufteilung und Pflanzenanzahl

Abb. 62:
Barocker Schlossgarten

Bevor mit der Pflanzung begonnen wird, sollte man sich darüber im Klaren sein, ob man eine symmetrische oder eine asymmetrische Gestaltung bevorzugt. Bei einer symmetrischen Gestaltung wird der Garten oder das Beet in Symmetrieachsen unterteilt, wobei sich die eine Hälfte der Symmetrieachse auf der anderen Hälfte der Symmetrieachse spiegelt. Dieses Gestaltungsprinzip findet man häufig in barocken

Schloss- oder Bauerngärten (Abb. 62). Häufig werden symmetrische Gärten durch strenge Gehölzformen wie geschnittene Hecken, Buchskugeln oder Alleen geprägt. Eine asymmetrische Gestaltung orientiert sich mehr an den Vorbildern der Natur. So sind im 18. Jahrhundert die typischen englischen Landschaftsgärten entstanden. Runde, geschwungene Formen wirken dabei natürlicher als eckige. Stoßen mehrere geschwungene Formen aufeinander, sollte man darauf achten, dass das Zusammentreffen der beiden Formen im rechten Winkel zueinander steht, da dies gefälliger wirkt als spitz zulaufende Flächen.
Bei der Auswahl der Pflanzen sollte man ein ausgewogenes Verhältnis zwischen Gruppen- und Solitärpflanzen berücksichtigen. Gruppengehölze sind z. B. *Pieris floribunda, Lavandula angustifolia* oder *Taxus baccata „Repandens"*. Rhododendren sollten auch in Gruppen gepflanzt werden, wobei die Gruppe aus einer ungeraden Pflanzenanzahl besteht. Dabei können aber verschiedene Wuchshöhen und Blütenfarben miteinander kombiniert werden. Solitärgehölze zeichnen sich durch eine herausragende Größe und Breite aus, weshalb sie einzeln gepflanzt werden, um die Gestaltung nicht zu erschlagen. Verfügt man über eine parkähnliche Anlage, können selbst beeindruckende *Taxodium distichum* (Sumpfzypresse) als Dreiergruppe arrangiert werden.

11.2 Der goldene Schnitt

Eine besondere Form der Flächenaufteilung ist der goldene Schnitt, weil er die Proportionen der Flächen und der Höhen miteinander kombiniert. Die Kenntnis des Goldenen Schnittes ist seit der Zeit der griechischen Antike nachgewiesen. Seit dem 19. Jahrhundert wurde er in künstlerischer, architektonischer und kunsthandwerklicher Praxis als ein ideales Prinzip ästhetischer Proportionierung bewertet, da auch die Natur sich im goldenen Schnitt darstellt (z. B. Gestaltung von Blüten).

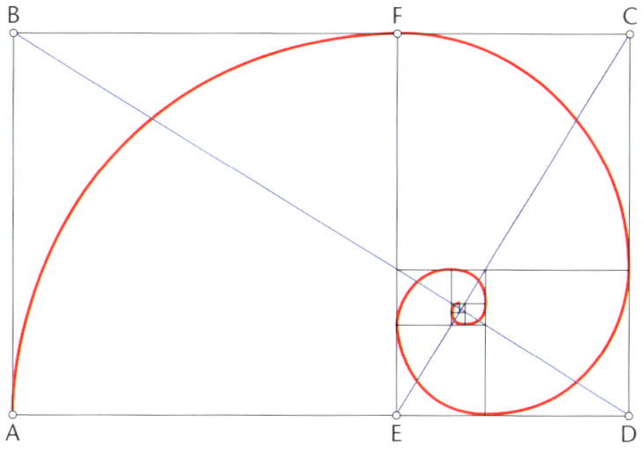

Abb. 63:
Goldener Schnitt

Beim goldenen Schnitt werden Flächen und Höhen im Verhältnis 1 zu 2 aufgeteilt (Abb. 63), d. h., alle Flächen und Höhen werden in 1/3 und 2/3 Flächen aufgeteilt, wobei die Flächen durchaus rund sein können.

11.3 Die Farbgestaltung

Farben haben eine ganz besondere Wirkung auf uns: Helle, strahlende Farben wirken positiv auf unsere Stimmung, dunkle Farben eher bedrückend. Einige Farben wirken warm, andere kühl. Es gibt Farben, die sich in ihrer Wirkung unterstützen, und solche, die eher schrill und abstoßend wirken. In der gärtnerischen Gestaltung verwendet man heute den Farbkreis von Itten (Abb. 64). Farben, die sich im Farbkreis gegenüber liegen (beispielsweise gelb und violett), ergänzen sich durch ihre gegensätzliche Wirkung.

Man spricht dann von Komplementärkontrast. Farben, die nebeneinander auf dem Farbkreis liegen, bilden einen harmonischen Farbverlauf, wie z. B. blau – blaugrün – grün. Farben, die im gleichen Abstand zueinander auf dem Farbkreis liegen, wie z. B. die Grundfarben gelb – rot – blau, ergeben sehr harte Kontraste, die nur dezent miteinander kombiniert werden sollten. Mischt man die Farben des Kreises mit weiß, so entstehen Pastelltöne.

Abb. 64:
Der Farbkreis nach Itten

Neben dem Komplementärkontrast gibt es noch weitere Kontraste, die auf den Betrachter wirken (Tab. 15).
Setzt man die Kontraste und Farbharmonien bewusst bei der Gartengestaltung ein, lassen sich interessante Wirkungen erzielen: Pflanzen mit dunkelrotem Laub wie die *Helleborus*-Hybride *„Atrorubens"* lassen sich gut mit den grünen Halmen von *Carex morrowii* kombinieren. Das gelb-grün panaschierte Laub von *Euonymus fortunei „Emerald Gold"* harmoniert mit den gelben Blüten von *Waldsteinia ternata*.
Die Farben gelb, orange und rot wirken warm, während blau, grün und violett eine kühlende Wirkung haben. In schattigen Ecken zaubert Weiß Lichteffekte.

Bezeichnung	Definition
Komplementärkontrast	Farben, die im Farbkreis einander gegenüber liegen
Warm-Kalt-Kontrast	Warme Farben werden kalten gegenüber gestellt (rot-blau)
Hell-Dunkel-Kontrast	Helle Farben mit dunklen Farben kombiniert (blauviolett-gelbgrün)
Farbe-Nichtfarbe-Kontrast	Nichtfarben sind schwarz und weiß. Sie werden zu den Farben des Kreises kombiniert.
Ton-in-Ton-Kontrast	Farben, die nebeneinander auf dem Farbkreis liegen (grün – blaugrün, rot – rotviolett)
Farbharmonien	Dreiklang nebeneinander liegender Farben

Tab. 15: Farbkontraste

Vertiefung: Bedeutung der Farben

Neben dem Farbkreis wird einzelnen Farben auch eine bestimmte Bedeutung zugeordnet. So steht gelb als Symbol für Licht, aber auch für Neid. Sprichwörtlich redet man davon, „gelb vor Neid zu werden". Allerdings kann die Farbbedeutung von Kultur zu Kultur unterschiedlich sein. Im Folgenden sind die bei uns üblichen Bedeutungen der Farben aufgeführt:

Rot: Lebensfreude, Leidenschaft, Feuer, Liebe
Grün: Friede, Natur, Hoffnung, Frische
Blau: Treue, Harmonie, Vertrauen, Freiheit
Gelb: Wärme, Licht, Neid, Habgier
Weiß: Reinheit, Vollkommenheit, Unschuld
Purpur: Idealismus, Kreativität, Würde

Aufgaben:

1. Entwerfen Sie ein Plakat, auf dem alle Gestaltungsprinzipien übersichtlich zusammengefasst sind.
2. Zeichnen Sie jeweils zwei Beispiele zu den verschiedenen Farbkontrasten und Harmonien auf.
3. Gestalten Sie einen Pflanzplan für ein Beet nach dem goldenen Schnitt. Berücksichtigen Sie dabei auch die Farbgestaltung und entscheiden Sie sich, ob Sie eher einen symmetrischen oder einen asymmetrischen Plan entwerfen wollen. Wählen Sie konkrete Pflanzen aus und bestimmen Sie deren Anzahl.
4. Recherchieren Sie weitere Bedeutungen der Farben.

Bearbeiten Sie in Ihrem Arbeitsheft die Arbeitsblätter auf den Seiten 79 bis 83.

„Mensch, Burhan, geht es dir gut? Du siehst ja ganz blass aus", fragt der Meister seinen Auszubildenden, als der aus der Mittagspause kommt. „Walla, Chef, das wäre beinahe ins Auge gegangen", antwortet Burhan und fährt fort: „ Weil es so heiß war, habe ich während der Pause meine Füße hinten im Bach abgekühlt. Beim Zurückgehen habe ich nicht aufgepasst und wäre fast barfuß in die Zinken der Harke getreten, die noch auf dem Rasen lag!" „Oh, Mann, wie oft habe ich euch schon gesagt, ihr sollt das Werkzeug nicht irgendwo herumliegen lassen, sondern ordentlich wegstellen! Und dann noch ohne deine Sicherheitsschuhe herumzulaufen, ist ganz schön leichtsinnig! Sicherheit am Arbeitsplatz ist das A und O, wer da nicht genau aufpasst und sich nicht an die Vorschriften hält, begibt sich in Lebensgefahr. Ich glaube, morgen werden wir das Kapitel Arbeitssicherheit noch einmal in aller Ausführlichkeit besprechen, das kann man gar nicht oft genug widerholen, denn selbst altgediente Gärtner machen da immer wieder einmal Fehler."

1. Hinweiszeichen und Sicherheitsvorschriften interpretieren

Auf den meisten Dingen, die zu kaufen oder nutzen sind, finden sich eine Vielzahl kleiner Bildchen, die man Piktogramme nennt. Sie sollen bildhaft vor Gefahren warnen, auf Sicherheitsbestimmungen hinweisen oder anerkannte Überprüfungen attestieren. Dabei unterscheidet man grundsätzlich zwischen Gebots- und Verbotszeichen sowie den allgemeinen Prüfsiegeln. Viele davon sind international gültig.

1.1 Gebotszeichen

Die Gebotszeichen sind in der Regel in Blau gehalten und stellen im Rahmen der Arbeitssicherheit die einzuhaltenden Sicherheitsmaßnahmen dar. Abb. 1 weist beispielsweise auf die anzulegende Sicherheitsbekleidung hin, die laut Arbeitsschutzverordnung und Unfallverhütungsvorschrift vorgeschrieben ist, wenn man mit den so gekennzeichneten Werkzeugen oder Materialien arbeitet.
Gebotszeichen können aber auch Werkstätten oder Labore kennzeichnen. Wenn man diese betritt, muss die genannte Sicherheitsbekleidung angelegt werden. So muss jeder z. B. beim Betreten einer Rohbau-Baustelle einen Schutzhelm tragen, unabhängig davon, ob er dort arbeiten oder nur nach dem Rechten sehen möchte.

Abb. 1: Gebotszeichen zur Sicherheitsbekleidung

1.2 Verbotszeichen

Verbotszeichen sind immer rot umrahmt und die gesamte Abbildung ist mit einem dicken roten Balken diagonal durchgestrichen, um die verbotene Handlung deutlich hervorzuheben (Abb. 2). Alle Verbotszeichen sind rund. Eckige, auf der Spitze stehende und rot umrandete Schilder sind hingegen Warnzeichen (Abb. 3). Sie sollen vor bestehenden Gefahren warnen. Warnzeichen können allerdings auch oran-

Abb. 2: Auswahl an Verbotszeichen

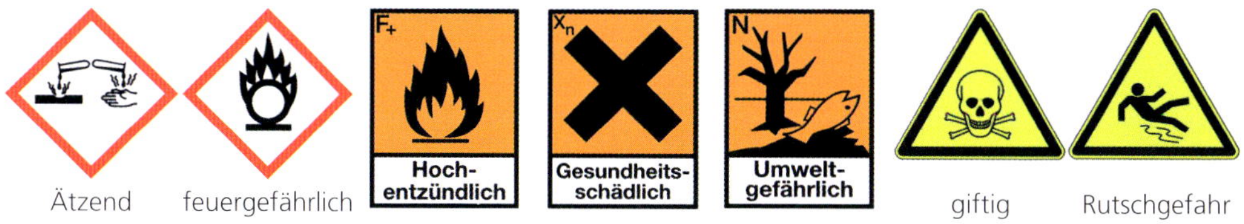

Abb. 2: Beispiele verschiedener Warnzeichen

ge sein. Diese Variante ist häufig auf Werkstoffen wie Düngemittel, Pflanzenschutzpräparaten, aber auch Haushaltsreinigern abgebildet. International üblich sind die gelben Dreiecke mit schwarzem Rand.

1.3 Prüfsiegel und Zulassungszeichen

Viele Werkzeuge und Maschinen weisen außer den oben dargestellten Piktogrammen noch Prüfsiegel und Zulassungszeichen auf (Abb. 4). Sie weisen darauf hin, dass die Geräte vor dem Verkauf auf ihre sicherheitstechnische Ordnungsmäßigkeit überprüft und zugelassen wurden bzw. einer bestimmten Norm entsprechen. Zudem tragen sie auch alle eine Prüfnummer. Die Zulassung gilt nur für den ordnungsgemäßen Gebrauch nach Herstellerangaben; wer diese nicht beachtet und zum Beispiel Sicherheitseinrichtungen an einer Kreissäge abmontiert, um schneller oder einfacher arbeiten zu können, setzt damit diese garantierte Sicherheit außer Kraft.
Sicherheitszertifikate werden beispielsweise vom Technischen Überwachungsverein (TÜV) vergeben.

Abb. 4: Auswahl an Prüfsiegeln und Zulassungszeichen

Aufgaben:

1. Stellen Sie in Gruppenarbeit jeweils ein Plakat mit den in Ihrem Betrieb üblichen Gebots-, Verbots- und Warnzeichen zusammen. Erklären Sie die Bedeutung der einzelnen Symbole.
2. Kennen Sie noch weitere, hier nicht genannte Hinweiszeichen? Stellen Sie diese in einer Liste zusammen.
3. Haben Sie Situationen in Ihrem Ausbildungsbetrieb bemerkt, bei denen auf Sicherheitseinrichtungen verzichtet oder Vorschriften nicht beachtet worden sind? Berichten Sie über typische Situationen.
4. Fertigen Sie ein Memory an. Stellen Sie den einzelnen Piktogrammen eine zweite Karte mit der Bedeutung des Symbols gegenüber.

Bearbeiten Sie in Ihrem Arbeitsheft die Seite 96 und 102.

2. Unfallgefahren erkennen und vermeiden

Abb. 5:
Nicht fachgerechtes Benutzen von Leitern

Unfallgefahren bestehen überall dort, wo sich Routine einschleicht und die Konzentration nachlässt. Das gilt für die passende, auf die Arbeit abgestimmte Bekleidung – sei sie auch noch so unmodern –, und ebenso für den ständigen Gebrauch des Smartphones: Während der Arbeitszeit hat es nichts in den Händen der Angestellten und Auszubildenden zu suchen, denn es lenkt ab. Auch, wenn man „nur kurz nach der Uhr schaut" oder Musik hören möchte, womöglich über Kopfhörer, die die Ohren „verstopfen" und unachtsam machen für die Geräusche anderer Gefahrenquellen (beispielsweise das Motorengeräusch eines herannahenden Fahrzeugs). Mangelnde Konzentration und Unachtsamkeit führen beispielsweise zum Herumliegenlassen von Werkzeug, mit dem sich u. U. ein Dritter verletzt. Werkzeug und Material dürfen auch nur so verwendet werden, wie in der Bedienungsanleitung vorgeschrieben oder wie es der gesunde Menschenverstand erklärt: Mehrere Leitern können z. B. kein Baugerüst ersetzen (Abb. 5). Auch das außer Kraft setzen von Sicherheitseinrichtungen beschwört Verletzungsgefahren herauf. Der Ausspruch: „Da ist noch nie etwas passiert, das machen wir immer so!" ist kein Argument, Schutzeinrichtungen zur Arbeitssicherheit zu missachten. Einige typische, alltäglich vorkommende Unfallgefahren seien hier beispielhaft aufgezählt:

- Zu weite Arbeitskleidung
- Keine vorgeschriebene Sicherheitsbekleidung
- Werkzeug nicht sachgemäß benutzen
- Werkzeug herumliegen lassen
- Mangelnde Einweisung in motorbetriebene Werkzeuge
- Nichteinhalten von Sicherheitsabständen
- Defekte Sicherheitsschalter an Maschinen
- Ablenkungen von der Arbeit
- Essen, Trinken und Rauchen während der Arbeit
- Medikamenten-, Alkohol- oder Drogenkonsum

Aufgaben:

1. Erstellen Sie eine Tabelle zu den oben genannten typischen Unfallgefahren. Erklären Sie dazu, wo die Unfallgefahr besteht und wie man dieser Gefahr aus dem Weg gehen kann.
2. Berichten Sie aus Ihrem Arbeitsalltag, wo Ihnen schon typische Unfallgefahren begegnet sind.
3. Informieren Sie sich im Internet über die häufigsten Arbeitsunfälle im Gartenbau. Stellen Sie Ihr Rechercheergebnis in einem Schaubild dar.

4. Stellen Sie innerhalb Ihrer Klasse eine Rangliste der gefährlichsten Situationen aus der Berufspraxis zusammen.

Bearbeiten Sie in Ihrem Arbeitsheft die Seiten 97 bis 100.

3. Arbeitssicherheit beachten

UK|BG Unfallkassen und Berufsgenossenschaften Deutsche Gesetzliche Unfallversicherung

Abb. 6: Gemeinschaftslogo der Berufsgenossenschaften und Unfallkassen

Grundlage für die Sicherheit am Arbeitsplatz bildet das Arbeitsschutzgesetz (ArbSchG), das Sozialgesetzbuch SGB VII „Gesetzliche Unfallversicherung" und das Gesetz über Betriebsärzte, Sicherheitsingenieure und andere Fachkräfte für Arbeitssicherheit (ASiG), das Bestellung und Aufgaben der genannten Fachkräfte regelt. Des Weiteren kann für Auszubildende auch das Jugendschutzgesetz (JuSchG) wertvolle Hinweise liefern. Im dualen Berufsbildungssystem Deutschlands überwachen die staatlichen Gewerbeaufsichtsämter beziehungsweise Ämter für Arbeitsschutz und die Träger der gesetzlichen Unfallversicherung (gewerbliche Berufsgenossenschaften und Unfallversicherungsträger der öffentlichen Hand, Abb. 6) die Arbeitssicherheit. Letztere erlassen Unfallverhütungsvorschriften, die verbindlich geltendes Recht darstellen.

Das Hauptaugenmerk liegt nicht mehr ausschließlich in der „Abwicklung" von Versicherungsfällen, sondern vielmehr in der Vorbeugung und Schulung der Arbeitskräfte zur Unfallvermeidung. Ein wesentliches Element neben den angebotenen Lehrgängen sind die Unterweisungen in die Führung von Maschinen und Geräten in den Betrieben. So fordert § 12 Abs. 1 des Arbeitsschutzgesetzes, dass die Versicherten während der Arbeitszeit ausreichend und angemessen unterwiesen werden. Art und Weise sowie der Umfang einer Unterweisung müssen in einem angemessenen Verhältnis zur vorhandenen Gefährdungssituation und der Qualifikation der Versicherten stehen. Darüber hinaus muss es in jedem Betrieb einen Sicherheitsbeauftragten oder eine Sicherheitsfachkraft geben, die über alle gültigen Arbeitsschutzbestimmungen informiert ist und diese an die übrigen Arbeitnehmer des Betriebes weitergibt. An den Sicherheitsbeauftragten wendet man sich auch, um die im Betrieb eingerichteten Erste-Hilfe-Einrichtungen (z. B. Verbandskästen) zu nutzen und verwalten zu lassen.

Die Sicherheit am Arbeitsplatz verbindet sich mit den Erfordernissen der Ergonomie, der menschengerechten Arbeitsgestaltung und dem Gesundheitsschutz zu einem ganzheitlichen Arbeitsschutz.

Aufgaben:

1. Wo befinden sich in Ihrem Betrieb überall Erste-Hilfe-Einrichtungen und wer ist die Sicherheitsfachkraft?
2. Verschaffen Sie sich einen Überblick über Ihre betriebliche Erste-Hilfe-Ausrüstung. Was muss aufgefrischt oder ergänzt werden?

Vertiefung/Zusatzaufgabe: Erste Hilfe

Wie sieht es mit Ihren persönlichen Erste-Hilfe-Kenntnissen aus? Wann haben Sie zuletzt einen entsprechenden Lehrgang besucht? Stellen Sie in Gruppenarbeit ein Plakat zu den Sofortmaßnahmen am Unfallort zusammen und hängen es in Ihrer Klasse auf.

3.1 Allgemeine Sicherheitsvorschriften

Neben den gesetzlichen Bestimmungen gibt es zu jeder Maschine oder jedem motorbetriebenen Werkzeug eine Betriebsanleitung, die vor dem Gebrauch unbedingt gelesen werden sollte. Ergänzt wird diese Betriebsanleitung von der Einweisung durch die Sicherheitsfachkraft bzw. einer Schulung durch geeignete Ausbilder. Bei Maschinen, die z. B. nur saisonal benutzt werden (Heckenschere, Rasenmäher), muss die Einweisung vor jeder Saison erneut wiederholt werden. Außerdem müssen an gut sichtbarer Stelle die Sicherheitshinweise der Maschine für alle zugänglich gemacht aufgehängt sein.
Auch der Umgang mit Pflanzenschutzmitteln, die als Gefahrstoffe gelten, erfordern besondere Kenntnisse und Fähigkeiten, auf die im Folgenden näher eingegangen werden soll.

Abb. 7: Vollschutzausrüstung für den Umgang mit Pflanzenschutzmitteln

3.2 Sicherer Umgang im Gebrauch von Pflanzenschutzmitteln

Ein besonderer Bedarf an Einhaltung der Sicherheitsmaßnahmen ist im Umgang mit Pflanzenschutzmitteln gegeben. Maßgebend ist in diesem Zusammenhang das Pflanzenschutzgesetz (PflSchG), welches den Schutz der Kulturpflanzen vor Schadorganismen und nicht parasitären Beeinträchtigungen regelt. Da es sich bei Pflanzenschutzmitteln um Gefahrstoffe handelt, müssen bei allen Pflanzenschutzmaßnahmen auch Menschen, Tiere und die natürliche Umwelt geschützt werden. Deshalb muss jede Person, die Pflanzenschutzmittel verkauft oder ausbringt, über einen Sachkundenachweis verfügen. Er wird u. a. mit der abgeschlossenen Ausbildung zum Gärtner/zur Gärtnerin

erworben und muss alle drei Jahre durch geeignete und anerkannte Fortbildungen aufgefrischt werden. Der Sachkundenachweis beinhaltet Kenntnisse über Schadorganismen und Schadbilder, die Systematik der Pflanzenschutzmittel, deren Lagerung, Arten der Ausbringungsgeräte und den Anwenderschutz. Natürlich müssen auch die fachgerechten Fertigkeiten im Ausbringen von Pflanzenschutzmitteln nachgewiesen werden. Hinweise dafür befinden sich auf Verpackungen der Pflanzenschutzmittel bzw. deren Beipackzetteln.
Grundsätzlich gilt:

- Nur Volljährige und Jugendliche über 15 Jahren (wenn es zu den Inhalten ihrer Ausbildung gehört), sofern diese Personen gesund und geistig dazu in der Lage sind, dürfen Pflanzenschutzmittel ausbringen.
- Nur Pflanzenschutzmittel mit gültiger Zulassungsnummer dürfen verwendet werden.
- Pflanzenschutzmittel müssen in einem separaten, abschließbaren Schrank in einem belüfteten Raum getrennt von der Schutzausrüstung gelagert werden.
- Die Haltbarkeits- und Zulassungsdaten der Mittel und der Schutzausrüstungen müssen eingehalten werden.
- Über die Ausbringung der Pflanzenschutzmittel muss Buch geführt werden.
- Die Ausbringungsgeräte müssen funktionsfähig sein und gereinigt gelagert werden.
- Der Schutz von Dritten (sowohl Mensch als auch Tier) muss gewährleistet sein.
- Pflanzenschutzmittel immer in der Originalverpackung lagern.
- Essen und Trinken während der Pflanzenschutzmaßnahme ist verboten.

Aufgaben:

1. Stellen Sie eine Arbeitsanweisung mit den wichtigsten Kurzinformationen zur Arbeitssicherheit beim Umgang mit Pflanzenschutzmitteln zusammen.
2. Schreiben Sie einen detaillierten Sachbericht über die Anmischung und Ausbringung von Pflanzenschutzmitteln und die Reinigung der Geräte aus Ihrer beruflichen Praxis.
3. Geben Sie einen Überblick über die verschiedenen Geräte des Pflanzenschutzes, ihre Anwendungsbereiche sowie ihre Vor- und Nachteile.

Bearbeiten Sie in Ihrem Arbeitsheft die Seiten 103 bis 106.

3.3 Motorbetriebene Werkzeuge sicher handhaben

Motorbetriebene Werkzeuge können entweder durch einen Elektromotor (z.B. elektrische Heckenschere) oder durch einen Kraftstoffmotor (z.B. Motorsäge) angetrieben werden. Bei ersterer droht neben der Verletzungsgefahr durch sich bewegende Teile wie die Messer der Heckenschere die Gefahr eines Stromschlags. Deshalb dürfen elektrische Geräte nicht im Wasser oder bei Regen verwendet werden. Außerdem müssen alle elektrischen Kontakte, Kabel und Anschlüsse einwandfrei sein. Ein mit Isolierband

umwickeltes, weil beschädigtes Kabel darf somit nicht mehr verwendet werden (Abb. 8). Vor Reparatur- und Wartungsarbeiten an Elektrogeräten muss unbedingt der Stecker gezogen werden, damit die Geräte nicht unbeabsichtigt in Gang gesetzt werden können.
Bei anderen Maschinen und Werkzeugen mit Kraftstoffmotoren wie der Motorsäge droht hauptsächlich eine Gefährdung der Arbeitssicherheit durch die beweglichen Teile. Beim Umgang mit solchen Werkzeugen müssen sowohl die Betriebsanleitungen als auch die Sicherheitspiktogramme und die Arbeitsanweisungen beachtet werden. Die vorgeschriebene Schutzausrüstung ist unbedingt anzulegen. Dabei besteht nicht nur eine Gesundheitsgefahr für den Betreiber der Maschine, sondern auch für unbeteiligte Dritte, wenn Sicherheitsabstände nicht beachtet werden. Natürlich dürfen solche Werkzeuge nur für diejenigen Arbeiten eingesetzt werden, für die sie auch eine Zulassung haben. Insbesondere die Sicherheits- und Notausschalter müssen funktionsfähig sein und dürfen nicht außer Betrieb gesetzt werden. Viele Werkzeuge sind so konstruiert, dass man sie mit beiden Händen bedienen muss (sie haben zwei Sicherheitsschalter). Auf diese Weise soll verhindert werden, dass man mit einer freien Hand in laufende Messer greift. Bei Reparatur- und Wartungsarbeiten muss durch ein Abziehen des Zündkerzensteckers verhindert werden, dass sich der Motor unbeabsichtigt wieder in Gang setzt.

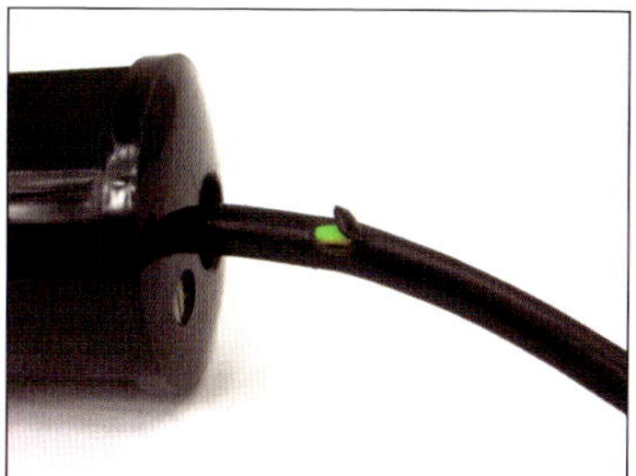

Abb. 8:
Defektes Elektrokabel an einer Maschine

Abb. 9:
Beschädigte Schnittschutzhose

Aufgaben:

1. Stellen Sie tabellarisch sechs verschiedene motorbetriebene Werkzeuge zusammen, listen sie deren besondere Gefahren und die zu beachtenden Sicherheitsvorschriften auf.
2. Recherchieren Sie typische Unfälle durch nicht beachtete Arbeitssicherheit bei Maschinen aus Ihrer beruflichen Praxis.
3. Führen Sie in einem Rollenspiel eine Arbeitsunterweisung mit einer elektrischen Heckenschere, einem Rasenmäher, einer Fräse und einer Elektroflex (Winkelschleifer) durch. Ein Beobachter des Rollenspiels notiert die Schwachstellen der Unterweisung, die abschließend in der Gruppe besprochen werden.

Bearbeiten Sie in Ihrem Arbeitsheft die Seite 101.

Drei von Jontes Kollegen sind im Urlaub, daher hilft der Seniorchef heute im Betrieb aus. Er soll mit Jonte gemeinsam das abgeerntete Gemüsebeet umgraben und für eine Neueinsaat vorbereiten. Aber schon nach wenigen Quadratmetern fasst sich der Seniorchef an den Rücken und macht ein schmerzverzerrtes Gesicht. „Mein Rücken bringt mich um! Jetzt rächt es sich, dass ich in jungen Jahren nicht besser auf mich geachtet habe! Das solltest du unbedingt besser machen, Jonte." Jonte sieht ihn fragend an. Wie ist das wohl gemeint? Als der Senior Jontes fragenden Blick sieht, nutzt er die kleine Pause für eine Erklärung: „Wenn du durch schweres Heben oder gebücktes Arbeiten, wie beispielsweise beim Umgraben, deinen Rücken immer so krumm machst, addieren sich klitzekleine Verletzungen, die du zuerst gar nicht merkst, zu größeren Schäden an der Wirbelsäule oder den Bandscheiben. Das nennt man Verschleiß. Also musst du möglichst immer den Rücken gerade lassen, ausreichend Pausen einlegen und in deiner Freizeit durch Sport für Ausgleich sorgen. Bei allen Arbeiten solltest du geeignetes Werkzeug benutzen und nicht so einen Spaten mit zu kurzem Stiel wie ich heute." Jonte hat zwar noch keine Rückenschmerzen, aber er nimmt sich aufgrund der Erläuterungen des Seniorchefs vor, sich über die Gesundheitsgefahren in seinem Beruf mehr zu informieren.

4. Berufliche Arbeit und Gesunderhaltung

In jedem Beruf lauern allein durch die tagtägliche Arbeit mögliche Unfallgefahren oder Verletzungsmöglichkeiten. Während man den Unfällen gut aus dem Weg gehen kann, indem man die notwendigen Sicherheitsvorschriften beachtet und, wo erforderlich, Körperschutz trägt, ist die Gefahr, durch immer wieder gleiche Tätigkeiten langfristig gesundheitlichen Schaden zu nehmen, wesentlich größer. Gerade bei körperlich stark belastenden Arbeitstechniken, wie sie im Gartenbau an der Tagesordnung sind, verliert man die Gesundheitsgefährdung schnell aus den Augen. Besonders der Rücken ist gefährdet. Durch rückenschonendes und ergonomisches Arbeiten lässt sich jedoch vieles für die eigene Gesundheit tun.

4.1 Ergonomisches und rückenschonendes Arbeiten

Die Ergonomie befasst sich mit den Gesetzmäßigkeiten menschlicher bzw. automatisierter Arbeit. Ziel der Ergonomie ist es, die Arbeitsbedingungen, den Arbeitsablauf, die Anordnung der zu greifenden Gegenstände (Werkstück, Werkzeug) räumlich und zeitlich optimiert anzuordnen sowie die Arbeitsgeräte für eine Aufgabe so zu optimieren, dass das Arbeitsergebnis verbessert wird und die arbeitenden Menschen möglichst wenig ermüden oder gar geschädigt werden, auch wenn sie die Arbeit über Jahre hinweg ausüben. Ein besonderes Augenmerk liegt dabei auf der Benutzerfreundlichkeit, also der Verbesserung des Arbeitsplatzes und der Arbeitsorganisation. Ergonomisch geformte Werkzeuge (Abb. 10) sollen also einerseits die Arbeit erleichtern und eine Ermüdung des Arbeiters verhindern, andererseits die Arbeitsabläufe effizient gestalten.

In Deutschland haben statistisch gesehen zurzeit 27 bis 40 % der Menschen Rückenschmerzen. Etwa 70 % haben die Schmerzen mindestens einmal im Jahr und etwa 80 % klagen mindestens einmal im Leben über Rückenschmerzen. Dabei kommen Schmerzen der Lendenwirbelsäule (unterer Rückenbereich) häufiger vor als Beschwerden in der Brustwirbelsäule. In den meisten Fällen treten Rückenschmerzen im Laufe des Alters auf. Jedoch ist zu beobachten, dass immer jüngere Menschen von Rückenschmerzen geplagt werden. Ärzte sehen die Ursache dafür hauptsächlich in einer falschen Alltagshaltung und mangelnder Bewegung. Berufliche Belastung tut dann ihr Übriges. Bei manchen Menschen setzt der Verschleiß früher ein, bei anderen später. Schwere körperliche Arbeit, einseitige Belastungen, eine ungesunde Lebensweise, zu langes Sitzen am Arbeitsplatz oder zu wenig Bewegung beschleunigen allerdings den Prozess. Die Rückenschmerzen sind somit letztlich im

Grunde nichts anderes als der Protest unserer Muskulatur; denn wer sich wenig bewegt, vernachlässigt dieses körpereigene Stützkorsett. Vor allem die Bauch- und Rückenmuskeln spielen hier eine wichtige Rolle. Sie können den Rücken entlasten. Sind sie jedoch zu untrainiert, überfordert das ihre Möglichkeiten, sie verspannen und verhärten sich. Oft spielt auch die Seele eine Rolle. Psychische Belastungen wie Stress, Trauer oder Ängste können die Muskeln dauerhaft verkrampfen lassen. Besonders Menschen, die zäh alles durchhalten wollen, sind gefährdet: Sie beißen eher die Zähne zusammen als sich auch mal etwas zurückzunehmen. Viele Geplagte nehmen zudem automatisch eine Schonhaltung ein, das heißt, sie versuchen, den betroffenen Körperbereich ruhig zu stellen, um ihn nicht noch mehr zu belasten. Mit dieser Taktik tun sie sich allerdings nichts Gutes, im Gegenteil: Eine Schonhaltung ist nichts anderes als eine falsche Haltung, und die überfordert auf Dauer wieder andere Teile des Rückens. Vorbeugen ist deshalb der beste Schutz.
Für rückenschonendes Arbeiten gibt es vier Grundsätze, die man im Beruf, aber auch privat berücksichtigen sollte.

- **Die richtigen Schuhe tragen**
  Schuhe sollten passen und bequem sein. Ist man verpflichtet, Arbeitsschuhe zu tragen, sollte man auch hier auf Tragekomfort achten und eher etwas mehr Geld für die Schuhe ausgeben. Geeignet sind Schuhe mit Fußbett, rutschfester Sohle und in optimaler Passform, damit die Füße im Schuh nicht rutschen. So hat man in jeder Arbeitsposition einen sicheren Stand.

Abb. 11: richtiges Tragen

- **Auf die richtige Standposition achten**
  Für rückenschonendes Heben und Tragen ist die richtige Standposition die Grundlage (Abb. 11). Um die richtige Standposition zu erreichen, vergrößert man seine Standfläche durch eine leichte Grätschhaltung der Beine. Dabei stellt man die Fußspitzen ganz leicht nach außen und achtet darauf, das Gewicht auf dem ganzen Fuß stehen zu haben und nicht nur auf dem Vorderfuß. Nun geht man ganz leicht in die Knie. Es ist darauf zu achten, dass die Knie möglichst in einer Linie mit den Füßen stehen (Fuß- und Kniegelenk stehen übereinander). Beim Heben und Tragen hält man den Rücken gerade und das Gewicht ist mit beiden Händen dicht am Körper zu halten.
- **Hilfsmittel nutzen**
  Niemand muss einen schweren Gegenstand tragen, wenn er auch gefahren werden kann (Schubkarre, Sackkarre). Ist kein Hilfsmittel zur Hand, lässt man sich von Arbeitskollegen helfen. Zudem ist auf einen sorgfältigen Aufbau des Arbeitsplatzes zu achten, um unnötige Drehbewegungen im Rücken zu minimieren. Verwendet werden sollte ergonomisch geformtes Werkzeug.
- **Keinen falsche Ehrgeiz entwickeln**
  Vor allem sollte aber kein Wettkampf daraus entstehen, wer am meisten heben oder tragen kann, wer am wenigsten Hilfe braucht oder Ähnliches. Gerade bei körperlich schweren Arbeiten sollte man nicht vergessen, erst einmal die geistigen Ka-

pazitäten zu nutzen, um nach körperschonenden Alternativen zu suchen, statt die Muskeln spielen zu lassen.

Rückenschonendes Verhalten sollte sich aber nicht nur auf den Arbeitsplatz erstrecken, sondern auch im privaten Alltag – z. B. beim Einkaufen, im Haushalt, bei der Wäsche – Einzug halten. Darüber hinaus sollte man für regelmäßige ausgleichende Bewegung sorgen wie Schwimmen oder das Angebot eines Sportvereins nutzen. Aber auch spezielle sportliche Rückenkurse können hilfreich sein.

4.2 Arbeitsplatzgestaltung und Arbeitserleichterung

Eine weitere Möglichkeit der Gesundheitsvorsorge im Arbeitsalltag stellt die Arbeitsplatzgestaltung dar. Ökonomisch und ergonomisch durchgeplante Arbeitsabläufe erleichtern jede berufliche Tätigkeit. Wer sich zu Beginn seiner Arbeit Gedanken über die Arbeitsplatzgestaltung macht, kann viel Zeit, viele Arbeitswege und reichlich Gesundheitsgefahren einsparen. Zu einer effizienten Arbeitsplatzgestaltung gehören:

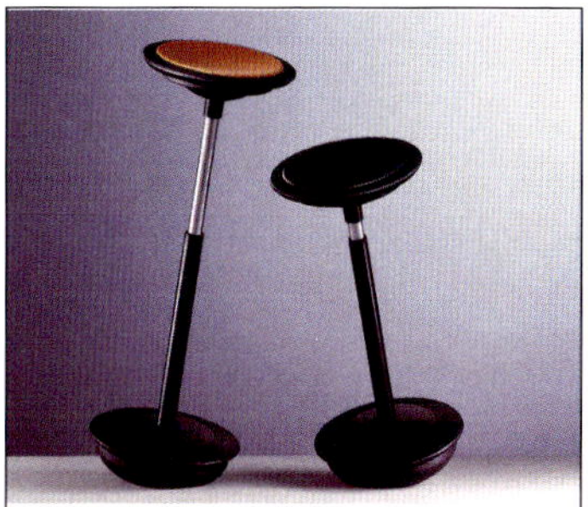

Abb. 12: Stehhilfe

- Alle notwendigen Arbeitsgeräte und Hilfsmittel griffbereit hinlegen. Sie sollen in der Nähe des Arbeitsplatzes sein, aber nicht den Weg verstellen und bei der Tätigkeit behindern.
- Der Arbeitsplatz ist nach Möglichkeit so aufzubauen, dass die eigenen Kräfte und die Gesundheit geschont werden. Wer eine stehende Tätigkeit ausübt, sollte sich eine Stehhilfe organisieren (Abb. 12). Wer in gebückter oder wechselnder Körperhaltung arbeiten muss, sollte auf Pausen achten und die beanspruchten Körperteile entsprechend entlasten (z. B. durch Kniepolster bei kniender Tätigkeit).
- Es ist darauf zu achten, dass der Arbeitsplatz der Körpergröße angepasst ist: Arbeitstische können sich beispielsweise in der Höhe verstellen lassen.
- Arbeitsroutinen können die Arbeit erleichtern, aber auch zu einer Belastung werden. Am besten ist es, man findet seinen eigenen Mittelweg, unabhängig von der „betriebsüblichen Praxis".

Für regelmäßig wiederkehrende Arbeiten, wie das Bedienen der Topfmaschine oder das Verladen von Großgehölzen, kann es hilfreich sein, den Arbeitsablauf schriftlich festzulegen und als Arbeitsanweisung allen Mitarbeitern zugänglich zu machen.

Aufgaben:

1. Listen Sie auf, welche Arbeitssituationen eine Gefährdung für Ihren Rücken darstellen.
2. Informieren Sie sich bei Ihrer Berufsgenossenschaft nach Angeboten zur Rückenprävention.

3. Erarbeiten Sie sich zehn kleine Pausenübungen, die Ihren Rücken entlasten. Schreiben Sie diese auf Karten, sodass Sie in der Gruppe ein Circuit-Training machen können.
4. Welche Belastungszonen Ihres Körpers fallen Ihnen außerdem noch ein? Worin liegt jeweils die Gesundheitsgefährdung in Ihrem Berufsalltag?
5. Entwickeln Sie eine Arbeitsanweisung für eine typische Tätigkeit in Ihrem Betrieb. Unterteilen Sie die Anweisung nach Möglichkeit in fünf übersichtliche Stichpunkte bzw. Arbeitsschritte.

Bearbeiten Sie in Ihrem Arbeitsheft die Seiten 107 bis 111.

5. Betriebliche Arbeitsabläufe

Für den Auszubildenden oder den angestellten Gärtner ist jeder Arbeitstag gleich: Wenn er morgens pünktlich zur Arbeit erscheint, erhält er die entsprechenden Arbeitsaufträge von seinem Arbeitgeber, die an diesem Arbeitstag zu erledigen sind. Dabei kehren einige Arbeitsabläufe immer wieder, wie das Mähen einer Rasenfläche, das Düngen einer Kultur, der Erziehungsschnitt an Obstgehölzen oder die Ernte von Gemüse. Die dafür notwendigen Handgriffe und die zu benutzenden Geräte und Hilfsmittel hat der Gärtner kennengelernt.
Dass die Mitarbeiter jeden Tag etwas zu tun haben, ist Aufgabe des Arbeitgebers. Er muss durch entsprechende Anbauplanung bzw. das Schreiben von Angeboten die Aufträge hereinholen, die nicht nur ihn und seine Familie ernähren, sondern auch für das Auskommen seiner Mitarbeiter sorgen, die Kosten für die Gewächshausheizung, den Materialbedarf und für verschiedenste Versicherungsleistungen decken. Deshalb kann kein Unternehmer warten, bis ein Kunde kommt und ihm einen Auftrag erteilt, sondern er muss durch vorausschauendes Planen die anstehenden Arbeiten für die kommenden Monate schon heute in die Wege leiten.

5.1 Anbauplanung und Produktionsverfahren

Wer im Produktionsgartenbau von den Erträgen seiner Freiland- oder Unterglasflächen lebt, muss dafür sorgen, dass dieser Produktionsfaktor effizient genutzt wird. D.h., es darf keine „Leerstände" geben und jede Kultur darf nur so lange auf den Flächen sein, wie sie bis zur optimalen Entwicklung braucht. Ist dieser Zeitpunkt erreicht, muss die Kultur verkauft werden, um nicht zusätzliche Kosten der Pflanzenpflege zu erzeugen. Außerdem entstehen eventuell auch Kosten durch die Verzögerungen in der Anschlusskultur.
Am Beispiel der Blumenkohlproduktion sollen alle relevanten Fragen der Anbauplanung erläutert werden.

Abb. 13: Blumenkohl

- **Ist der Blumenkohl Vor-, Nach- oder Hauptkultur der Vegetationsperiode?** Dementsprechend gibt es Auswirkungen auf die Kulturart: Bei einer Vorkultur erfolgt die Produktion unter Folie oder Vlies, die Hauptkultur erfolgt während der Spätfrühlings- und Sommermonate, die Nachkultur erfordert durch die Herbst- und Winterproduktion Überwinterungsschutz.
- **Was stand im Vorjahr auf dem Feld?** Die sogenannte Vorfrucht hat Auswirkungen auf den Ertrag der Folgefrucht, hier den Blumenkohl. Um typische Kohlerkrankungen wie Kohlhernie, Adernschwärze, Falschen Mehltau oder Nematodenbefall vorzubeugen, sollte der Kohl auf einem Feld frühestens alle drei Jahre angebaut werden.
- **Wie viel und welchen Dünger braucht die Kultur?** In Abhängigkeit von den Bodenvorräten und der Vorkultur muss die Aufwandmenge bestimmt werden. Kohl gilt dabei als Starkzehrer mit einem hohen Nährstoffbedarf. Im weiteren Wachstumsverlauf kann weitere drei- oder viermal Stickstoff (z. B. Hornspäne) als Kopfdüngung gegeben werden, bis der Bedarf gedeckt ist. Der Anbau nach Gründüngung oder Klee-Gras-Mischungen ist empfehlenswert. Auf Gründüngungspflanzen aus der Familie der *Cruciferae* sollte aus Gründen der Pflanzengesundheit verzichtet werden.
- **Welche Kultur soll sich an den Blumenkohl anschließen?** Da Blumenkohl viele nährstoffreiche Ernterückstände hinterlässt, sollte sich die nachfolgende Kultur durch eine geringe Nitrataneignungsfähigkeit auszeichnen.
- **Wie lang ist die Kulturdauer bis zur verkaufsfähigen Pflanze?** Für eine kontinuierliche Marktbelieferung ist eine wöchentliche Pflanzung bei schnell abzuerntenden Sorten erforderlich. Wahlweise können alle zwei Wochen zwei bis drei Sorten gepflanzt werden, die dann nacheinander geerntet werden. Die Kulturdauer hängt von der Jahreszeit, dem Klima und den Sorten ab. Als Faustregel können folgende Annahmen gemacht werden:

	Aussaat	Pflanzung	Ernte
Frühanbau mit Folie	Anfang Januar	Anfang März	Anfang Mai
Frühanbau ohne Folie	Ende Februar	Anfang April	Mitte Juni
Sommeranbau	Anfang Mai	Anfang Juni	Anfang August
Früher Herbstanbau	Mitte Juni	Mitte Juli	Mitte September
Später Herbstanbau	Anfang Juli	Anfang August	Mitte Oktober
Winteranbau (geeignete Sorten)	Mitte Juli	Mitte August	Mitte April

Tab. 1: Faustregeln für Blumenkohlanpflanzung

- **Wie viel Platz braucht die einzelne Pflanze?** Blumenkohl sollte im Abstand von 50 x 50 cm gepflanzt werden.
- **Welchen Pflegebedarf hat die Kultur**? Regelmäßig hacken und bei Trockenheit gießen fördert das gleichmäßige Wachstum. Bei starker Sonneneinstrahlung sollte die Blume mit einem Blatt o. Ä. bedeckt werden, um ein Vergilben zu vermeiden. Blu-

menkohl wird geerntet, bevor die Hüllblätter sich geöffnet haben und die Blüten voll entwickelt sind.

- **Wie viel Arbeitsstunden kann man in die Kultur investieren, um Gewinn zu erzielen**? In Abhängigkeit von dem zu erzielenden Verkaufspreis und dem anstehenden Arbeitsbedarf errechnet sich die Anzahl der wirtschaftlichen Arbeitsstunden.

Zusammenfassend lässt sich sagen, dass für eine Anbauplanung alle innerbetrieblichen (Arbeitskräfte, Kulturflächen, Lagerungsmöglichkeiten usw.) und außerbetrieblichen Faktoren (Absatzsituation, Konkurrenzbetriebe, Preise für Produktionsmittel etc.) berücksichtigt und zeitlich aufeinander abgestimmt werden müssen. Dabei muss der Unternehmer vorausschauend planen, da er seine Gewinnerwartung für die Zukunft (nämlich nach Ende der Kulturzeit) prognostizieren muss.

Abb. 14:
Dienstleistungen im Gartenbau

Im Dienstleistungsgartenbau (Abb. 14) ist die Situation ähnlich, wenn auch hier der Schwerpunkt auf dem Einsatz der Maschinen und weniger auf dem Produktionsfaktor Boden liegt. Aber auch im Garten- und Landschaftsbau muss der Unternehmer mit Blick in die Zukunft planen, damit nach Beendigung eines Arbeitsauftrages der nächste sofort anschließen kann.

5.2 Arbeitsverfahren

Der Schnitt von Apfelbäumen, die Bepflanzung eines Wechselbeetes, die Anlage einer Rasenfläche, das Topfen von *Primula veris* oder die Ausbringung eines Pflanzenschutzmittels – dies alles sind Beispiele für Arbeitsverfahren im Gartenbau. Darunter versteht man die Zusammenfassung aller Arbeitsschritte, die zum Erreichen eines bestimmten Kulturzustandes notwendig sind. Mehrere Arbeitsverfahren zusammengenommen führen zu einem Endprodukt bzw. zur Erledigung einer Dienstleistung. Zur Beherrschung der Arbeitsverfahren sind Arbeitstechniken notwendig, die im Rahmen der Ausbildung vermittelt oder bei Saisonarbeitskräften angelernt werden müssen (z. B. das Spargelstechen, Abb. 15).

Abb. 15:
Spargelstechen

Aufgaben:

1. Wählen Sie eine typische Anbauplanung aus Ihrer betrieblichen Praxis und listen Sie alle Kennzahlen tabellarisch auf.
2. Wie kann eine Planung der Arbeitsabläufe im Garten- und Landschaftsbau, wie im Friedhofsgartenbau aussehen? Stellen Sie eine Arbeitsplanung für sechs Monate auf. Welche Daten müssen enthalten sein?
3. Erstellen Sie für einen Arbeitsverfahren aus Ihrem Betrieb eine in einzelne Arbeitsschritte gegliederte Handlungsanweisung, um einem Praktikanten die dafür notwendigen Tätigkeiten zu erklären.
4. Kopieren Sie sich das unten abgebildete Kreuzworträtsel und lösen Sie es. Wenn Sie die farblich unterlegten Buchstaben in die richtige Reihenfolge bringen, erhalten Sie das Lösungswort.
   Senkrecht: 1: Art und Weise, wie eine Arbeit ausgeführt wird. 2: Herstellungsprozess von gartenbaulichen Gütern. 4: Hilfsmittel zur Gesunderhaltung bei stehender Tätigkeit. 5: Schutzvorkehrung für kniende Tätigkeiten.
   Waagerecht: 3: Herstellungskonzept gartenbaulicher Produkte. 6: Gymnastische Ausgleichübungen für einen gesunden Rücken. 7: Zusammenfassender Begriff für optimierte Arbeitsbedingungen.

Lösungswort:

Bearbeiten Sie in Ihrem Arbeitsheft die Seiten 113 bis 118.

Helen wischt sich den Schweiß von der Stirn. Nun ist sie schon über eine halbe Stunde damit beschäftigt, das alte Gemüsebeet ihrer Großmutter umzugraben. Zuerst hat sie es mit dem Spaten versucht, aber der Boden ist so verwurzelt und lehmig, dass sie nicht weit gekommen ist. Mit der Grabegabel geht es schon besser, aber es ist immer noch sehr anstrengend. Das Umgraben in ihrem Ausbildungsbetrieb letzte Woche ist ihr wesentlich leichter gefallen. Dort ist der Boden allerdings auch sandiger und klebt nicht so am Werkzeug. Aber ihre Großmutter hat schon immer das beste und knackigste Gemüse gehabt. Ob das wohl auch mit dem Boden zusammenhängt? Oder liegt das eher an dem Pferdemist, den ihre Großmutter immer reichlich auf den Beeten verteilt? Danach muss Helen unbedingt ihren Meister fragen. Der hat ihr ja auch die jungen Kohlrabi- und Kürbissetzlinge versprochen, die er schon vor ein paar Wochen im Gewächshaus ausgesät hat. Als Helen vorhin nachgeschaut hat, waren die schon richtig groß geworden, dabei wächst hier draußen in der Märzsonne noch kaum ein Pflänzchen. So ein Gewächshaus ist schon eine tolle Sache, da ist es schon im Winter ausreichend warm und wenn man das Gießen nicht vergisst, hat man ganz schnell erntereifes Gemüse.

1. Boden als Grundlage des Pflanzenwachstums

Auch wenn die Böden in den verschiedenen Regionen der Erde ganz unterschiedlich aussehen und über spezifische Eigenschaften verfügen, bestehen alle Böden grundsätzlich aus festen, mineralischen Bestandteilen (von großen Gesteinsbrocken über kleinere Kiesel bis hin zu winzigen Sandkörnern), organischen Bestandteilen (wie lebende und abgestorbene Bakterien, Pilze, Tiere und Pflanzen), Wasser und natürlich Luft (Abb. 1). Die festen Bestandteile des Bodens dienen als Verankerungsfläche der Pflanzenwurzeln, Lebensraum der Mikroorganismen des Bodens und als Nährstofflieferant. Je nachdem, wie groß diese festen Bestandteile sind, bilden die Zwischenräume der aneinander gelagerten Körner Hohlräume, die Bodenporen, die je nach Durchmesser mit Luft oder Wasser gefüllt sein können. Je nach Korngröße, Nährstoffzusammensetzung sowie Wasser- und Lufthaushalt entwickeln sich die verschiedenen Bodenarten, die in Kapitel 1.3 näher beschrieben werden.

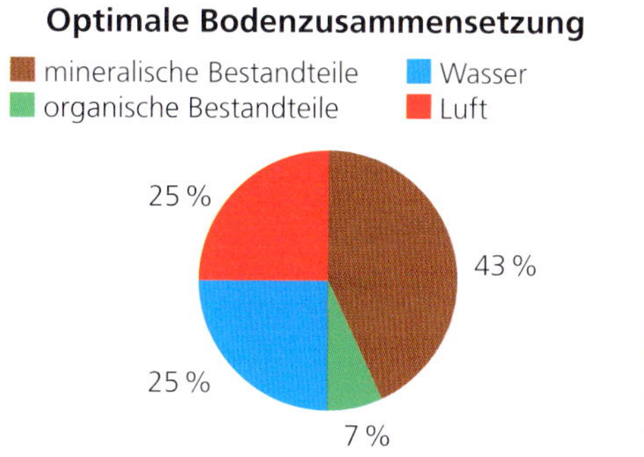

Abb. 1:
Optimale Bodenzusammensetzung

1.1 Bodenentstehung und Bodenverwitterung verstehen

Die Entstehung der Böden ist ganz eng mit der Entwicklung der Erde verknüpft. Die Erde hat sich im Laufe mehrerer Millionen Jahre zu dem Planeten entwickelt, der er heute ist. Für die Bodenentstehung in Mitteleuropa sind die chemischen und physikalischen Prozesse der Erdkruste interessant. Um sie zu verstehen, lohnt sich ein Blick auf die erdgeschichtliche Entwicklung (Tab. 1). Dabei handelt es sich keineswegs um einen abgeschlossenen, beendeten Vorgang, sondern Bildung und Veränderung der Böden über Verwitterung findet auch heute und in Zukunft statt.

Aufgaben:

1. Woraus bestehen Böden grundsätzlich?
2. Welche Aufgaben haben die verschiedenen Bodenbestandteile?
3. Informieren Sie sich über die vorherrschenden Böden in Ihrer Region. Wie werden diese Böden bezeichnet und welche Besonderheiten sind bei der gärtnerischen Bearbeitung zu beachten? Aus welcher erdgeschichtlichen Epoche stammen diese Böden?

Zeitalter	Forma-tion	Abtei-lung	Dauer in Mio. Jahren	Geologische Vorgänge	Flora und Fauna
Präkambrium (Vor-Erdaltertum)		Hadaikum	4600 bis 4000 v. Chr.	Bildung der Sonne, Erstarrung der Erdkruste	
		Archaikum	4000 bis 2500 v. Chr.		
		Proterozoikum	2500 bis 541 v. Chr.		
Paläozoikum (Erdaltertum)		Kambrium	541 bis 485 v. Chr.	Deutschland teilweise vom Meer bedeckt, Bildung von Tonen und Kalken	Wirbellose, Algen
		Ordovicium	485 bis 443 v. Chr.	Teilweise Meeresbedeckung, Vulkanismus	Erste Fische und Landpflanzen
		Silur	443 bis 419 v. Chr.		
		Devon	419 bis 358 v. Chr.		Blütenlose Pflanzen, erste Landwirbeltiere
		Karbon	358 bis 298 v. Chr.	Kohlebildung, Festlandbildung	Farne und Schachtelhalme, erste Reptilien
		Perm	298 bis 252 v. Chr.	Wüstenentstehung	Erste Säugetiere
Mesozoikum (Erdmittelalter)		Trias	252 bis 201 v. Chr.	Gebirgsbildungen	Nacktsamer, erste Kriechtiere
		Jura	201 bis 145 v. Chr.	Deutschland größtenteils vom Meer bedeckt	Saurier, erste Vögel
		Kreide	145 bis 66 v. Chr.	Nord- und Ostdeutschland vom Meer bedeckt, Erdölbildung	Bedecktsamer, Aussterben der Saurier

Zeitalter	Formation	Abteilung	Dauer in Mio. Jahren	Geologische Vorgänge	Flora und Fauna
Neozoikum (Erdneuzeit)	Tertiär		66 bis 2,6 v. Chr.	Vulkanismus, Anstieg des Meeresspiegels	Tropische Flora, Vormarsch der Säugetiere
	Quartär	Pleistozän (Eiszeit)	2,6 bis 0,2 v. Chr.	Entstehung Harz, Bildung von Sanden und Löss	Nadelgehölze, Mammut, Mensch
		Holozän (Gegenwart)	Seit 0,2 v. Chr.	Moore, Küsten Flusstäler	Heutige Flora & Fauna

Tab. 1: Die Geschichte der Erde Mitteleuropas

Viele unserer Gesteine sind durch Vulkanismus entstanden (Abb. 2). Bei dem Verflüssigen der Erdkruste und dem Wiedererstarren sind unterschiedliche Gesteinsarten entstanden. Die Vulkanite sind Gesteine, die relativ schnell erkaltet sind und deshalb über sehr kleine Mineralienmengen verfügen. Hierzu zählen unter anderem Basalt und Diabas. Man bezeichnet sie auch als Ergussgesteine, da sie sich oberirdisch über die Lavaströme gebildet haben. Daneben gibt es auch die Auswurfgesteine, die beim Vulkanausbruch durch die Luft geschleudert wurden und deshalb viele Luftporen aufweisen. Sie sind relativ leicht. Zu dieser Gruppe gehören Bims und Tuff.

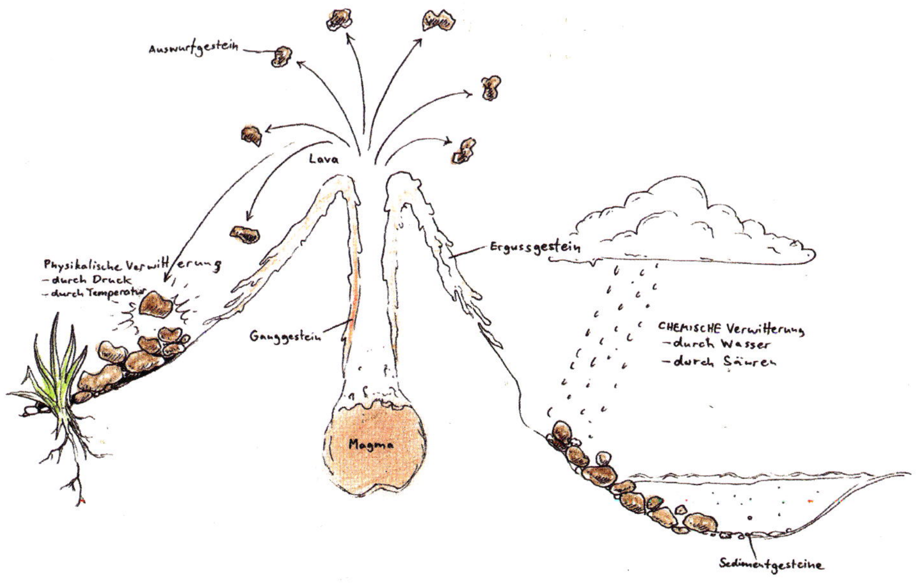

Abb. 2:
Gesteinsentstehung durch Vulkanismus und Verwitterung

Plutonite kühlen langsamer ab und bilden deshalb größere, deutlich sichtbare Kristalle aus. Diese Gesteinsarten wie Granit oder Diodorit sind sehr hart. Plutonite und Vulkanite gehören zu den Magmatiten. In diese Gruppe gehören auch die Ganggesteine wie der Porphyr, die beim Erkalten nicht bis an die Erdoberfläche gelangt sind.
Eine weitere Gesteinsgruppe sind die Sedimentite. Sie sind durch Ablagerung der fein vermahlenen gröberen Gesteinsbrocken entstanden. Nach Art ihrer Ablagerung wird zwischen klastischen Sedimenten, die durch physikalische Zerkleinerung entstanden sind (z. B. Sandstein), chemischen Sedimenten, die durch chemische Reaktionen der Gesteinsmineralien gebildet wurden (z. B. Dolomit) und biogenen Sedimenten wie Torf unterschieden. Biogene Sedimente haben ihren Ursprung in der Zersetzung organischer Materialien.
Magmatite und Sedimentite können durch hohen Druck oder durch hohe Temperaturen in die Gesteinsgruppe der Metamorphite (d. h. Umwandlungsgesteine) überführt werden. So entsteht z. B. aus Sandstein Quarzit, aus Granit Gneis, aus Kalkstein Marmor und aus Ton Schiefer. Metamorphite sind an ihrer Schichtung sehr gut zu erkennen.
Alle Gesteine sind permanent den Kräften der Natur ausgesetzt, die sie verändern. Diesen Prozess nennt man Verwitterung. Bei der Verwitterung unterscheidet man zwischen

- physikalischer Verwitterung,
- chemischer Verwitterung und
- biologischer Verwitterung.

Physikalische Verwitterung
Bei der physikalischen Verwitterung werden die großen Gesteinsbrocken zu kleineren Steinen und Sandkörnern zerkleinert; es liegt eine mechanische Zerkleinerung vor. Tab. 2 zeigt die verschiedenen Formen der physikalischen Verwitterung.

Druckabnahme	Durch Druckentlastung: die Reaktion des Gesteins auf die Verminderung vorher vorhandener, den Gesteinskörper einengender Druckkräfte, wenn überlagernde Gesteinsmassen abgetragen werden.
Frostsprengung	Durch die Volumenausdehnung gefrierenden, im Porenraum befindlichen Wassers hervorgerufen. Entsprechend ist ihr Auftreten auf Gebiete mit kalten Wintern beschränkt, d. h. auf höhere geografische Breiten sowie größere Höhen in Gebirgsregionen. Gehört zu den wichtigsten Prozessen der physikalischen Verwitterung.
Salzsprengung	Während langer Trockenperioden wird Wasser aus dem Inneren des Gesteins durch Kapillarkräfte an die Oberfläche gezogen. Dieses Wasser enthält gelöste Mineralsalze. Bei seiner Verdunstung bleiben winzige Salzkristalle zurück. Durch die Kristallbildung vergrößert sich die Oberfläche, sodass Gesteinsteile abgesprengt werden können (hauptsächlich im ariden Klima).

Temperatursprengung	Durch Sonnenstrahlung, Wind, Frost, Strahlungswetter, Temperaturerhöhung im Erdinnern und Ähnliches oder durch Reibung, Alterung/Korrosion, Radioaktivität usw. hervorgerufene Temperaturschwankungen erfolgt Volumenausdehnung oder -schrumpfung der Gesteine und damit deren Zerkleinerung.
Abrieb durch Wasser und Wind (Erosion)	Durch fließendes Wasser oder Wind hervorgerufenes Abschmirgeln der Gesteinsoberflächen.

Tab. 2: Physikalische Verwitterung

Chemische Verwitterung

Bei der chemischen Verwitterung handelt es sich in erster Linie um das Lösen einzelner Gesteinsmineralien, z.B. in Wasser, aber auch in in der Natur vorkommenden Säuren. Diese Prozesse sind vereinfacht in Tab. 3 dargestellt.

Lösung in Wasser	Lösung von Gesteinen aus Mineralien, die in reinem Wasser löslich sind, z.B. Gips ($CaSO_4 + H_2O \longrightarrow H_2SO_4 + CaO$)
Lösung in Kohlensäure (HCO_3)	Verbindet sich das Wasser mit Kohlenstoffdioxid (CO_2) aus der Luft, bildet sich die sehr schwache Kohlensäure, die das Calciumcarbonat ($CaCO_3$) lösen kann.
Lösung in Schwefelsäure (H_2SO_4)	Der Kontakt von Karbonatgesteinen mit saurem Regen, der geringe Mengen Schwefelsäure enthält, macht aus Calciumcarbonat (Calcit) Calciumsulfat (Gips): $CaCO_3 + H_2SO_4 + H_2O \longrightarrow CaSO_4 + 2\,H_2O + CO_2$ Gips löst sich wesentlich leichter als Calcit und das Gestein wittert deshalb nach der Vergipsung schneller ab (siehe Lösung in Wasser).
Hydrolyse	Bei diesem Vorgang werden Wasserkationen bzw. -anionen fest an die Mineralien gebunden, sodass deren Gitterstruktur zerfällt.
Oxidation	Sauerstoffmoleküle aus der Luft lagern sich an den Mineralien an, welche das Volumen vergrößern und damit die Gitterstruktur des Kristalls auflösen.

Tab. 3: Chemische Verwitterung

Biologische Verwitterung

Bei der biologischen Verwitterung unterscheidet man zwei Formen, einmal die Verwitterung durch Wurzelsprengung, bei der durch das Wurzelwachstum tiefe und feste Bodenschichten aufgesprengt werden können. Jeder hat schon einmal eine von Efeuwurzeln aufgesprengte Hausmauer oder einen durch Asphalt wuchernden Löwenzahn gesehen (Abb. 3). Der Druck, den die Pflan-

Abb. 3: Löwenzahn durchbricht Pflastersteine

zenwurzeln durch ihr Dicken- und Längenwachstum erzeugen, ist groß genug, um diesen Kraftakt zu leisten.
Daneben gibt es noch eine chemisch-biotische Verwitterung. Dabei wirken die von den Pflanzenwurzeln durch die Stoffwechselprozesse freigewordenen Huminsäuren auf die Gesteine. Die im Boden lebenden Mikroorganismen unterstützen diesen Prozess.

Merke:

Bodenentstehung und Verwitterung ist kein Prozess, der abgeschlossen ist, sondern er findet ununterbrochen statt und hat somit auch in Zukunft Einfluss auf unsere Böden.

Aufgaben:

1. Fassen Sie die Bodenentstehung durch Vulkanismus und die Verwitterungsarten in einer Zeichnung auf Plakatgröße anschaulich zusammen.
2. Fertigen Sie sich Lernkarten zu den verschiedenen Formen der physikalischen, der chemischen und der biologischen Verwitterung an.
3. Definieren Sie folgende Begriffe: Metamorphite, Sedimentite, Vulkanite, Plutonite, Lithosphäre, Hydrolyse, Oxidation, arides Klima, humides Klima.

Bearbeiten Sie im Arbeitsheft die Arbeitsblätter auf den Seiten 124 und 125.

1.2 Die Bestandteile des Bodens unterscheiden können

Wie im Eingang des Kapitels bereits erwähnt, besteht jeder Boden aus festen Bestandteilen, einem mit Luft oder Wasser gefüllten Porenvolumen und den organischen Bestandteilen. Das Ausgangsgestein des Bodens mit seinen Mineralien und die Größe der einzelnen durch die Verwitterung entstandenen Gesteinskörner haben dabei einen maßgeblichen Einfluss auf die Größe der Poren und somit auch darauf, wie viel Wasser bzw. Luft in ihnen enthalten ist. Wasser und Luft wiederum sind die Grundlage für die Mikroorganismen, die im Boden leben. Es wird deutlich, dass alle Faktoren voneinander abhängig sind und sich gleichzeitig gegenseitig bedingen.

Die festen mineralischen Bestandteile

Die Größe der einzelnen Gesteinskörner wird auch als Kornfraktion bezeichnet. Sie unterteilt sich in Größen über 2 mm Durchmesser in Kiese und Steine. Sand hat eine Korngröße zwischen 2 mm und 0,063 mm. Körner mit einem Durchmesser zwischen 0,063 und 0,002 mm werden als Schluff bezeichnet. Alles, was kleiner alles 0,002 mm ist, gehört zum Ton. Schluff und Ton wird als Feinboden zusammengefasst, während die unterschiedlichen sandigen Körnungen den Grobboden bilden. Diese vier Kategorien gehören zu den Bodenarten (Tab. 4).

Bezeichnung	Abkürzung	Körnungsdurchmesser	
Ton	T	< 0,002 mm	Feinboden
Schluff	U	0,002 – 0,063 mm	
Sand	S	0,063 – 2 mm	Grobboden
Kies (Stein)	G (X)	>2 mm	

Tab. 4: Die vier Bodenarten

Im Boden kommt niemals nur eine Bodenart allein vor, es handelt sich eher um Mischungen verschiedener Kornfraktionen. Gemische aus Sand, Schluff und Ton werden häufig als Lehm bezeichnet. Je nachdem, ob der tonige Anteil größer ist, ist der Lehm besser formbar bzw. bei einem hohen Sandanteil fällt der Lehm in kleinere Bestandteile auseinander, wenn er trocknet. Das detaillierte Mischungsverhältnis der Bodenarten wird im Körnungsdreieck bildlich dargestellt (Abb. 4). Je nachdem, welche Bodenart mit dem größeren Anteil am Gemisch vertreten ist, wird dessen Großbuchstabe verwendet. Der Kleinbuchstabe gibt die Beimischung an (Beispiel: Tu steht für schluffiger Ton, Sl für lehmiger Sand). Für die Praxis muss der Boden mit einer Bodenuntersuchung im Labor oder über die Fingerprobe eingeordnet werden.

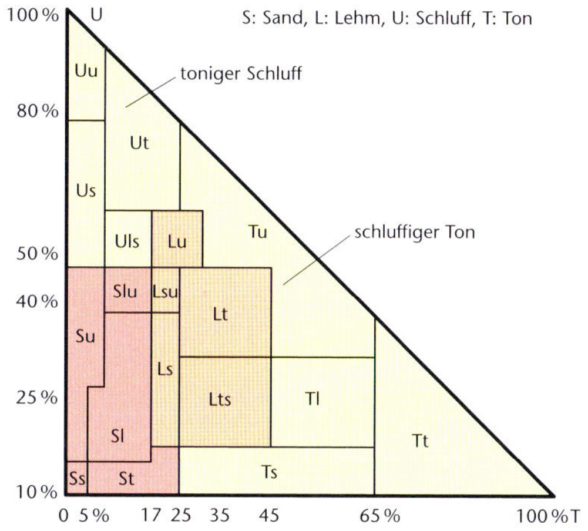

Abb. 4:
Das Körnungsdreieck

Vertiefung: Fingerprobe

Bei der Fingerprobe wird die Beschaffenheit des Bodens mit den körpereigenen Sinnen erfasst und anhand eines Flussdiagramms bestimmt. Die Vorgehensweise ist im Folgenden erklärt.

Nr.	Fragen und Antworten	gehe zu
1	Eine walnussgroße Bodenprobe ist zwischen den Handtellern zu einer Kugel zu formen und anschließend zu einer dünnen Walze von etwa Bleistiftdicke auszurollen.	

Nr.	Fragen und Antworten	gehe zu
1.1	Der Boden ist nicht ausrollbar, die Walze zerbröckelt, bevor Bleistiftstärke erreicht ist. Damit sind die Bodenartenhauptgruppen Sande und Schluffe fast eindeutig erkannt.	2
1.2	Der Boden ist ausrollbar, die Walze ist intakt oder nur schwach rissig. Damit sind – mit Ausnahme vom schluffigen Lehm Lu – die Bodenarten der Hauptgruppen Lehme und Tone erkannt.	4
2	Boden zwischen Daumen und Zeigefinger reiben und Grad der Körnigkeit feststellen	
2.1	Der Boden ist überwiegend körnigrau.	3
2.2	Der Boden ist überwiegend samtigmehlig.	6
3	Boden zwischen den Handtellern reiben und rollen	
3.1	Der Boden ist nur sehr wenig formbar, ein Ausrollen ist unmöglich. Damit sind die Bodenarten der Hauptgruppe Sande eindeutig erkannt.	5
3.2	Der Boden ist wenig formbar, ein Ausrollen ist kaum möglich.	6
4	Boden zwischen Daumen und Zeigefinger reiben, ggf. etwas befeuchten, auf Körnigkeit und Bindigkeit prüfen	
4.1	Der Boden ist etwas schmierigklebrig, gut form- und ausrollbar, aber rissig.	7
4.2	Der Boden ist zähplastisch und klebrig, hat glänzende Gleitflächen und knirscht zwischen den Zähnen.	8
5	Boden zwischen Daumen und Zeigefinger trocken reiben, auf Rauigkeit (je feiner, desto weniger rau) und Feinanteil prüfen	
5.1	In den Fingerrillen haftet sehr wenig mineralische Feinsubstanz.	9.1
5.2	In den Fingerrillen haftet mineralische, mehligstumpfe Feinsubstanz.	9.2
6	Boden zwischen Daumen und Zeigefinger trocken reiben, etwa bleistiftdick ausrollen	
6.1	In den Fingerrillen haftet viel Feinsubstanz; der Boden bricht und krümelt beim Versuch, ihn bleistiftdick auszurollen.	9.3
6.2	In den Fingerrillen haftet viel Feinsubstanz; der Boden bricht schon bei geringer Verformung.	9.4
6.3	Der Boden glitzert im Sonnenlicht, ist nicht oder schlecht formbar, nicht ausrollbar, aber gut haftend und klebrig.	9.5

Nr.	Fragen und Antworten	gehe zu		
6.4	Der Boden glitzert im Sonnenlicht, ist nicht ausrollbar und klebend, aber gut haftend und raumehlig.	9.6		
6.5	Der Boden ist kaum formbar, reißt und bricht sehr leicht, jedoch gut haftend und raumehlig.	9.7		
6.6	Der Boden ist wenig formbar, reißt und bricht leicht, gut haftend und samtigmehlig.	9.8		
7	Boden zwischen Daumen und Zeigefinger reiben und drücken, Körnigkeit und Formbarkeit beurteilen			
7.1	Der Boden ist stark samtigmehlig und etwas klebrig, bleistiftdick form- und ausrollbar, dabei jedoch rissig.	9.9		
7.2	Der Boden ist etwas seifigschmierig, mit deutlich fühlbar körnig-rauem Sandanteil, bleistiftdick form- und ausrollbar, dabei jedoch rissig.	9.10		
7.3	Der Boden ist klebrig und schwach schmierig, seine Mehligkeit tritt zurück, beim Reiben zeigt sich eine deutliche „Würstchenbildung“.	9.11		
8	Boden mit etwas Wasser zwischen den Daumen und Zeigefinger reiben und quetschen, Gleitflächen beurteilen und am Ohr oder zwischen den Zähnen auf Körnigkeit prüfen			
8.1	Der Boden ist körnig mit deutlich fühlbarem Sandanteil, mit glänzenden bis stark glänzenden Gleitflächen, klebrig.	9.12		
8.2	Der Boden fühlt sich mehlig-samtig an, die Sandbestandteile treten völlig zurück, er ist plastisch, form- und ausrollbar und zeigt schwach glänzende Reibflächen.	9.13		
8.3	Der Boden ist zähplastisch und klebrig; deutliches Knirschen hörbar oder zwischen den Zähnen wahrnehmbar; er zeigt glänzende Reibflächen.	9.14		
8.4	Der Boden ist butterweich und klebrig, zwischen den Zähnen ist kaum oder kein Knirschen spürbar; er zeigt glänzende Reibflächen.	9.15		
9.1	In den Fingerrillen haftet keine oder kaum Feinsubstanz.	Ss	ss	s
9.2	Sandkörner sind gut sicht- und fühlbar; in den Fingerrillen haftet sehr wenig Feinsubstanz.	Su2	ls	s
	Sand, deutlich Feinsubstanz führend; in den Fingerrillen haftet schwach mehlige Feinsubstanz.	Su3	us	s
	Sand mit viel Feinsubstanz; in den Fingerrillen haftet stark mehlige Feinsubstanz.	Su4	us	s

Nr.	Fragen und Antworten	gehe zu		
9.3	Sandkörner sind deutlich sicht- und fühlbar; in den Fingerrillen haftet wenig Feinsubstanz.	Sl2	ls	s
	Sandkörner deutlich sicht- und fühlbar; in den Fingerrillen haftet wenig bis mäßig Feinsubstanz.	Sl3	ls	s
	Sandkörner sind gut sicht- und fühlbar mit mäßig bis viel Feinsubstanz.	Sl4	sl	l
	Sandkörner deutlich sicht- und fühlbar; durch viel Feinsubstanz deutlich mehlig.	Slu	sl	l
9.4	Sandkörner sind deutlich sicht- und fühlbar, trotz nur mäßiger Feinsubstanz sehr klebrig („Honigsand").	St3	sl	l
	Sandkörner sind sicht- und fühlbar; in den Fingerrillen haftet sehr wenig Feinsubstanz.	St2	ls	s
9.5	Sandkörner sind kaum oder nicht sicht- und fühlbar; die samtig-mehlige Feinsubstanz haftet deutlich in Fingerrillen; die Reibfläche ist matt und aufschuppend.	Uu	su	u
9.6	Sandkörner sind sicht- und fühlbar; samtig-mehlige Feinsubstanz haftet deutlich in Fingerrillen; die Reibfläche ist körnig, matt und aufschuppend.	Us	su	u
9.7	Sandkörner sind sicht- und fühlbar; die überwiegende leicht mehlige Feinsubstanz haftet deutlich in Fingerrillen.	Uls	lu	u
9.8	Sandkörner sind kaum oder nicht sicht- und fühlbar; die sehr stark mehlige Feinsubstanz haftet deutlich in Fingerrillen und bildet eine raue, matte und aufschuppende Reibfläche.	Ut2	lu	u
	Keine Sandkörner sicht- und fühlbar; die deutlich mehlige Feinsubstanz haftet gut erkennbar in Fingerrillen; die Reibfläche ist matt und aufschuppend.	Ut3	lu	u
	Keine Sandkörner sicht- und fühlbar; die schwach mehlige Feinsubstanz haftet und klebt etwas und bildet eine matte bis schwach glänzende, aufschuppende Reibfläche.	Ut4	tu	u
9.9	Sandkörner sind nicht oder kaum sichtbar und nur schwach fühlbar; sehr viel bindige Feinsubstanz bildet eine raue, matte bis schwach glänzende, körnige und aufschuppende Reibfläche.	Lu	tu	u
9.10	Sandkörner sind deutlich sicht- und fühlbar; mit viel Feinsubstanz, sehr schwach mehlig.	Ls2	ll	l
	Sandkörner sind deutlich sicht- und fühlbar; mit viel Feinsubstanz, glänzender Reibfläche und sehr deutlich körnig.	Ls3	ll	l

Nr.	Fragen und Antworten	gehe zu		
	Sandkörner sind deutlich sicht- und fühlbar; nur mäßig Feinsubstanz, dabei schwach glänzende Reibfläche und sehr deutlich körnig.	Ls4	ll	l
9.11	Sandkörner sind gut sicht- und fühlbar, sehr viel Feinsubstanz und schwach raue, schwach glänzende Reibfläche.	Lt2	ll	l
	Sandkörner sind deutlich sicht- und fühlbar, reich an Feinsubstanz mit sehr stark glänzender, körniger Reibfläche.	Lts	tl	l
	Sandkörner sind sicht- und fühlbar, durch sehr viel Feinsubstanz zähplastisch mit schwach rauer, schwach körniger, glänzender Reibfläche.	Lt3	ut	t
9.12	Wenige Sandkörner sicht- und fühlbar, reich an Feinsubstanz mit stark glänzender Reibfläche.	Ts2	lt	t
	Sandkörner sind deutlich sicht- und fühlbar, sehr viel Feinsubstanz mit schwach rauer, glänzender, deutlich körniger Reibfläche.	Ts3	tl	l
	Sandkörner sind gut sicht- und fühlbar, viel Feinsubstanz mit rauer, glänzender, deutlich körniger Reibfläche.	Ts4	tl	l
9.13	Keine Sandkörner sicht- und fühlbar; die Feinsubstanz bildet eine raue, schwach glänzende Reibfläche.	Tu4	ut	t
	Keine Sandkörner sicht- und fühlbar; die zähplastische Feinsubstanz bildet eine schwach raue, glänzende Reibfläche.	Tu3	ut	t
	Keine Sandkörner sicht- und fühlbar; die stark plastische Feinsubstanz bildet eine schwach raue, glänzende Reibfläche.	Tu2	lt	t
9.14	Sehr wenige Sandkörner sicht- und fühlbar, sehr viel zähplastische Feinsubstanz mit glänzender Reibfläche.	Tl	lt	t
9.15	Keine Sandkörner sicht- und fühlbar; die stark plastische, mm-dünn ausrollbare Feinsubstanz bildet eine glatte, schwach glänzende bis glänzende Reibfläche.	Tt	lt	t

Wasser und Luft im Boden

Zwischen den festen Bestandteilen des Bodens bilden sich durch das Aneinanderliegen der einzelnen Mineralien Hohlräume, die – je nach der Größe ihres Durchmessers – mit Luft oder Wasser gefüllt sind. Die Gesamtheit dieser Hohlräume nennt man Porenvolumen. Die Poren werden unterteilt in Grobporen mit einem Durchmesser von über 10 µm, Mittelporen mit 10–0,2 µm Durchmesser und Feinporen (< 0,2 µm). In den Mittel- und Feinporen kann aufgrund von Adhäsions- und Kohäsionskräften Wasser enthalten sein. Dabei wird das Wasser in den Feinporen von diesen Kräften so stark festgehalten, dass es von den Pflanzenwurzeln nicht aufgenommen werden kann. Deshalb wird es als Totwasser bezeichnet. In den Mittelporen befindet sich das pflanzenverfügbare Haft- oder Kapillarwasser, während sich in den Grobporen das Sickerwasser befindet. Hier sind die Poren so groß, dass das Wasser aus Niederschlägen oder Beregnung unmittelbar in tiefere Schichten versickert, bis es die führende Grundwasserschicht oder eine wasserundurchlässige Bodenschicht erreicht hat. Damit verbleibt im Querschnitt der Grobporen Luft, welche für die Wurzelatmung der Pflanzen, aber auch für die Mikroorganismen lebensnotwendig ist (Abb. 5).

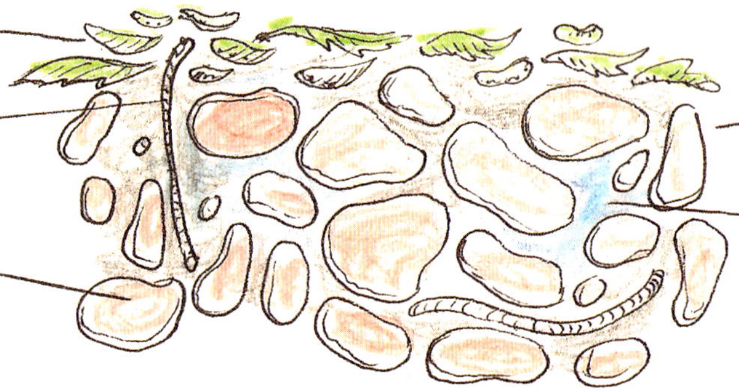

Abb. 5:
Die Zusammensetzung des Bodens

Die organischen Bodenbestandteile

Zu den organischen Bestandteilen des Bodens gehören alle tierischen (Bodenfauna) und pflanzlichen (Bodenflora) Lebewesen des Bodens und die abgestorbene organische Masse, die den Humusanteil des Bodens bildet. Zusammen werden sie als Edaphon bezeichnet. Bodenflora und Bodenfauna werden nach ihrer Größe in Mikro-, Meso- und Makroorganismen unterteilt (Tab. 5). Sie sind in der Lage, den Humus zu mineralisieren und somit einzelne Nährstoffe für die Pflanzen verfügbar zu machen. Außerdem können sie einzelne mineralische Bestandteile zu wertvollen Ton-Humus-Komplexen verkleben, wodurch ein günstiges Bodengefüge mit einem für das Pflanzenwachstum optimalen Wasser-, Luft- und Nährstoffhaushalt entsteht.

	Mikroorganismen (bis 100 µm)	Mesoorganismen (100 µm bis 2 mm)	Makroorganismen (über 2 mm)
Bodenflora	Bakterien, Pilze, Algen		
Bodenfauna	Protozoen, Nematoden	Milben, Springschwänze, Beintastler	Asseln, Flohkrebse, Regenwürmer, Käfer, Schnecken

Tab. 5: Beispiele für Bodenflora und -fauna

Die abgestorbene organische Masse, die aus Pflanzenresten (welke Blätter, Wurzelreste und Ähnliches) und aus Tieren (tote Mikroorganismen, Chitinreste usw.) besteht, heißt Humus. Sie wird in Rohhumus, Moder und Mull unterteilt. Mull entsteht bei günstigen Bedingungen für das Bodenleben. Er ist vollständig zersetzt und enthält pflanzenverfügbare Nährstoffe. Ein Teil des Mulls bildet den stabilen Dauerhumus, der zu Ton-Humus-Komplexen verknüpft wird. Wenn die Lebensbedingungen für die Mikroorganismen ungünstig sind, entsteht Moder, der nur unvollständig zersetzt und nicht mit tieferen Bodenschichten vermischt ist. Der Rohhumus ist eine unzersetzte Humusauflage auf der oberen Bodenschicht, die wegen des hohen Säureanteils des Bodens (niedriger pH-Wert) nicht durch die Mikroorganismen weiter mineralisiert und durchmischt werden kann. Er ist häufig als Streuschicht unter Nadelgehölzen oder auf Heideböden zu finden.

Merke:

Jeder Boden besteht in wechselnder mengenmäßiger Zusammensetzung aus festen, mineralischen Bestandteilen, den mit Luft oder Wasser gefüllten Poren und den organischen Bestandteilen. Die einzelnen Anteile bestimmen die Eigenschaften des Bodens, wobei die Eingriffe des Menschen durch Kulturverfahren ebenfalls Spuren hinterlassen.

Aufgaben:

1. Fassen Sie zusammen, aus welchen Bestandteilen der Boden besteht und was alles dazu gehört.
2. Erklären Sie, welchen Einfluss das Edaphon auf die Bodenentwicklung und das Pflanzenwachstum hat.
3. Auf einem Würfel mit der Kantenlänge 10 cm ($\approx$ 1 000 cm^3) tummeln sich mehr Lebewesen, als es Menschen auf der Erde gibt. Untersuchen Sie eine entsprechende Bodenprobe und versuchen Sie, mithilfe einer Lupe oder eines Mikroskops, die Anzahl der Individuen zu bestimmen.
4. Fertigen Sie sich Lernkarten an zu den Begriffen: Edaphon, Bodenbestandteile, Totwasser, Sickerwasser, Humus.

Lösen Sie im Arbeitsheft die Arbeitsblätter auf den Seiten 126, 129 und 130.

1.3 Die Eigenschaften der Bodenarten einordnen

Je nachdem, aus welchen mineralischen Bestandteilen der Boden entstanden ist, wie stark er schon der Verwitterung ausgesetzt war, wie es um seinen Luft- und Wasserhaushalt bestellt ist oder wie aktiv die Mikroorganismen im Boden sind, unterscheidet man die drei verschiedenen Bodenarten Sand, Lehm und Ton mit spezifischen Eigenschaften (Abb. 6). Tatsächlich können aber auch Mischformen aus den Bodenarten vorliegen, insbesondere, wenn der Mensch durch Anbau von Pflanzen auf die Zusammensetzung eingewirkt hat.

Abb. 6:
Sandboden, Lehmboden und Tonboden

Im Folgenden sind die Eigenschaften der Bodenarten tabellarisch aufgelistet (Tab. 6).

	Sand	Lehm	Ton
Wasserspeicherung	Geringe bis gar keine Fähigkeit der Wasserspeicherung wegen des hohen Anteils an Grobporen.	Gute Wasserspeicherung wegen des hohen Mittelporenanteils.	Durch den hohen Anteil an Feinporen ist Ton meist wassergesättigt (Totwasser). Staunässeneigung
Durchlüftung	Sehr gute Durchlüftung des Bodens durch die Grobporen.	Gute Durchlüftung durch den Anteil an Grobporen.	Da kaum Grobporen vorhanden sind, ist der Lufthaushalt schlecht.
Erwärmbarkeit	Leicht und schnell erwärmbar, kühlt allerdings auch schnell wieder aus.	Mäßig erwärmbar, kann die Wärme relativ gut speichern.	Sehr schwer erwärmbar, hält die gespeicherte Wärme extrem lange.
Nährstoffgehalt	Wegen des silikatreichen Ausgangsgesteins sind Nährstoffe kaum vorhanden.	Häufig sehr guter Nährstoffgehalt durch Mineralisierung durch das Edaphon.	Sehr hoher Nährstoffgehalt wegen des Ausgangsgesteins.
Nährstoffspeicherung	Geringe bis gar keine Speicherfähigkeit von Nährstoffen; Gefahr der Auswaschung.	Gute Nährstoffspeicherung durch Ton-Humus-Komplexe.	Sehr gute Nährstoffspeicherung, leider nur selten für Pflanzen verfügbar.
pH-Wert	niedrig	um pH-Wert 6	hoch, über 6,5
Durchwurzelbarkeit	Pflanzenwurzeln können den Boden gut durchdringen.	Schlechter durchwurzelbar als Sand, besser als Ton.	Schlecht bis gar nicht durchwurzelbar. Pflanzenwurzeln neigen zu Beinigkeit.

	Sand	Lehm	Ton
Bearbeit-barkeit	Leicht zu bearbeiten.	Mittelmäßig zu bearbeiten.	Sehr schwer zu bearbeiten.
Vegetations-technische Eignung	Für die meisten Pflanzenarten wegen der Wasser- und Nährstoffarmut nicht geeignet.	Hervorragende vegetationstechnische Eigenschaften.	Trotz des hohen Nährstoffgehaltes und hoher Wasser-speicherfähigkeit nicht für Pflanzen-wachstum geeignet.
Bautechnische Eignung	Wegen des hohen Wasserabflusses nicht frostgefährdet und deshalb sehr gut geeignet.	Lehm ist frostgefährdet und deshalb bautechnisch nicht geeignet.	Ton ist extrem frostgefährdet und deshalb bautechnisch nicht geeignet.

Tab. 6: Die Bodenarten und ihre Eigenschaften

Vertiefung: pH-Wert

Der pH-Wert ist ein Maß für den sauren oder basischen Charakter einer wässrigen Lösung. Er gibt die freien H^+-Ionen an, die im Boden vorhanden sind. Viele H^+-Ionen bedeuten, dass der Boden reich an Säure und saurem Reaktionspotenzial ist. Ist der Gehalt an H^+-Ionen gering, reagiert der Boden alkalisch oder basisch. Der pH-Wert unterteilt sich in Werte von 1 bis 14, wobei 1 extrem sauer, 6 schwach sauer, 7 neutral und über 9 extrem alkalisch bedeutet. Der pH-Wert berechnet sich als negativer dekadischer Logarithmus (= Zehnerlogarithmus) der Wasserstoffionen-Aktivität und ist eine dimensionslose Zahl.
Die meisten Kulturpflanzen benötigen einen pH-Wert von 5,5 bis 7. Pflanzen auf sauren Moor- oder Heidestandorten hingegen kommen mit einem pH-Wert von 3 bis 4,5 zurecht.

Gräbt man sich in die Tiefe des Bodens, sind häufig die verschiedenen Schichten an der Farbe oder der Konsistenz zu erkennen. Diese Schichten eines Bodens heißen Bodenprofil (Abb. 7). Grundsätzlich unterschiedet man drei Schichten: Die oberste Schicht, der A-Horizont, stellt die aktivste Bodenschicht dar. Hier befindet sich in der Regel der höchste Anteil an Humus, Bodenlebewesen und pflanzenverfügbaren Nährstoffen. Durch die Bodenaktivität ist der A-Horizont gut durchlüftet, verfügt über eine gewisse Wasserspeicherkapazität und kann überschüssiges Wasser über die Grobporen versickern lassen. Je nach Bodentyp kann der A-Horizont wenige Zentimeter, aber auch über einen Meter mächtig sein. Unter dem A-Horizont befindet sich der meist mächtigere B-Horizont. Die Bodenaktivität nimmt hier ab; das Gesteinsmaterial ist meist grobkörniger, da noch nicht vollständig verwittert und der Humusgehalt ist geringer. Pflanzenwurzeln dringen durchaus in diese Tiefen vor, um Wasser und Nährstoffe aufzunehmen. Der C-Horizont ist das noch unverwitterte Ausgangsgestein. Einen großen

Einfluss auf die Ausgestaltung der Horizonte haben neben dem bereits genannten Edaphon und dem Ausgangsgestein auch die klimatischen Bedingungen und die Eingriffe des Menschen.

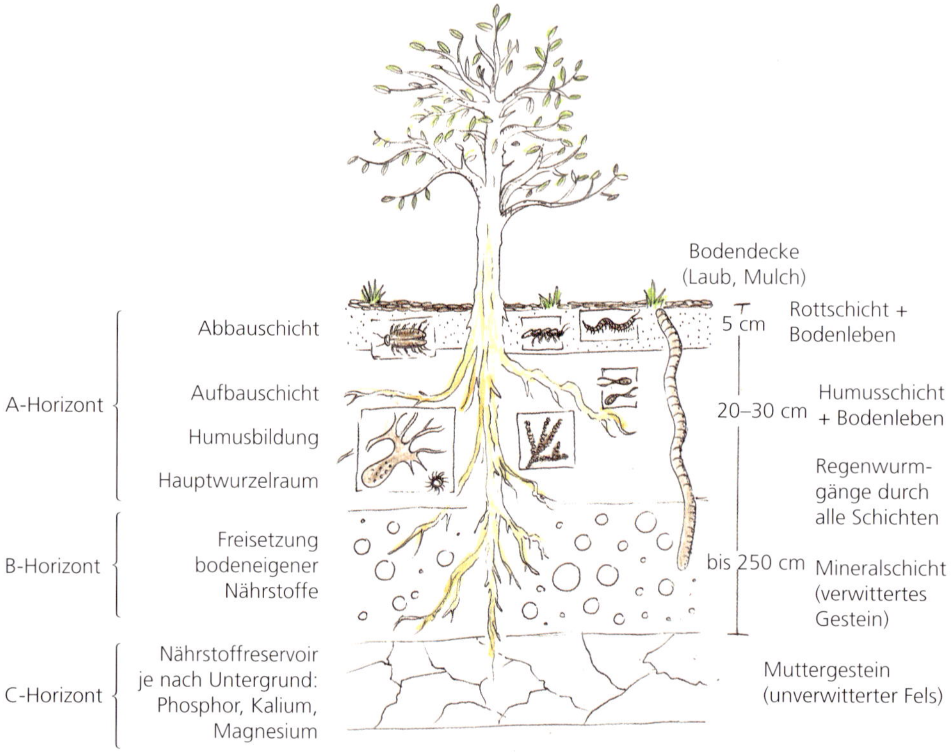

Abb. 7:
Beispiel eines Bodenprofils

Aufgaben:

1. Fertigen Sie zu den drei Bodenarten jeweils ein Übersichtsplakat an.
2. Warum sind Tonböden trotz der hohen Nährstoff- und Wasserspeicherfähigkeit für ein Pflanzenwachstum ungeeignet?
3. Welche Aussagen sind richtig, welche falsch?
   a) Der hohe Grobporenanteil im Sandboden sorgt für eine gute Durchlüftung.
   b) Durch die leichte Erwärmbarkeit des Sandbodens lässt sich die Vegetationsperiode verlängern.
   c) Durch die gute Erwärmbarkeit des Sandbodens sind Pflanzen in unseren Breiten darauf frostgefährdet.

d) Die hohe Wasserhaltekraft des Tonbodens ist verantwortlich dafür, dass Pflanzen dort unter Luftmangel leiden.
e) Ton ist gut formbar und deshalb leicht zu bearbeiten.
f) Die hohe Nährstoffspeicherfähigkeit des Tonbodens sorgt für eine Nährstoffüberversorgung der Pflanzen.
g) Lehm hat von allen Porengrößen einen ausgewogenen Anteil.
h) Hat sich Lehmboden erst einmal erwärmt, kann er kurzfristige Frosteinbrüche im Frühjahr oder Herbst für Pflanzen gut abfangen.
i) Die gute vegetationstechnische Eigenschaft des Lehms hat positive Auswirkungen auf seine bautechnischen Eigenschaften.

4. Recherchieren Sie im Internet über die verschiedenen Horizonte und deren Eigenschaften der Bodentypen Braunerde, Podsol, Gley und Tschernosem und stellen Sie Ihre Ergebnisse in einem Kurzreferat vor. Welcher Bodentyp herrscht in Ihrer Region vor und was ist das besondere an ihm?

Lösen Sie im Arbeitsheft die Arbeitsblätter auf den Seiten 126 bis 128.

1.4 Bodeneigenschaften verbessern

Soll der Boden trotz seiner vielleicht ungünstigen Eigenschaften für eine Pflanzenkultur oder als Garten genutzt werden, lassen sich diese durch geeignete Maßnahmen günstig beeinflussen. Um die richtigen Maßnahmen zu ergreifen, muss der Boden aber zuerst auf seine vorhandenen Eigenschaften hin überprüft werden. Dazu kann man eine Bodenprobe in ein anerkanntes Labor zur Analyse einschicken, eine Fingerprobe (siehe oben LG 4, Kap. 1.2) machen oder den vorhandenen Pflanzenwuchs analysieren, da viele Pflanzen nur unter besonderen Bedingungen wachsen. Solche Pflanzen nennt man Zeigerpflanzen, da sie bestimmte Bodeneigenschaften anzeigen können (Abb. 8).

Bodeneigenschaft	Zeigerpflanzen
Feucht	*Juncus spec.* (Binsenarten), *Cirsium oleraceum* (Kohldistel),*Equisetum arvense* (Acker-Schachtelhalm) a
Trocken	*Sanguisorba minor* (kleiner Wiesenknopf), *Sedum acre* (Scharfer Mauerpfeffer), *Carex arenaria* (Sandsegge) b
Verdichtet	*Ranunculus repens* (Kriechender Hahnenfuß), *Potentilla anserina* (Gänsefingerkraut), c, *Elymus repens* (Gemeine Quecke)
Stickstoffreich	*Urtica dioica* (Große Brennnessel), *Chenopodium album* (Melde) d, *Stellaria media* (Vogelmiere)
Nährstoffarm	*Thymus pulegoides* (Feldthymian), *Leucanthmum vulgare* (Magerwiesen-Margerite)

Bodeneigenschaft	Zeigerpflanzen
Niedriger pH-Wert	*Rumex acetosella* (Kleiner Sauerampfer), *Viola tricolor* (Wildes Stiefmütterchen) e, *Holcus lanatus* (Weiches Honiggras)
Hoher pH-Wert	*Anthyllis vulneraria* (Wundklee), *Tussilago farfara* (Huflattich), *Sinapsis arvensis* (Ackersenf)

Abb. 8:
Beispiele für Zeigerpflanzen (a, b, c, d, e)

Sandige Böden verbessern

Damit Pflanzen auf Sandböden besser gedeihen können, müssen die Wasserspeicherfähigkeit und die Nährstoffverfügbarkeit gesteigert werden. Mischt man fein vermahlenen Bentonit in Sandböden ein, werden diese beiden Eigenschaften deutlich verbessert. Bentonit ist ein Gestein, das aus einer Mischung verschiedener Tonmineralien besteht und als wichtigsten Bestandteil Montmorillonit (60 % bis 80 %) enthält, was seine starke Wasseraufnahme- und Quellfähigkeit erklärt. Weitere Begleitmineralien sind Quarz, Glimmer, Feldspat, Pyrit oder auch Calcit. Es entsteht natürlich durch Verwitterung aus vulkanischer Asche. Eine zusätzliche Beimischung organischer Substanz sorgt für eine verbesserte Bodenaktivität und damit für eine dauerhafte Steigerung der vegetationstechnischen Eigenschaften.

Tonböden verbessern

In Tonböden muss die Wasserabzugsfähigkeit und damit der Anteil an Grobporen gefördert werden. Durch das Beimischen von sandigen Materialien erhält der Boden eine körnigere Struktur und damit verbunden auch mehr Grobporen. Durch intensive Bodenbearbeitung wie umgraben oder pflügen werden verklumpte Bodenbestandteile in kleinere Fragmente aufgebrochen, was die Bodengare fördert. Nachteilig wirkt sich bei wendenden Bodenbearbeitungsmethoden aus, dass das intakte Bodenleben auf den Kopf gestellt wird. Mikroorganismen könnten dann abwandern. Ist in tieferen Tonbodenschichten Staunässe vorhanden, kann durch Tiefenlockerung mit einem Grubber

oder durch Drainieren Abhilfe geschaffen werden. In oberflächliche Schichten sollte durch regelmäßige Bodenlockerung die starke Verdunstung unterbrochen werden.
Bei stark vernässten, verschlämmten oder staunassen Böden kann durch eine Kalkgabe, Einmischen von Zement oder von Sand der Boden dauerhaft entwässert werden. Kalk führt auch dazu, dass ein niedriger pH-Wert im Boden angehoben wird. Ein weiteres Absenken des pH-Wertes ist nur bei Sonderkulturen wie Moorbeetpflanzen sinnvoll. Dabei sollte auf die Verwendung von Torf in jedem Fall verzichtet werden, da auf diese Weise andere Moorstandorte unwiederbringlich zerstört und die Umwelt mit einer enormen Menge an klimaschädlichen Gasen belastet wird.

Aufgaben:

1. Fertigen Sie sich Lernkarten zu den verschiedenen Bodeneigenschaften und den dazugehörenden Zeigerpflanzen an.
2. Wie lässt sich ein zu Staunässe neigender Boden verbessern, wie ein Boden mit niedrigem pH-Wert?
3. Gibt es Verbesserungsmöglichkeiten für zu schattige Böden? Machen Sie Vorschläge.
4. Der Rasen eines Kunden ist übersät mit kriechendem Hahnenfuß und Moos. Was raten Sie ihm, um diese Mängel zu beheben?

1.5 Erden und Substrate für Pflanzen nutzen

Für die Topfkulturen im Gewächshaus werden spezielle Erden verwendet. Gärtnerische Erden sind je nach Verwendungszweck angemischte Schüttstoffe aus Oberboden, Komposterde, Zuschlagstoffen wie Sand, Torf oder das Porenvolumen fördernden Kunststoffen oder auch Dünger. Wichtig dabei ist, dass man sich bei der Zusammensetzung an den Bedürfnissen der zu kultivierenden Pflanzen orientiert. Dementsprechend muss man über die Inhaltsstoffe mithilfe einer chemischen Analyse genau informiert sein. Dies gilt besonders bei der Verwendung von Komposterde. Um einer Verunkrautung vorzubeugen, sollte man diese auch dämpfen, um alle enthaltenen Unkrautsamen und Wurzelstücke abzutöten.

Abb. 9:
Laub kann zu Lauberde kompostiert werden

Gärtnerische Erden werden auch als Praxiserden bezeichnet und setzen sich aus Haupterden, Hilfserden und Zusatzerden zusammen. Haupterden machen dabei den Hauptbestandteil der Mischung aus. Je nachdem, woraus sie beschaffen ist, unterscheidet man hauptsächlich Lauberden (Abb. 9) von Mistbeeterde (Abb. 10) oder Nadelerde.
Lauberde entsteht aus kompostiertem Herbstlaub. Gerbsäurehaltiges Laub wie das von Pappel, Eiche, Birke, Walnuss oder Platane benötigt für eine gute Zersetzung eine

Durchmischung mit Kalk. Dennoch bleibt der pH-Wert dieser Praxiserde eher im sauren Bereich und eignet sich deshalb für Azaleen, Rhododendren und Beerensträucher. Soll Lauberde für die Kultur von Obst, Gemüse oder Kräuter verwendet werden, sollte darauf geachtet werden, dass das Laub nicht von Schadstoff belasteten Flächen oder von Straßenrändern stammt, damit diese nicht in die zu erntenden Kulturen übergehen.

Abb. 10:
Mist vor der Kompostierung zu Mistbeeterde

Mistbeeterden entstehen aus kompostiertem Mist von Pferden, Rindern, Schweinen oder Geflügel. Das Kot-Strohgemisch darf nicht zu flüssig sein, um das Versickern von Nitrat in tiefere Bodenschichten zu verhindern, und sollte für eine bessere Kompostierung mit Gartenerde vermischt werden. Misterden sind besonders nährstoffreich und eignen sich deshalb für stark zehrende Gemüse (z. B. Kohl), Rosen oder zur Verbesserung von mageren Böden.

Nadelerden haben heute kaum noch Bedeutung, da die Entnahme von Nadeln aus Wäldern aus ökologischen Gründen in Europa untersagt ist. Aus Nadelstreu kompostierte Erden haben einen besonders niedrigen pH-Wert und können als Torfersatz verwendet werden.

Den Haupterden werden je nach Bedarf Hilfserden in geringeren Mengenanteilen beigemischt. Sie entstehen ebenfalls aus Spezialkomposten (Tab. 7).

Rasenerde (Sodenkompost)	Kompost aus umgedrehten Rasensoden, besonders nährstoffreich für stark zehrende Pflanzen. Achtung: Wurzelunkräuter vor dem Kompostieren aussortieren.
Heideerde	Kompost aus krautigen Pflanzen von Heidestandorten (*Erica, Calluna, Juniperus*-Nadeln) mit einem niedrigen pH-Wert. Nicht von Naturstandorten entnehmen.
Moorerde	Kompost aus torfigen Moorsoden. Es gilt das Gleiche wie für Heideerde.

Tab. 7: Hilfserden

Zusatzerden oder Zuschlagstoffe sind mineralische Bodenbestandteile oder hergestellte Kunststoffe. Sie sollen die Luft- und Wasserkapazität verbessern oder das Gewicht der Erden minimieren. Eine Auswahl enthält Tab. 8.

Zusatzerde	Volumengewicht in g/l	Porenvolumen in Vol.-%	Wasserkapazität in Vol.-%	Luftkapazität in Vol.-%
Lehm	1200–1800	50	20	30
Sand	1200–1800	35–55	5–10	40

Zusatzerde	Volumengewicht in g/l	Porenvolumen in Vol.-%	Wasserkapazität in Vol.-%	Luftkapazität in Vol.-%
Steinwolle	140–150	94	30	64
Leca	50–120	95	20	75
Hygromull	3,5–4		50–70	
Hygropor	14			

Tab. 8: Zusatzerden und ihre Eigenschaften

Im Gegensatz zu Praxiserden unterscheiden sich Substrate dadurch, dass sie durch ihre industrielle Herstellung von immer gleichbleibender Qualität bestimmt sind. Man kann im Handel spezielle Substrate für jeden Bedarf erwerben, ohne die Inhaltsstoffe vorher erneut überprüfen zu müssen. Bei der Herstellung der Substrate spielt Hochmoortorf eine herausragende Bedeutung, jedoch sollte der Verbrauch von Torf aus ökologischen Gründen vermieden werden. Als Ersatz sind deshalb Fasersubstrate und Moorbeeterden (auf Rindenbasis) auf dem Markt. Fasersubstrate nutzen stark faserhaltige Substanzen wie Sägeholzreste oder Hackschnitzel, aber auch Kokosfasern oder andere faserhaltige Pflanzen als Ausgangsmaterial. Sie haben ein geringes Gewicht und eine ähnliche Luftkapazität wie Torf, können aber Wasser weniger gut speichern. Der pH-Wert liegt zwischen 5 und 6. Da die Fasern einen hohen Kohlenstoffanteil aufweisen, liegt das C/N-Verhältnis im ungünstigen Bereich (über 20:1) und muss deshalb mit zusätzlichen Stickstoffgaben verbessert werden.
Rindensubstrate bestehen aus zerkleinerten Rindenresten, besonders von Nadelgehölzen. Sie werden zu Moorbeeterden kompostiert oder für Sonderkulturen mit einigen Zuschlagsstoffen versehen (z. B. Orchideenerde).
Bekannte und häufig genutzte Substrate auf Torfbasis sind die Einheitserden und die Torfkultursubstrate. Eine Übersicht über deren Zusammensetzung bietet Tab. 9.

Einheitserde			Torfkultursubstrat		
Bezeichnung	Verwendung	Inhalt	Bezeichnung	Verwendung	Inhalt
Nullerde (EEO)	Für Aussaaten und Stecklinge, zum Topfen von Jungpflanzen und für Sonderkulturen	Torf, Ton, Kalk, pH-Wert: 5,5–6,5	**TKS 1**	Für Aussaaten und Kulturen mit geringem Nährstoffbedarf	Weißtorf, Kalk und Dünger (0,2–0,3 g/l)

Einheitserde			Torfkultursubstrat		
Bezeichnung	Verwendung	Inhalt	Bezeichnung	Verwendung	Inhalt
Vermehrungserde (EEVM)	Aussaat-, Stecklings- und Pikiererde. Für Kulturen mit geringem Nährstoffbedarf	Torf, Ton, Kalk, Styromull mit geringem Nährstoffgehalt von 1–1,5 g/l	**TKS 2**	Zum Pikieren und für Jungpflanzen mit hohem Nährstoffbedarf	Weißtorf, Kalk und Dünger (0,4–0,6 g/l)
Pikiererde (EEP)	Zum Pikieren und Topfen empfindlicher Kulturen. Gut geeignet für das Wintertopfen in Baumschulen	Torf, Ton, Kalk und Nährstoffe (1,5–2 g/l)	**TKS 3**	Für Sonderkulturen zum speziellen Aufdüngen	Weißtorf, Kalk und Spurenelemente. Weitere Nährsalze müssen gesondert zugeführt werden.
Topferde (EET)	Zum Topfen für stark zehrende Pflanzen	Torf, Ton, Kalk und Nährstoffe (2,5–3 g/l)			
Einheitserde (ED 73)	Für Kulturen mit langanhaltendem hohen Nährstoffbedarf	Torf, Ton, Kalk, schnell wirkender Dünger und Depotdünger. Nährstoffgehalt 2–2,5 g/l			

Tab. 9: Torfsubstrate und ihre Verwendung

Merke:

Ob selbstgemischte Erde oder zugekauftes Substrat: Aus ökologischen Gründen sollte auf die Verwendung von Torf oder die Entnahme von Materialien aus der Natur in jedem Fall verzichtet werden.

Aufgaben:

1. Welche Vor- und Nachteile haben Praxiserden?
2. Worin liegen die Vor- und Nachteile von Torfsubstraten?

3. Wie ist es zur Entwicklung von Faser- und Rindensubstraten gekommen?
4. Torf ist in der Lage, sowohl leichte als auch schwere Böden zu verbessern. Erklären Sie dieses Phänomen.

Lösen Sie im Arbeitsheft die Arbeitsblätter auf den Seiten 134 bis 138.

2. Wie die Nährstoffe auf die Pflanzen wirken

Wie jedes Lebewesen benötigen auch Pflanzen Nahrung, die sie in Form von Nährstoffen aus dem Boden aufnehmen. Die wichtigsten Nährstoffe, die Hauptnährstoffe oder Makroelemente, sind Stickstoff (N), Phosphor (P), Kalium (K), Magnesium (Mg), Calcium (Ca) und Schwefel (S). Sie steuern alle wichtigen Stoffwechselvorgänge der Pflanzen (Tab. 10). Daneben gibt es auch noch die Gruppe der Spurenelemente (Mikroelemente). Sie werden von den Pflanzen nur in geringen Mengen benötigt und sollten nur bei Bedarf, bzw. wenn Mangelerscheinungen festgestellt werden, zugeführt werden. Solche Spurennährstoffe sind Eisen (Fe), Mangan (Mn), Zink (Zn), Kupfer (Cu), Bor (B), Molybdän (Mo) und Chlor (Cl) (Tab. 11).

Stickstoff (N)	Fördert das vegetative Wachstum durch Bildung von Blattmasse und Trieben. Bestandteil des Chlorophylls, der Erbsubstanz DNS und anderen Eiweißen. Ein **Mangel** führt zu Blattvergilbungen (Chlorose) und Blattfall, Kümmerwuchs und einer Notblüte, zu spärlicher Fruchtbildung, verringerter Haltbarkeit und einer Kulturzeitverlängerung (Abb. 11). **N-Überschuss** verfärbt das Laub blau bis schwarzgrün, macht es weich und schwammig. Die Blüte verzögert sich, die Pflanze wird frost- und krankheitsanfällig, besonders für Pilze. In Gemüse und Obst können sich Nitrate anreichern.
Phosphor (P)	Wird im Kohlenhydrat- und Fettstoffwechsel benötigt, bei der Bildung von Nukleinsäuren (DNS), für den Energiestoffwechsel und für andere Stoffwechselreaktionen. Fördert die Blüten- und Fruchtbildung und ist im Boden am Bau der Krümelstruktur beteiligt. **P-Mangel** hemmt das Gesamtwachstum, reduziert Blüten-, Samen- und Fruchtbildung. Ein **Überschuss** äußert sich nicht im Pflanzenwachstum, jedoch wird dadurch Eisen in Form von $FePO_4$ im Boden festgelegt.
Kalium (K)	Maßgeblich am Wasserhaushalt der Pflanze beteiligt, sorgt für Frostresistenz im Zellsaft. Durch Beeinflussung des osmotischen Potenzials erhöht K den Turgordruck, was die Stabilität der Pflanze erhöht. Verantwortlich für viele Transport- und Stoffwechselvorgänge. **K-Mangel** führt zur Welketracht, zu Chlorosen und später zum Absterben des Laubs vom Rand (Nekrosen). **Zu viel K** im Boden erhöht dort den osmotischen Druck, sodass es zu Wurzelverbrennungen kommt. Eine Begleiterscheinung ist Ca- und Mg-Mangel.

Magnesium (Mg)	An der Bildung des Chlorophylls beteiligt und wird bei der Atmung der Pflanze benötigt. **Mangel** an Mg hemmt das Pflanzenwachstum und führt zu Blattchlorosen, wobei die Blattadern grün bleiben. Das Laub kann sich rot verfärben. **Mg-Überschuss** macht sich nicht besonders bemerkbar.
Calcium (Ca)	Ist an der Zellwandbildung, der Zellteilung und dem Wachstum der Pflanzenzelle beteiligt. Ca unterstützt die Stressresistenz der Pflanze und macht sie weniger anfällig gegenüber Schadorganismen. Im Boden wirkt es auf den pH-Wert, den Wasserhaushalt und die Bodenstruktur. Ein **Ca-Mangel** führt zu Schäden beim Wurzelwachstum, Blattrandnekrosen und Blattverformungen sowie braunen Flecken in und an Früchten. **Ca-Überschuss** legt Fe, Mn, Cu, Zn, Mg und K fest mit entsprechenden Mangelerscheinungen.
Schwefel (S)	Sorgt für den Eiweißaufbau und für den guten Geschmack aller *Allium*-Pflanzen. Ein **S-Mangel** hemmt die Eiweißbildung, während ein **S-Überschuss** sich nicht bemerkbar macht.

Tab. 10: Wirkungsweise der Makroelemente

Abb. 11:
Stickstoffmangel

Abb. 12:
Eisenmangel

Abb. 13:
Bormangel

Eisen (Fe)	Ist am Chlorophyll- und Eiweißaufbau beteiligt, für die Steuerung einiger Enzyme und der Fotosynthese verantwortlich. Ein **Mangel** führt zu gehemmtem Wachstum mit Blattchlorosen, wobei die Blattadern grün bleiben (Abb. 12). **Fe-Überschuss** sorgt insbesondere bei niedrigem pH-Wert für einen Mn-Mangel.
Mangan (Mn)	Hat die gleichen Aufgaben wie Eisen. Bei **Mn-Mangel** kommt es zu punktförmigen Chlorosen zwischen den Blattadern, während letztere grün bleiben. Ein **Überschuss** bewirkt Fe-Mangel, da beide Nährstoffe miteinander gekoppelt sind. Blattadern und Sprosse verfärben sich schwarzbraun bei Vergilbung der Blattspreiten.

Zink (Zn)	Verantwortlich bei der Chlorophyllbildung und steuert einige Enzyme. **Zn-Mangel** lässt junge Blätter chlorotisch werden. Durch verkürzte Internodien kommt es zu einem gehemmten Pflanzenwachstum. **Zu viel Zn** ist eher selten, kann aber zu Wurzelverbrennungen führen.
Kupfer (Cu)	Beteiligt am Chlorophyllaufbau, bei der Photosynthese und ist enzymatisch aktiv. **Mangel** an Cu verfärbt junge Blätter gelb bis weiß. **Cu-Überschuss** macht sich nicht besonders bemerkbar.
Bor (B)	Ist am Aufbau der Zellwände und der Blüten- und Fruchtbildung beteiligt. Ein **B-Mangel** führt zu Verkrüppelungen junger Blüten und Blätter (Abb. 13). **B-Überschuss** macht die Blattränder chlorotisch bis nekrotisch.
Molybdän (Mo)	Wird bei der Verarbeitung des aufgenommenen Stickstoffs benötigt. Ein **Mo-Mangel** führt zu Blattchlorosen und Nitratanreicherungen und stört das gesamte Wachstum, während ein **S-Überschuss** sich nicht bemerkbar macht.
Chlor (Cl)	Ist mitverantwortlich für das osmotische Potenzial, wird aber nur von salzverträglichen Kulturen wie Kohl oder Sellerie benötigt. Bei allen anderen Pflanzen kommt es zu Überschussreaktionen wie Chlorosen und Nekrosen; die Pflanzen leiden an Wassermangel. In der Regel ist eine Düngung mit Cl nicht notwendig.

Tab. 11: Wirkungsweise der Mikroelemente

Abb. 14: Justus von Liebig

Schon Aristoteles (384–322 v. Chr.) erkannte die Bedeutung der Nährstoffe für das Pflanzenwachstum, wobei er das Reservoir der Nährstoffe im Humus ausmachte. Insofern spielt Humus oder die Verteilung von Kompost auf Pflanzenkulturen auch heute noch eine wichtige Rolle der natürlichen Nachlieferung von Nährstoffen: Kein Nährstoff kann verbraucht werden oder verloren gehen; sind sie von der Pflanze aus dem Boden aufgenommen, werden sie in deren Lebensvorgänge eingebaut und beim Absterben durch die Zersetzung des organischen Materials wieder dem Boden und damit den nächsten Pflanzengenerationen zugeführt. Selbst ausgewaschenes Nitrat verbleibt im Grundwasser, wo es zwar für den Menschen negative Auswirkungen hat, aber von Pflanzen jederzeit wieder aufgenommen werden kann. Wichtige Zusammenhänge im Bereich der Pflanzernährung wurden von Justus von Liebig (1803–1873, Abb. 14) in seinem Gesetz vom Minimum entdeckt, in dem er beschrieb, dass das Pflanzenwachstum von demjenigen Wachstumsfaktor abhängig ist, der in der geringsten Menge vorhanden ist. Er prägte dafür eindrucksvoll das Bild der überlaufenden Minimumtonne (siehe auch Seite 73). Ein entstandener Mangel kann dabei nicht durch den Überschuss an einem anderen Wachstumsfaktor ausgeglichen werden. Pflanzen, die z. B. Mangelsymptome von Calcium und Magnesium zeigen, können durch eine entsprechende Düngung nicht in ihrem Wachstum gefördert werden, wenn der Fehler das überschüssige Vorkommen von Kalium ist. Es muss also genau das Nährstoffverhältnis analysiert werden, bevor Düngungsmaßnahmen eingeleitet werden. Erst wenn jeder Wachstumsfaktor in der Menge dem Bedarf der jeweiligen Pflanze entspricht, kann diese optimal gedeihen.

Ergänzt wurde die Aussage 1895 durch Georg Liebscher, der in seinem Optimumgesetz feststellte, dass der Einfluss des im Minimum befindlichen Wachstumsfaktors umso stärker wirkt, je mehr sich die übrigen Faktoren im Optimum befinden.

Die Bauernweisheit „Viel hilft viel" hat in der Pflanzenernährung jedoch keine Gültigkeit. Der Ertrag einer Pflanzenkultur ist nicht beliebig steigerbar, sondern endet mit dem genetisch bedingten Höchstertrag der jeweiligen Pflanze. Dadurch wird mit steigenden Düngergaben der Ertragszuwachs immer geringer, stagniert schließlich, um dann zum Abfall der Ertragsleistung zu führen (Abb. 15).

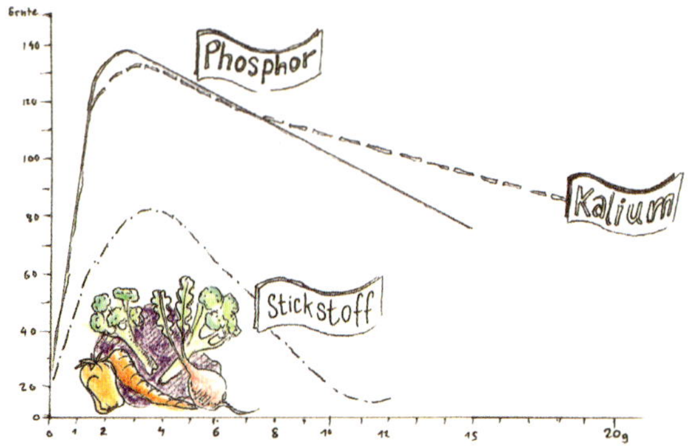

Abb. 15:
Gesetz vom abnehmenden Ertragszuwachs

Aufgaben:

1. Fertigen Sie sich Lernkarten zu den verschiedenen Nährstoffen an. Berücksichtigen Sie dabei auch die Mangel- und Überschusssymptome.
2. Kopieren Sie sich die Malvorlage aus Abb. 16 und zeichnen Sie die jeweiligen Mangel- und Überschusssymptome ein, soweit möglich.
3. Warum sollte nicht zu viel Phosphor gedüngt werden? Wie verhält es sich mit der Phosphorkonzentration im Boden Ihrer Region?
4. An der schleswig-holsteinischen Nordseeküste ist ein großes Kohlanbaugebiet. Warum gedeihen gerade dort diese Pflanzen so gut?
5. Welche Düngemittel kennen oder verwenden Sie im Betrieb? Welche Nährstoffe sind darin enthalten?
6. Recherchieren Sie zu den jeweiligen Mangelsymptomen die geeigneten Sofortmaßnahmen zum Beheben der Pflanzenschäden.
7. Fassen Sie die verschiedenen Gesetzmäßigkeiten der Pflanzenernährung in Merksätzen zusammen.

Abb. 16:
Vorlage Aufgabe 2

8. Fertigen Sie sich ein Pflanzenquartett an, wobei eine Karte mit einer Abbildung der Mangel- oder Überschusssymptome, eine mit dem Namen des Nährstoffs, eine Karte mit der Wirkungsweise und eine mit der Behebung des Mangelsymptoms jeweils ein Quartett bilden.

Lösen Sie im Arbeitsheft die Arbeitsblätter auf den Seiten 147 bis 153.

3. Pflanzen vermehren

Jedes Lebewesen ist in der Natur danach bestrebt, seine Art zu erhalten. Während Tiere und Menschen dazu nur durch geschlechtliche Fortpflanzung in der Lage sind, können Pflanzen sich auch vegetativ vermehren, d.h. aus Teilen der Altpflanzen neue Jungpflanzen bilden, die sich zu gesunden Pflanzen weiterentwickeln. Sowohl die generative als auch die vegetative Vermehrung der Pflanzen haben Vorteile, die sich der Gärtner zunutze machen kann. Grundsätzlich muss er aber beide Vermehrungsmethoden verstanden haben.

3.1 Pflanzen generativ vermehren

Die generative Vermehrung heißt auch geschlechtliche Vermehrung. Bei dieser Methode ist es erforderlich, dass der männliche Blütenstaub aus den Pollen auf die weibliche Narbe gelangt (Bestäubung) und es so zu einer Befruchtung der Samenanlagen kommt (siehe LG 2, Kapitel 3).

Vertiefung: Bestäubung von Samenpflanzen

Bei der Bestäubung von Samenpflanzen werden Selbstbestäuber von Fremdbestäubern unterschieden. Bei der Selbstbestäubung gelangt der Pollen der eigenen Blüte auf die gleiche Narbe, wobei nur das vorhandene Erbmaterial der eigenen Blüte eine Rolle spielt. Bei der Fremdbestäubung gelangt der Pollen einer anderen Blüte der gleichen Pflanzenart auf die weibliche Narbe, wodurch neues Erbmaterial durch die Befruchtung einfließt.

Der Vorteil in der generativen Vermehrung liegt im Austausch des genetischen Materials von beiden Elternteilen und der Möglichkeit, über neue Kombinationen von Erbfaktoren oder auch Mutationen neue Pflanzeneigenschaften entstehen zu lassen. Diese Tatsache wird in der Pflanzenzüchtung genutzt.
Alle Erbfaktoren für die kommende Pflanzengeneration sind im Samenkorn gespeichert. Wenn alle Keimfaktoren stimmen (Tab. 12), kann das Samenkorn aufquellen und eine Keimpflanze ausbilden, aus der sich dann zuerst eine Jungpflanze bilden kann, bevor sie das Erwachsenenstadium erreicht.

Keimfaktoren	Wirkungsweise
Wasser	Ermöglicht das Quellen des Samenkorns und ist das Startsignal für die Keimung. Ist der Quellvorgang erst in Gang gesetzt, darf kein Wassermangel herrschen, da sonst der Embryo wieder abstirbt.
Wärme	Für jede Pflanze existiert eine spezifische Keimtemperatur, die als Minimum gegeben sein muss. In Mitteleuropa keimen heimische Pflanzen oft bei Bodentemperaturen zwischen 6 und 10 °C, wie sie im Frühjahr nicht selten sind. Wärmebedürftigere Pflanzen sollten im Gewächshaus vorkultiviert werden.
Licht	Einige Samenkörner brauchen Licht (Lichtkeimer), andere Dunkelheit zum Keimen (Dunkelkeimer). Lichtkeimer, zu denen die meisten Gräser gehören, sollten deshalb nicht oder nur wenig mit Substrat bedeckt sein, während Dunkelkeimer mehrere Zentimeter tief im Substrat stecken.
Substrat	Geeignetes Substrat für Aussaaten ist feinkrümelig, nährstoffarm, gut durchlüftet und weist sowohl eine Wasserspeicherfähigkeit auf als auch eine gute Sickerfähigkeit.

Tab. 12: Keimfaktoren

Merke:

Alle Wachstumsfaktoren müssen bei der Keimung stimmen und dürfen nicht unterbrochen werden, damit aus dem Samenkorn erst ein Embryo, später eine Keimpflanze hervortreten kann. Als Faustregel gilt, dass so viel Substrat das Samenkorn abdecken muss, wie es dick ist. Kleine Samenkörner (z. B. Löwenmäulchen – *Antirrhinium majus*) brauchen weniger Abdeckung als große Körner (Sonnenblume – *Helianthus annuus*).

Aufgaben:

1. Erinnern Sie sich: Was bedeutet einhäusig, zweihäusig, zwittrig? Was ist eine epigäische, was eine hypogäische Keimung? Wie laufen Bestäubung und Befruchtung im Einzelnen ab?
2. Machen Sie einen Keimversuch. Legen Sie ein paar Erbsensamen in fünf verschiedene Petrischalen auf Watte. Eine Petrischale erhält alle Wachstumsfaktoren optimal. Eine Schale dunkeln Sie ab, eine weitere wird nicht gegossen, die dritte erhält keine Watte und die vierte stellen Sie in den Kühlschrank. Beobachten Sie, was nach einer Woche und was nach vierzehn Tagen mit den Erbsensamen geschieht und fertigen Sie ein Protokoll an.
3. Im Handel erhalten Sie Normalsaatgut, kalibriertes Saatgut, graduiertes Saatgut, pilliertes Saatgut und granuliertes Saatgut. Recherchieren Sie die Kennzeichen dieser Saatguttypen und beschreiben Sie Vor- und Nachteile.

4. Zu welchem Zweck wird Saatgut gebeizt?
5. Eine neue Saatgutsorte hat ein TKG von 5,2 g und eine Keimfähigkeit von 90 %. Wie viel Samenkörner brauchen Sie, um 4 500 Pflanzen sicher zum Keimen zu bringen? Wie viel g sind das?

3.2 Pflanzen vegetativ vermehren

Bei der vegetativen Vermehrung werden von der Mutterpflanze Pflanzenteile genommen (z. B. einzelne Blätter, Triebspitzen, Wurzelstücke), in geeignetes Vermehrungssubstrat gesteckt und auf diese Weise vermehrt. Dadurch sind auf einfache Weise Jungpflanzen zu kultivieren, die in allen sichtbaren und verdeckten Erbmerkmalen mit der Mutterpflanze identisch sind. Es werden also Klone erzeugt. Die Mutterpflanze sollte aber absolut gesund sein, da sich die Krankheiten sonst leicht auf die Jungpflanzen übertragen. Die Möglichkeiten der vegetativen Vermehrung sind vielfältig und die Ertragssicherheit der Methoden je nach Pflanze unterschiedlich. Beispielsweise lassen sich einige Stauden durch Teilung besser und leichter vermehren als durch Stecklinge. Einige Methoden werden bevorzugt vom Gärtner durchgeführt, andere beschränken sich auf die Vermehrung durch die Pflanze selbst. Einen Überblick über die Methoden gibt Tab. 14.

Bezeichnung	Genutzter Pflanzenteil	Beispiele
Abmoosen	Einkerben des Triebes am Stamm, Schnittstelle offen halten und mit feuchtem Moos umhüllen, nach der Bewurzelung abtrennen.	*Ficus* (Gummibaum) *Dieffenbachia* (Dieffenbachie) Gärtnerisch genutzte Methode
Absenker	Einjährige Triebe werden bogenförmig in die Erde gesenkt und nach der Bewurzelung abgetrennt.	*Cotoneaster* (Zwergmispel) *Corylus* (Haselnuss) Gärtnerisch genutzte Methode
Ausläufer	Oberirdische Triebe, an deren Ende eine Jungpflanze entsteht. Unterirdische Ausläufer für den Kartoffelanbau	*Fragaria* (Erdbeere) *Chlorophytum* (Grünlilie) *Nephrolepis* (Schwertfarn) Natürliche (nat.) und gärtnerisch (kult.) genutzte Methode.
Brutblätter	Kleine Blätter mit ersten Wurzeln bilden sich am Blattrand	*Kalanchoe*-Arten (Flammendes Käthchen) Nat.
Brutknollen	Bilden sich am Knollenboden.	*Gladiolus* (Gladiole) *Freesia* (Freesie) *Crocus* (Krokus) Nat.

Bezeichnung	Genutzter Pflanzenteil	Beispiele
Brutzwiebeln	Bilden sich am Zwiebelboden.	*Tulipa* (Tulpe) *Hyacinthus* (Hyazinthe) *Narcissus* (Narzisse) Nat.
Kindel	Jungpflanzen bilden sich direkt an der Basis der Mutterpflanze.	*Sansevieria* (Bogenhanf) *Aechmea* (Lanzenrosette) *Bryophyllum* (Brutblatt) Nat.
Rhizome	Verdickte Wurzelausläufer mit Knospen.	*Zantedeschia* (Kalla) *Convallaria* (Maiglöckchen) *Iris* (Iris) Nat.
Risslinge	Trieb- oder Wurzelstücke, die von der Mutterpflanze abgerissen und eingepflanzt werden.	*Taxus* (Eibe) *Juniperus* (Wacholder) *Ribes* (Johannisbeere) Kult.
Stecklinge	Ca. fingerlange Triebstücke mit Knospen für Wurzel- und Blattaustrieb. a. Blattstecklinge: einzelne Blätter b. Blattgliedstecklinge: Blattglieder c. Blattstückstecklinge: Blattteilstücke d. Kopfstecklinge: Triebspitzen e. Stammsteckling: Stammteilstück f. Teilsteckling: Triebmittelstücke	a. *Saintpaulia* (Usambaraveilchen) b. *Schlumbergera* (Weihnachtskaktus) c. *Begonia* (Begonie) d. *Pelargonium* (Geranie) e. *Brugmansia* (Engelstrompete) f. *Hedera* (Efeu) Kult.
Steckholz	Einjährige, blattlose Triebe mit mindestens zwei Knospen.	*Forsythia* (Forsythie) *Ligustrum* (Liguster) *Buddleja* (Sommerflieder) Kult.
Teilung	Die gesamte (krautige) Pflanze wird in mehrere komplett mit Wurzeln ausgestattete Teilstücke getrennt.	Gräser Stauden

Tab. 14: Methoden der vegetativen Vermehrung

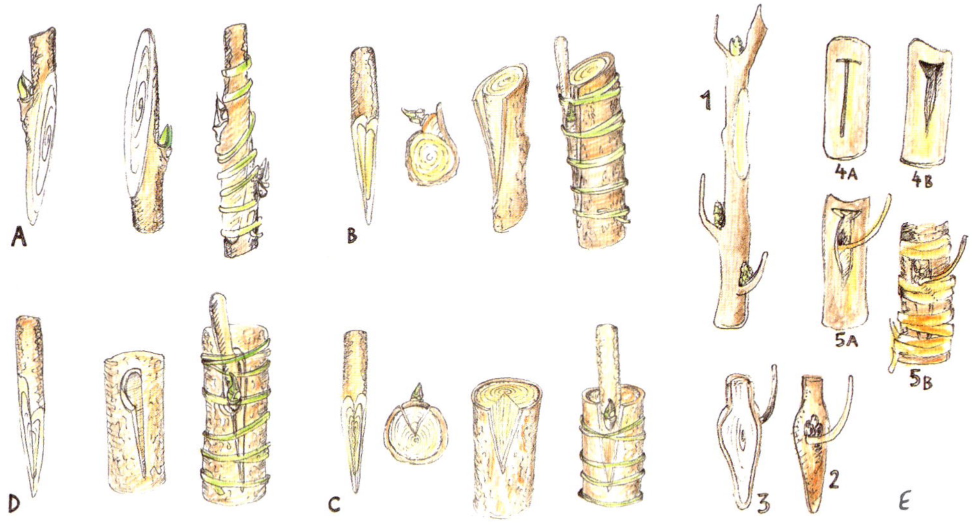

Abb. 21:
Formen der Veredelung (A Kopulation, B Rindenpfropfen, C Geißfußpfropfen, D Einspitzen, E Okulation)

Auch die Veredelung von Pflanzen, bei der Edelreiser der gewünschten Pflanze auf eine robuste, wildwachsende Unterlage (Stamm mit Wurzeln) gesetzt und bis zum Anwachsen fest verbunden wird, zählt zu den vegetativen Vermehrungsformen. Bei Obstgehölzen und Rosen kommt dieses Verfahren häufig zur Anwendung, aber auch andere Gehölze oder Kakteen werden so behandelt. Je nachdem, wie die Veredelung erfolgt, spricht man von Kopulation, Okulation, Pfropfen, Anplatten und Einspitzen. Bei allen Verfahren werden Knospen des Edelreisers mit der Schnittstelle an der Unterlage in direkten Kontakt gebracht, zusammengebunden und mit Wachs versiegelt, bis das Edelreis angewachsen ist (Knospe treibt neu aus) (Abb. 21).

Vertiefung: Meristemvermehrung

Die Vermehrung von Pflanzen über Meristemgewebe ist eine Form der pflanzlichen Gewebekultur durch Klonierung von pflanzlichen Zellen für bestimmte Zwecke unter In-vitro-Bedingungen. Das ist möglich, da sich jede Pflanzenzelle zu allen Pflanzenteilen (Wurzeln, Blätter, Sprossen etc.) entwickeln kann. Ziel ist dabei, aus einem Stück pflanzliches Gewebe eine vollständige und genetisch identische Pflanze (Klon) zu erzeugen. Dabei vermehren sich die Zellen des Gewebestücks in einer sterilen Umgebung auf einem Nährmedium unter Zugabe von Pflanzenhormonen und Licht und bilden Wurzeln und Blätter aus. Die pflanzliche Gewebekultur ist ein wichtiger Bestandteil in der Pflanzengesundheit und Schädlingsfreiheit von Pflanzen für deren Massenvermehrung, die sich entweder mit herkömmlichen Vermehrungsmethoden schwieriger (beispielsweise die meisten Vertreter der Orchideen) oder aber mittels der pflanzlichen Gewebekultur in großen Mengen ökonomischer vermehren lassen (beispielsweise Usambaraveilchen). Bei vielen Pflanzenarten ist die pflanzliche Gewebekultur die einzige Möglichkeit, pathogenfreie (frei von Viren und Bakterien) Jungpflanzen zu erzeugen. Ein weiteres Einsatzfeld liegt in der Pflanzenzüchtung, wobei es hier Überschneidungen mit der pflanzlichen Einzelzellkultur geben kann.

Aufgaben:

1. Welche Vorteile bietet die vegetative Vermehrung?
2. Nennen Sie jeweils zwei Beispiele für Pflanzen, die sich durch folgende Methoden gut vermehren lassen: Kopfstecklinge, Steckhölzer, Blattgliedstecklinge, Kopulation, Teilung.
3. Beschreiben Sie die Arbeitsweise der Stammstecklingsvermehrung in den einzelnen Arbeitsschritten.
4. Stellen Sie die generative der vegetativen Vermehrung mit den jeweiligen Vor- und Nachteilen gegenüber. Kopieren Sie sich dazu die unten abgebildete Grafik.

Vegetative Vermehrung		Generative Vermehrung
Genutzte Pflanzenteile	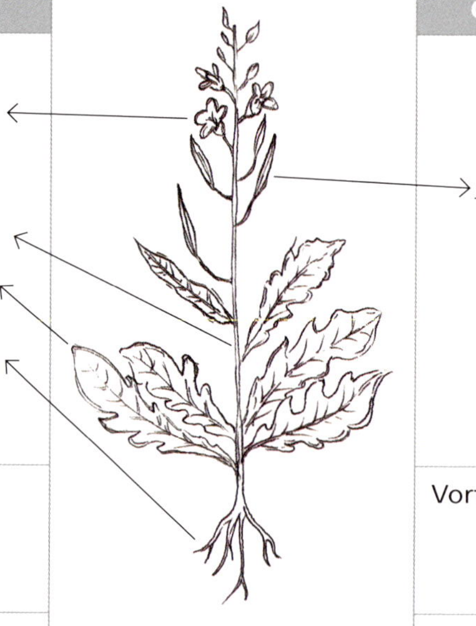	Genutzte Pflanzenteile
Vorteile:		Vorteile:
Nachteile:		Nachteile:

Lösen Sie im Arbeitsheft die Arbeitsblätter auf den Seiten 119 bis 122.

LG 4 Fachstufe 1 – Umweltbewusste Kulturführung, Pflege, Baumassnahmen

Svea ist entsetzt: Die ganze Kultur *Papaver orientale*, die sie in den letzten Wochen im Betrieb kultiviert hat, ist bedeckt von schwarzen, kleinen Tierchen, die alle Pflanzen in ganzen Kolonien bevölkern. Die Blütenblätter hat die Pflanzen schon abgeworfen, an etlichen Stängeln tritt weißer Pflanzensaft aus und auch das Laub ist bedeckt von klebrigem Pflanzensaft. Was ist nur geschehen? Die Antwort kommt prompt von ihrem Mit-Azubi Ole: „Tja, das ist einwandfrei die schwarze Blattlaus, die sich hier eingenistet hat. Diese Insekten stechen die Pflanzen an und saugen den Pflanzensaft aus. Deshalb werden die Blätter gelb und fallen schließlich ganz ab. Zu allem Überfluss sondern sie den überschüssigen zuckrigen Pflanzensaft ab, der alles verklebt und Pilze anlockt. Da hilft jetzt wohl nur noch die Chemiekeule. Wir hätten schon vorher auf die Setzlinge achten und vermehrt Nützlinge aussetzen sollen.“ Ole ist bereits im dritten Lehrjahr und weiß schon eine Menge über Pflanzenschädlinge und Pflanzenschutz. „Wusstest du, dass es einen Zusammenhang zwischen Kulturfehlern und Pflanzenkrankheiten gibt, Svea? Komm mal mit, ich erkläre dir alles genauer. Dann kannst du nächste Woche in der Berufsschule ordentlich glänzen.“

4. Pflanzen ernähren

Bereits in Kapitel 2 wurden die Haupt- und Spurennährstoffe, die für die Pflanzen lebensnotwendig sind, erläutert. In diesem Kapitel soll es nun darum gehen, wie dieses Wissen sinnvoll in der Berufspraxis genutzt werden kann. Der Gärtner spricht von gezielter Pflanzenernährung.

4.1 Düngemittel und Düngeverfahren beschreiben

Die Pflanzen entziehen dem Boden Nährstoffe über ihr Wurzelsystem. Schon in den Anfängen des Ackerbaus erkannte man, dass dieser Entzug zu einer Bodenermüdung führt, die die Pflanzen langfristig betrachtet kümmern lassen. Deshalb hatte man Brache-Jahre eingeführt, damit sich der Boden erholen kann. Erst im 19. Jahrhundert erkannte Justus von Liebig, dass durch die Zufuhr von künstlichem Dünger die Pflanzenproduktion erhöht werden kann, ohne eine Brache durchzuführen. Jedoch sind die verschiedenen Methoden der Pflanzenernährung nicht in allen Fällen für jeden Boden und jede Pflanze gleich gut geeignet. Alle Maßnahmen sind abhängig von

- der Speicherkapazität des Bodens für die zugeführten Nährstoffe,
- den Möglichkeiten des Bodens, diese Nährstoffe an die Pflanze abzugeben,
- der Fähigkeit der Pflanze, die Nährstoffe aufzunehmen.

Vertiefung: Die Nährstoffaufnahme

Nährstoffe werden von den Pflanzen in Form von negativ geladenen Teilchen, den Anionen, und von positiv geladenen Teilchen, den Kationen, aufgenommen. Zu den Kationen zählen Kalium (K^+), Calcium (Ca^{2+}), Magnesium (Mg^{2+}), Ammonium (NH_4^+), Eisen (Fe^{2+}), Mangan (Mn^{2+}), Zink (Zn^{2+}) und Kupfer (Cu^{2+}). Die Aufnahme gelingt der Pflanze allerdings nur, wenn sie dafür Hydronium (H_3O^+) oder Wasserstoffionen (H^+) als Tauschpartner abgibt. Hydronium und Wasserstoffionen entstehen bei der Spaltung von Wasser (Abb. 22). Wie bei einem Magneten ziehen sich die positiv geladenen Kationen und negative geladene Ton- oder Humusteilchen des Bodens (Bodenkolloide) an, d.h., sie gehen eine Bindung ein (Abb. 23).
Die Nährstoffanionen können nicht von den Bodenkolloiden gebunden werden, da sie die gleiche negative Ladung haben. Ihnen droht die Auswaschung in für die Pflanzenwurzel unerreichbare tiefere Bodenschichten oder gar ins Grundwasser. Zu diesen Anionen gehören die Nährstoffe Nitrat (NO_3^-), Phosphat in Form von HPO_4^- oder $H_2PO_4^-$, Sulfat (SO_4^-), Borat (BO_3^-), Molybdat (MoO_4^{2-}) und Chlorid (Cl^-). Sie werden gegen Hydroxid (OH^-) oder Hydrogencarbonat (HCO_3^-) ausgetauscht.
Teilchen mit hoher Ladungsstärke sind besonders fest gebunden, sodass diese Bindung nicht so leicht von der Pflanze gelöst werden kann. Sie verdrängen dann die Teilchen mit geringerer Ladungsstärke. Für die Pflanze bedeutet das, dass diese Nährelemente trotz Vorhandensein nicht aufgenommen werden können, wodurch es zu Mangelsymptomen kommen kann. Andere Nährelemente unterstützen durch ihr Vorhandensein

die Pflanzenverfügbarkeit. Der Gärtner spricht vom Antagonismus bzw. Synergismus (Tab. 15).

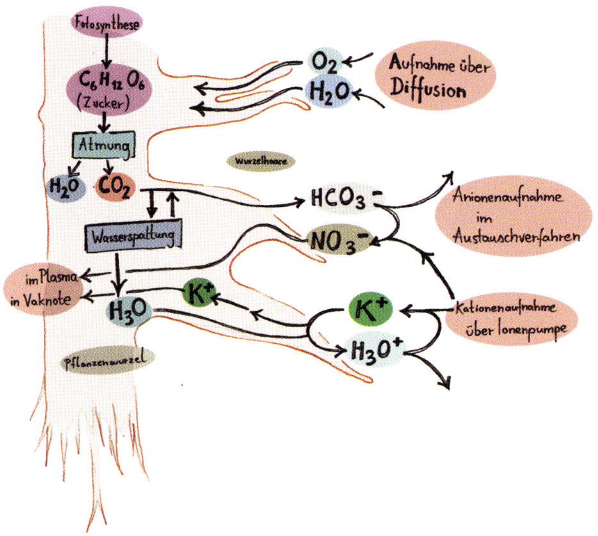

Abb. 22: Die Nährstoffaufnahme

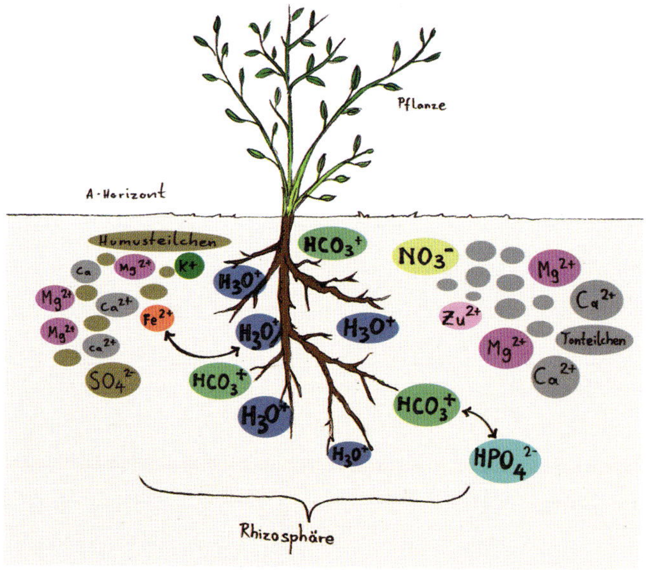

Abb. 23: Nährstoffbindung und Bodenkolloide

Antagonismus (hemmende Wirkung)		Synergismus (unterstützende Wirkung)	
K^+	Ca^{2+}, Mg^{2+}, NH_4^+	Ca^{2+}	HPO_4^{2-}, $H_2PO_4^-$
Ca^{2+}	Mg^{2+}	Mg^{2+}	NO_3^-
Fe^{2+}	Mn^{2+}, Cu^{2+}	Cu^{2+}	BO_3^-, MoO_4^{2-}
Cu^{2+}	Zn^{2+}		

Tab. 15: Antagonismus und Synergismus

Bei den Düngerarten unterscheidet man mineralischen von organischem Dünger. Mineralische oder anorganische Dünger bestehen in der Regel aus einzelnen wasserlöslichen Mineralsalzen. Sie können von der Pflanze relativ schnell aufgenommen, allerdings bei Sättigung auch schnell ausgewaschen werden. Mehrnährstoffdünger oder NPK-Dünger enthalten eine Kombination der Hauptnährstoffe in wasserlöslicher Form (Tab. 16). Mineraldünger werden häufig für eine Kopfdüngung verwendet oder kommen gezielt als Gegenmaßnahme bei Mangelerscheinungen zum Einsatz.

Nährstoff	Handelsname	Form	Nährstoff-gehalt	Ausbringung
Stickstoff	Schwefelsaures Ammoniak	$(NH_4^+)_2SO_4^{2-}$ Ammoniumsulfat	21 %	Zum Streuen oder mit dem Gießwasser
	Kalkammonsalpeter	$NH_4^+NO_3^-$ Ammoniumnitrat Ca_2 Calcium- CO_3^{2-} carbonat	27,5 %	
	Harnstoff	$CO(NH_2)_2$	46 %	Zum Streuen oder als Blattdünger
	Kalkstickstoff	CaNCN und CaO Calciumcyanid Calciumoxid	22 %	Zum Streuen
Phosphor	Superphosphat	P_2O_5	18 %	Zum Streuen oder mit dem Gießwasser
	Thomasphosphat		15 %	Zum Streuen oder säurelöslich
	Hyperphos		29 %	
	Novaphos		23 %	40 % wasserlöslich, 60 % säurelöslich

Nährstoff	Handelsname	Form	Nährstoffgehalt	Ausbringung
Kalium	50er Kali	$KCl (K_2O)$	50 %	Zum Streuen oder mit dem Gießwasser
	Schwefelsaures Kali	K_2SO_4	50 %	
	Kalimagnesia (Patentkali)	K_2SO_4 $MgSO_4$	30 % 10 % MgO	
Magnesium	Kieserit	$MgSO_4$ (MgO)	28 %	Zum Streuen oder als Blattdünger
	Bittersalz		16 %	
NPK-Dünger	Flory 3 Grün	15 % N, 5 % P_2O_5, 25 % K_2O, 2 % MgO Cl arm & Spurenelemente		Zum Streuen oder mit dem Gießwasser
	HaKaPhos blau	20 % N, 5 % P_2O_5, 10 % K_2O, 2 % MgO + S, Cl arm & Spurenelemente		
	Manna LIN Special	24 % N, 5 % P_2O_5, 11 % K_2O, 3 % MgO Spurenelemente		
NP-Dünger	Flory 5 NP	12 % N, 60 % P_2O_5		
	Nitrophos	26 % N, 14 % P_2O_5		
	Radigen R	25 % N, 7,5 % P_2O_5 Spurenelemente		
NK-Dünger	Flaranid NK	14 % N, 19 % K_2O, 3 % MgO + S, Cl arm		
	HaKaPhos gelb	20 % N, 16 % K_2O, 1 % MgO, 23 % S Cl arm & Spurenelemente		
	Nitroka plus	20 % N, 18 % K_2O, 6 % MgO, 6 % S Cl arm		

Tab. 16: Mineraldünger im Überblick

Die Mehrnährstoffdünger können auch als Depotdünger angeboten werden (Tab. 17). Sie gehen im Boden nicht sofort, sondern verzögert in Lösung und entwickeln somit eine Langzeitwirkung. Depotdünger werden deshalb weniger ausgewaschen und eignen sich als Grunddüngung zu Beginn der Vegetationsperiode. Dabei handelt es sich um einen Mehrnährstoffdünger, der von einer Ummantelung umgeben ist, die die Mineralien nur stückweise freisetzt.

Handelsname	Hauptnährstoffe	Spurennährstoffe
Basacote 6	14 % N, 10 % P_2O_5, 13 % K_2O, 2 % MgO + S, Cl arm	
Floranid permanent	15 % N, 9 % P_2O_5, 15 % K_2O, 2 % MgO + S	Fe, B, Mn, Zn, Cu
Nitrophoska stabil	12 % N, 8 % P_2O_5, 17 % K_2O, 2 % MgO 7 % S	
Osmocote plus	16 % N, 8 % P_2O_5, 11 % K_2O, 2 % MgO + S	Fe, Mn, Cu, B, Mo, Zn
Plantacote plus	14 % N, 9 % P_2O_5, 15 % K_2O, 2 % MgO Cl arm	Fe, Mn, B, Cu, Mo, Zn

Tab. 17: Depotdünger

Spurennährstoffe werden für die Pflanzenernährung als Mineraldünger angeboten. Sie brauchen nicht in jedem Fall eingesetzt zu werden, sondern nur, wenn Mangelsymptome zu beobachten sind oder diese Spurenelemente zur Grundversorgung gehören, aber nicht mit der Grunddüngung abgedeckt werden können (Tab. 18).

Spurennährstoff	Handelsname	Nährstoffgehalt	Bemerkungen
Eisen	Fetrilon	13 % Fe	Bei pH-Wert < 6 direkt an die Wurzel, keine Blattdüngung
	Wuxal Eisen plus	5 % Fe	Auch als Blattdüngung
Mangan	Mangansulfat	30 % Mn	
	Folicin Mn-Pulver	13 % Mn	
Bor	Folicin B-flüssig	11 % B	Als wasserlösliches Bor mit 15 Vol.%
	Borax	11 % B	$Na_2B_4O_7$ mit 10 H_2O
Zink	Zinksulfat	23–36 % Zn	
	Combilignat	5 % Zn	
Kupfer	Kupfersulfat	25 % Cu	Als $CuSO_4$
	Excello Kupfer	2,5 % Cu	Mit Depotwirkung

Spurennährstoff	Handelsname	Nährstoffgehalt	Bemerkungen
Molybdän	Natriummolybdat	39 % Mo	Mit Na
	Molytrac 250 flüssig	15,5 % Mo	250 g/l Mo
Mehrnährstoff-dünger	Radigen Pulver	5 % MgO, 2 % Fe, 1,5 % Cu, 1 % Mn, 0,8 % Mo, 0,6 % B, 0,5 % Zn	Mit Depotwirkung
	Manna Lin Micro	2 % Fe, 1,5 % Cu, 1 % Mn, 0,5 % Mo, 0,5 % B, 0,5 % Zn	
	Flory 10	10 % MgO, 3,5 % Fe, 2 % Cu, 0,5 % Mn, 0,8 % Mo, 0,5 % B, 0,3 % Zn	

Tab. 18: Spurennährstoffdünger

Merke:

Als Mineraldünger werden die Düngemittel bezeichnet, die oft wasserlöslich und schnell wirksam sind. Sie können als Grunddüngung oder als Gegenmaßnahme bei Mangelsymptomen eingesetzt werden. Wenn sie eine Langzeitwirkung haben, sind sie als Depotdünger im Handel erhältlich. Werden mehrere Nährstoffe in einem Präparat kombiniert, spricht man von Mehrnährstoff- oder Volldüngern.

Abb. 24: Mineraldünger

Im Gegensatz zu den Mineraldüngern (Abb. 24) umfasst der Begriff „Organischer Dünger" alle Düngemittel, die aus tierischen oder pflanzlichen Abfallprodukten hergestellt werden. Sie sind häufig nicht schnell löslich, sondern müssen, um pflanzenverfügbar zu sein, von Bodenlebewesen umgewandelt werden (Mineralisierung). Auf diese Weise erhöht sich mit den organischen Düngern nicht nur das Nährstoffangebot für die Pflanzen, sondern durch die erhöhte Bodenaktivität verbessert sich auch die Bodenstruktur. Da die Mikroorganismen aber erst ab einer bestimmten Temperatur aktiv werden, sollte außerhalb der Vegetationsperiode nicht gedüngt werden, um Auswaschungen oder Festlegungen zu vermeiden. Wegen der schwankenden Nährstofffreisetzung eignen sich organische Dünger für eine Grundversorgung der Kulturen für die gesamte Vegetationsperiode. Das bedeutet aber auch, dass gelegentlich mit mineralischen Düngern Defizite ausgeglichen werden müssen.

Merke:

Gülle ist ein organischer Dünger, jedoch liegt hierin meist in Wasser verdünnter Harnstoff vor. Harnstoff ist ein schnell wirkender Dünger, der auch als Mineraldünger erhältlich ist.

Zu den organischen Düngern gehören Stallmist und Gülle, Gärreste aus der Biogaserzeugung, Kompost, Tierhorn und Haare, Fisch- oder Blutmehl (Tab. 19).

Düngerart	Dünger (Handelsname)	Nährstoffgehalt	Bemerkungen
Rein organische Dünger	Rindermist	0,5 % N, 1,4 % P, 0,5 % K, 0,1 % Ca, 0,05 % Mg	Zusätzlich sind Spurenelemente enthalten. Bei der Ausbringung Düngemittelverordnung beachten!
	Schweinemist	0,8 % N, 3,4 % P, 0,5 % K, 0,1 % Ca, 0,05 % Mg	
	Hühnermist	2,5 % N, 9 % P, 15 % K, 20 % Ca, 1,5 % Mg	
	Grünkompost	0,5 % N, 0,2 % P, 0,5 % K	Geringe Salzbelastung 0,05–0,1 %
	Mischkompost	0,5 % N, 0,2 % P, 0,8 % K	Salzbelastung 0,1–0,2 %
	Optimaler Kompost	0,7 % N, 0,2 % P, 1 % K	Geringe Salzbelastung 0,05–0,1 % bei pH 6,5
	Echter Guano	6 % N, 12 % P_2O_5, 2 % K_2O, 3 % MgO, +CaO	
	Blutmehl	13 % N	
	Hornmehl	14 % N	
	Knochenmehl	5 % n, 20 % P_2O_5	
	Oscorna Animalin	6 % N, 9 % P_2O_5, 1 % K_2O, + MgO, + CaO, + S	B, Co, Fl, Cu, Mn, Mo, und andere

Düngerart	Dünger (Handelsname)	Nährstoffgehalt	Bemerkungen
Organisch-mineralische Dünger	Rindergülle	0,4 % N, 0,1 % P, 0,4 % K, 0,04 % Mg	Bei der Ausbringung Düngemittelverordnung beachten!
	Schweinegülle	0,6 % N, 0,2 % P, 0,2 % K, 0,05 % Mg	
	Hühnergülle	1 % N, 0,5 % P, 0,4 % K, 1 % Mg	
	Biotrissol flüssig	7 % N, 4 % P_2O_5, 4 % K_2O, 0,4 % MgO,	Fe
	Hornosca spezial	8 % N, 7 % P_2O_5, 10 % K_2O, 1,5 % MgO,	B, Mn, Cu, Zn
	Manna spezial	7 % N, 5 % P_2O_5, 9 % K_2O, 1 % MgO,	B, Mn, Zn, Cu, Co, Mo, Fe
	Orgamin	10 % N, 5 % P_2O_5, 5 % K_2O, 2 % MgO, +CaO	

Tab. 19: Organische Dünger

4.2 Zusammenhang zwischen pH-Wert und Kalkung erkennen

Eine Kalkgabe liefert den Pflanzen nicht nur das für den Aufbau der Zellwand benötigte Calcium, sondern wirkt darüber hinaus auf den pH-Wert (siehe auch LG 4, Kap. 1.3, Vertiefung: pH-Wert). Das heißt, eine Kalkung hebt den pH-Wert an und ermöglicht es kalkliebenden Pflanzen somit, auf diesem Boden zu wachsen. Außerdem aktiviert ein erhöhter pH-Wert das Bodenleben, sodass die Nährstoffe von der Pflanze besser aufgenommen werden können. Auch wirkt Kalk positiv auf vernässte Böden: Kalk hat die Eigenschaft, Wasser zu binden und dadurch die Krümelstruktur zu fördern. Tab. 21 gibt Beispiele für einige typische Kalkdünger.

Dünger (Handelsname)	Nährstoffgehalt	Sonstiges
Algenkalk (granuliert)	70 % $CaCO_3$, 6 % $MgCO_3$	+ Spurenelemente
Branntkalk	65–95 % CaO	Aus Kalkgesteinen, fein vermahlen
Dolomitkalk	55 % $CaCO_3$, 35 % $MgCO_3$	
Kohlensaurer Kalk	75–95 % $CaCO_3$, + Mg	
Löschkalk	80–95 % $Ca(OH)_2$, + Mg	
Peiner Thomaskalk	50 % CaO, 3 % MgO	12 % SiO_2, 8 % P_2O_5, + Spurenelemente

Tab. 21: Kalkdünger

4.3 Umweltschäden durch unsachgemäßen Düngereinsatz vermeiden

Wie jeder Handgriff, den der Mensch ausführt, hat auch die Düngung Einfluss auf die Umwelt. Die Einflüsse der Düngung auf Boden, Wasser und Luft sind sowohl positiv als auch negativ zu bewerten. Die Düngung wirkt weder stets nur positiv, noch ist sie an allen diesbezüglichen Umweltschäden schuld. Aus diesem Grund müssen die Einflüsse von Düngung auf die Umwelt gegeneinander abgewogen werden.

Einflüsse auf den Boden
Die Düngemittel haben vielfach Einfluss auf den Boden. Das Ziel des Einsatzes von Boden- und Pflanzendünger ist die Verbesserung des Bodens für die pflanzliche Produktion. Nachteil der Düngung ist es, dass viele Düngemittel zur Versauerung des Bodens beitragen, worin meist eine Verschlechterung des Bodens gesehen wird. Das Ausmaß der Versauerung ist bei den im Handel erhältlichen Düngern jedoch jeweils angegeben. Der Absenkung des pH-Wertes im Boden muss langfristig entgegengewirkt werden, bevor sie für die Nährstoffdynamik des Bodens und für die Bodenlebewesen ein nachteiliges Ausmaß annimmt. Wenn die durch die Düngung hervorgerufene Bodenversauerung nur vorübergehend ist, kann sie sogar außerordentlich nützlich sein. Die Säureschäden sind jedoch leicht vermeidbar und sollten deshalb nicht als nachteiliger Einfluss gesehen werden.
Viele Dünger sollen die Struktur des Bodens fördern und verbessern, einige verschlechtern sie jedoch auch. Vor allem die Düngung mit erhöhtem Natriumgehalt kann sich negativ auswirken. Sie bewirkt eine Versalzung des Bodens, was wiederum zu Pflanzenschäden in Form von Wurzelverbrennungen bis hin zum Absterben der feinen Haarwurzeln oder zu Plasmolyseschäden führt. Viele Schäden, die durch falsche Düngerwahl oder überhöhte Nährstoffausbringung entstehen, lassen sich nur zum Teil beheben. Besser ist es, den tatsächlichen Nährstoffbedarf über eine Boden- oder Pflanzenanalyse festzustellen.
Bei unkontrolliertem hohen Einsatz bestimmter Dünger können sich toxische Stoffe im Boden anreichern. Dies ist vor allem bei Schwermetallen der Fall. Bei einer üblichen Düngung ist der Gehalt an Schwermetallen zwar sehr gering und schadet dem Boden nicht, bei manchen Intensivdüngungen kann es jedoch tatsächlich zu einer unerwünschten Anreicherung kommen. Ein Beispiel hierfür ist die erhöhte Zufuhr von Schwermetallen durch Dünger aus Siedlungsabfällen (Komposte, Klärschlamm). Es ist sinnvoll, den bereits natürlich im Boden vorkommenden Gesamtgehalt als Richtmaß zu nutzen.
Auch auf die Bodenlebewesen hat die Düngung vielfältigen Einfluss. Mineraldüngern wird ein „unbiologischer" Einfluss angelastet, weil die allgemeine Annahme vorherrscht, dass sie den Boden und die Lebewesen darin schädigen. Wahrscheinlich ist, dass die Bodenlebewesen unter Versauerung und Strukturschädigung leiden. Auf sehr stark gedüngten Feldern findet man beispielsweise oftmals weniger Regenwürmer als auf schwächer gedüngten. Da die Zusammenhänge sehr komplex sind, lassen sich auch Gegenbeispiele anführen, in denen das Bodenleben infolge reichlicher Mineraldüngung aktiviert wurde. Organische und mineralische Dünger haben einen enormen Einfluss auf die Menge und die Zusammensetzung der Bodenlebewesen. Generell ist die Gesamtaktivität des Bodenlebens bei höherer Bodenfruchtbarkeit größer.

Einflüsse auf das Wasser

Küstenlinie 1960 Küstenlinie 2010

Abb. 25:
Einfluss von Versalzung und Eutrophierung auf den Aralsee, Usbekistan

Wasser ist das Lebenselexir der Erde. Negative Auswirkungen der Düngung auf das Trinkwasser oder auf die Oberflächengewässer sind deshalb kritisch zu betrachten (Abb. 25). Das aus dem Boden abfließende Wasser soll von der Düngung nicht betroffen sein. In humiden Klimagebieten mit einem ständigen Wasserstrom wäre dies unumgänglich, wenn die Böden nicht eine enorme Filterkapazität besäßen. Nichtsdestotrotz geben alle Böden einen geringen Nährstoffanteil an das durchfließende Wasser ab. Die Nährstoffauswaschung hängt jedoch nicht ausschließlich von der Düngerhöhe ab, sondern daneben auch von der Nährstoffspeicherfähigkeit des Bodens (Filterwirkung) und dem Pflanzenbewuchs. Es ist durchaus möglich, dass ein intensiv gedüngtes Feld weniger Nährstoffe an das Wasser abgibt als Ödland oder Wald ohne Düngung. Außerdem bestehen bezüglich der Auswaschungsgefahr erhebliche Unterschiede zwischen den Nährstoffen, wobei die größten Gefahren

- eine Nitrat-Belastung des Grundwassers im Hinblick auf die Trinkwasserqualität bzw.
- eine Phosphat-Belastung der Oberflächengewässer im Hinblick auf die Eutrophierung sind (Tab. 22).

Nitrat	Phosphat
Grenzwert für Trinkwasser: < 20 ppm Düngung in Grundwasser-Schutzgebieten ist gesetzlich eingeschränkt. Auswaschungsgefahr: 5 bis 50 kg Nitrat/ha Größte Verluste durch unsachgemäße Anwendung. Gegenmaßnahmen: • Keine N-Düngung im Herbst • Gezielter Stickstoffeinsatz nach Bodenuntersuchungen • Anwendung weniger leicht löslicher/im Boden weniger mobiler Dünger • Vermeiden von Düngerverlusten durch Abspülen von gefrorenem Boden in Hanglage • Erhöhung der Speicherkapazität für Stickstoff durch Förderung des Bodenlebens • Erhöhung der Wasserspeicherfähigkeit zur Vermeidung unnötiger Wasserverluste	Vermehrte Phosphatzufuhr im Wasser steigert das Algenwachstum. Der Abbau abgestorbener Algenmasse verbraucht enorm viel Sauerstoff. Infolge des Sauerstoffmangels, der daraus hervorgeht, sterben große Fischmengen. Anteil der Düngung an Phosphatbelastung: 5 bis 10 % (mineralische Phosphatdüngung). Durch starke Gülledüngung hingegen können auf grundwassernahen Böden wesentlich höhere Werte erreicht werden. Auswaschungsgefahr: > 1 kg Phosphat/ha durch Anwendungsfehler. Düngerphosphat wird im Boden schnell festgelegt. Gegenmaßnahmen: • gezielte Düngung nach Bodenanalyse

Tab. 22: Auswaschungsgefahren

Einfluss auf die Luft

Eine Düngung ermöglicht den Pflanzen, verstärkt Fotosynthese zu betreiben und dadurch mehr Sauerstoff an die Umgebung abzugeben. Ein richtig gedüngter Boden optimiert das Pflanzenwachstum und ermöglicht dadurch eine weit höhere Sauerstoffabgabe als einem Boden ohne Nährstoffgabe möglich wäre. Doch die Fotosynthese sorgt nicht nur für einen erhöhten Sauerstoffgehalt der Luft, sondern entgiftet sie gleichzeitig, indem sie der Luft Kohlenstoffdioxid entnimmt. Des Weiteren filtern die Pflanzen toxische Stoffe aus der Luft. Auch diese Aspekte werden durch die Düngung verstärkt. Sie wirkt sich somit positiv auf die Zusammensetzung der Atemluft aus.
Die Düngemittel geben nur teilweise und auch nur in geringen Mengen nachteilig wirkende Stoffe ab. Hier seien die gelegentliche Freisetzung von Ammoniak und die Abgabe von Stickoxiden zu erwähnen. Dies wird jedoch durch die Luftreinigung der Pflanzen überkompensiert.

Denitrifikation und schädliche Klimagase

Neben molekularem Stickstoff (N_2) entstehen bei der Denitrifikation im Boden auch Stickoxide (NO, NO_2, N_2O). NO und NO_2 kehren als saurer Regen zum Boden bzw. ins Wasser zurück. Dadurch bewirken sie eine geringe zusätzliche Versauerung. Das N_2O hingegen ist relativ reaktionsträge und steigt teilweise bis zur Ozonschicht der Stratosphäre auf und fördert dort den Abbau des Ozons, ein wichtiger Filter gegen schädliche kosmische ultraviolette Strahlung. Da mit zunehmender Stickstoffdüngung auch mehr N_2O gebildet wird, liegt die Annahme nahe, dass Düngung zum Abbau des Ozons beiträgt. Der Anteil des N_2O an den Denitrifikation-Produkten liegt allerdings bei etwa 5 %. Die Dünger tragen somit nur wenige Prozent zur Erhöhung des „natürlichen" Wertes bei.

4.4 Gründüngung und Kompost nutzen

Eine besondere Form der organischen Düngung ist die Gründüngung, bei der der Boden mit besonderen Pflanzen eingesät wird (Tab. 20, Abb. 26). Durch den Bewuchs mit diesen Pflanzen wird die Fruchtbarkeit des Bodens gefördert, da er so vor Erosion und Nährstoffauswaschung geschützt und Wildkrautbewuchs unterdrückt wird. Die Pflanzen selbst sammeln Nährstoffe in ihrer Pflanzenmasse, die durch das Untergraben vor der eigentlichen Kultur dem Boden als organischer Dünger zur Verfügung steht. Einige Gründüngungspflanzen haben noch zusätzliche Eigenschaften. So können Leguminosen wie Luzerne, Lupine und Klee-Arten über die Symbiose mit Knöllchenbakterien Stickstoff aus der Luft binden. Die Pflanze *Phacelia tanacetifolia* (Bienenfreund) hinterlässt dank ihrer Pflanzenmasse, die durch das Untergraben vor der eigentlichen Kultur dem Boden als organischer Dünger zur Verfügung steht und ihres Wurzelsystems eine gut durchlüftete, gare Krume.

Abb. 26:
Gründüngungspflanzen Lupine, Ackersenf, Bienenfreund, Inkarnat-Klee

Pflanze	Aufwandmenge	Bemerkungen
Ackersenf	20–30 g/m²	Gute Lockerung der Bodenstruktur; Krankheitsüberträger von Kohlkrankheiten
Raps	6–10 g/m²	
Seradella	20–25 g/m²	
Ölrettich	15–25 g/m²	Wirkt gegen Nematoden
Lupinen	120–210 g/m²	Binden Luftstickstoff über Knöllchenbakterien
Klee	10 g/m²	
Luzerne	0,15–0,2 g/m²	
Bienenfreund	4 g/m²	Gute Lockerung der Bodenstruktur, Bienenfutterpflanze

Tab. 20: Gründungungspflanzen

Merke:

Zu den organischen Düngern zählen alle tierischen und pflanzlichen Reststoffe. Sie müssen erst durch Bodenorganismen in pflanzenverfügbare Strukturen umgewandelt werden und haben deshalb eine Langzeitwirkung. Daher eignen sie sich als Grunddüngung zu Vegetationsbeginn. Gründüngungspflanzen können eingesät werden, um eine Brachfläche bis zu Bepflanzung bzw. Einsaat bewachsen zu lassen. Dadurch verhindern sie Erosion, unterdrücken Wildkrautwuchs und verhindern Nährstoffauswaschung. Sie sterben zum Ende der Vegetationsperiode ab und müssen dann eingearbeitet werden.

Kompost und Kompostierung

Kompost ist eine erdähnliche Substanz, die aus leicht verwertbarem organischem Material unter Einfluss von Luftsauerstoff (aerob) durch Bakterien und Pilzen (heterotrophen Mikroorganismen) abgebaut wird. Dabei werden neben Kohlendioxid auch wasserlösliche Mineralstoffe freigesetzt wie beispielsweise Nitrate, Ammoniumsalze, Phosphate, Kalium- und Magnesiumverbindungen, die als Dünger wirken. Ein Teil der bei diesem Abbau entstehenden Zwischenprodukte wird zu Humus umgewandelt. Guter Kompost riecht nicht, ist nicht matschig und keinesfalls ein Hort für Schädlinge wie Ratten, Schadpilze und andere unerwünschte Lebewesen. Kompostmaterial eignet sich zur Verbesserung der Bodeneigenschaften in der Garten- und Landwirtschaft, zur Rekultivierung von Flächen, aber auch für die Herstellung von Bodensubstraten und Erdmischungen. Je nach Nährstoffgehalt ist ausgereifter Kompost ein vollwertiger Dünger (Abb. 27). Komposterde ist durch die großtechnischen Kompostierungsverfahren der Abfallwirtschaft für jedermann nutzbar und erzeugt aus Küchen- und Gartenabfällen, Bioabfall und Grünschnitt den wertvollen Dünger. Dabei kommt es auf die richtige Zusammensetzung des zu kompostierenden Materials und den richtigen Aufbau der

Abb. 27:
So sieht richtig umgesetzte Komposterde aus

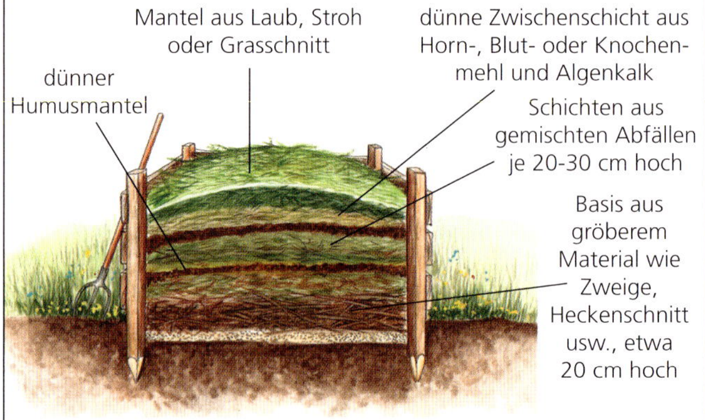

Abb. 28:
Schnitt durch einen Komposthaufen

Kompostmiete an. Es dürfen in jedem Fall nur organische Materialien, wie Pflanzenschnitt, Kaffeesatz, Kartoffelschalen, Laub etc. verwendet werden. Nicht auf den Kompost gehören gekochte Speisereste, Fleisch oder Knochen, da diese Ratten und anderes Ungeziefer und Allesfresser anlocken. Auch Wurzelunkräuter und kranke Pflanzenteile sollten nicht kompostiert werden, um eine Ausbreitung einzudämmen. Samenunkräuter können kompostiert werden, wenn sie vor der Samenreife auf den Kompost gelangen. Jeder Komposthaufen sollte Kontakt zum offenen Gartenboden haben, damit die umsetzenden Mikroorganismen ungehindert in die Miete einwandern können. Als unterste Schicht sollten 20 bis 30 cm grob zerkleinerter Gehölzschnitt verteilt werden (Abb. 28). Sie dient als Dränschicht und wird im Laufe des Zersetzungsprozesses von den Mikroorganismen langsam verarbeitet. Darüber kommt eine gleich starke Schicht an zersetzbarem, gut durchmischten Materialien. Je eine Handvoll Horn-, Blut- oder Knochenmehl und Algenkalk oder kohlensaurer Kalk unterstützen die Aktivität der Bodenlebewesen. Darauf wird etwas Erde oder Kompost aus dem Vorjahr verteilt. Danach kann die Miete in der gleichen Reihenfolge weiter aufgeschichtet werden, sollte jedoch eine Höhe von 150 cm nicht überschreiten, um eine ausreichende Sauerstoffversorgung zu gewährleisten. Abschließend wird die Miete mit Laub, Stroh, Grasschnitt und Erde abgedeckt. Der Haufen darf nicht austrocknen, aber auch nicht schlammig werden. Bei einer guten Rotte entwickelt sich im Inneren der Miete zeitweise eine Temperatur von bis zu 70 °C. Nach ca. zwei bis drei Monaten sollte der Haufen zur besseren Durchlüftung einmal umgesetzt werden. Nach insgesamt acht Monaten ist die Rotte abgeschlossen: Der Kompost duftet nach frischem Waldboden und kann nun verwendet werden.

Aufgaben:

1. Beschreiben Sie den Unterschied zwischen organischen und anorganischen Düngemitteln.
2. Welche Düngemittel verwenden Sie in Ihrem Betrieb? Ordnen Sie diese nach Nährstoffgehalten, Düngerart und Ausbringungsweise ein.
3. Worin liegt der Unterschied zwischen Flüssigdüngung, Blattdüngung, Grunddüngung und Kopfdüngung?
4. Erklären Sie in eigenen Worten, wie der pH-Wert mit einer Kalkdüngung zusammenhängt.
5. Kalkstickstoff ist kein ungefährliches Düngemittel. Recherchieren Sie die Gefahren und die Wirkungsweise von Kalkstickstoff.
6. Stellen Sie die Einflüsse von Düngungsmaßnahmen auf die Umwelt und das Klima in einem anschaulichen Plakat zusammen.
7. Erklären Sie die Begriffe Versalzung, saurer Regen und Eutrophierung mit eigenen Worten.
8. Welche Gründüngungspflanzen kennen Sie?
9. Worin liegen Vor- und Nachteile einer Gründüngung? Erstellen Sie eine tabellarische Übersicht.
10. Welche Vorteile liegen in der Kompostierung und Kompostverwendung?

11. Erstellen Sie eine Liste, worauf bei der Anlage eines Komposthaufens zu achten ist.
12. Verwenden Sie in Ihrem Betrieb Kompost oder kompostieren sogar selbst? Erkundigen Sie sich nach den Gründen.

Lösen Sie im Arbeitsheft die Arbeitsblätter auf den Seiten 147 und 154 bis 163.

5. Pflanzen schützen und gesund kultivieren

Pflanzen können – wie jedes andere Lebewesen auch – Schaden nehmen. Dabei unterscheidet man nach Art und Entstehungsursache des Schadens in biotische (belebte) und abiotische (unbelebte) Pflanzenschäden (Abb. 29). Das Erkennen der Schadursache ist von großer Bedeutung, um die geeigneten Gegenmaßnahmen einzuleiten. Dabei sollte man, wenn möglich, auf chemische Schadensbegrenzungen verzichten, um Menschen und Umwelt zu schonen.

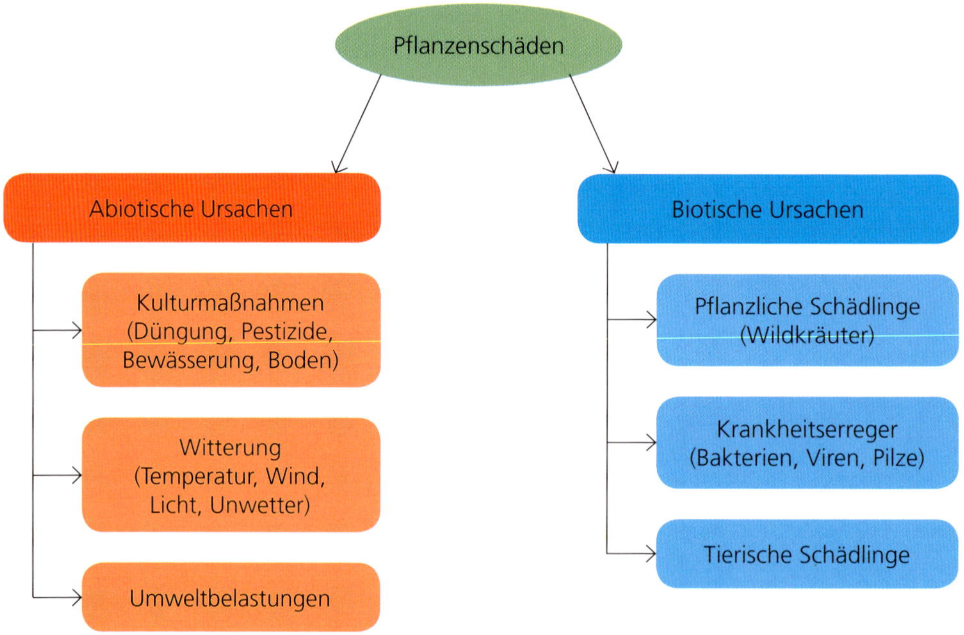

Abb. 29:
Ursache für Pflanzenschäden

5.1 Biotische und abiotische Schäden erkennen

Zu den abiotischen Pflanzenschäden zählen alle unerwünschten Erscheinungen an den Kulturpflanzen, die durch unbelebte Umwelteinflüsse oder durch Einwirkungen von Menschenhand entstehen. So können sich Kulturmaßnahmen wie beispielsweise die Düngung durch Überdüngung oder auch Nährstoffmangel (Nährstoffunterversorgung) und ebenfalls eine Bodenversalzung negativ auf das Pflanzenwachstum auswirken. Pflanzenschutzmaßnahmen können durch Überdosierung, falsche Mittelauswahl oder einen falschen Ausbringungszeitpunkt negative Folgen für die Kulturen (bei hoher Sonneneinstrahlung können z.B. Wechselwirkungen zwischen Mittel und UV-Strahlung auftreten) haben. Dramatisch äußert sich häufig eine falsche Wasserversorgung, da sowohl ein Wasserüberschuss als auch ein Wassermangel die gleichen Schadsymptome bei der Pflanze hervorruft: Die Pflanze erschlafft und ihre Wurzeln können nicht genügend Sauerstoff aufnehmen. Einige Pflanzen reagieren empfindlich auf zu kaltes oder zu kalkhaltiges Gießwasser. Das Kultursubstrat bzw. der Gartenboden kann sich aber auch durch Sauerstoffmangel (Verdichtung), Staunässe oder Verschlämmung hemmend auf den Kulturerfolg auswirken.
Weniger Einfluss hat der Mensch auf die Witterung: Durch zu intensive Sonneneinstrahlung kann es zu Hitzeschäden (Verbrennungen) an den Pflanzen kommen. Diese äußern sich umso dramatischer, wenn zum falschen Zeitpunkt gewässert wurde, sodass die Wassertropfen eine Brennglaswirkung auf das Laub haben können. Nach Möglichkeit sollten empfindliche Kulturen vor zu großer Einstrahlung durch eine Schattierung geschützt werden. Zu niedrige Temperaturen haben Kälte- und Frostschäden zur Folge, wie beispielsweise das Absterben von Blüten bei Spätfrösten, was besonders im Obstbau eine Gefahr darstellt. Hier kann mit einer Frostschutzberegnung entgegengewirkt werden.

Vertiefung: Frostschutzberegnung

Bei der Frostschutzberegnung werden Nutzpflanzen im Obst-, Wein- und Gemüsebau sowie in Baumschulen mit sehr feinen Wassertröpfchen gezielt besprüht. Dies geschieht bei Temperaturen von unter +2 bis +0,5 °C (bei einigen Pflanzen in bestimmten Wachstumsstadien aber auch erst bei –7 °C) mit einer unterbrochenen Beregnung, wodurch sich auf den frostempfindlichen Pflanzenteilen eine dünne Eisschicht bildet. Die Beregnung muss durch flächig versprühende, kleine Tröpfchen erzeugende und die oberirdischen Pflanzenteile benässende Regner (z.B. Kreisregner) erfolgen, ein Frostschutz durch z.B. Tropfbewässerungsanlagen ist nicht möglich. Beim Gefrieren des Wassers wird die Erstarrungswärme des Wassers freigesetzt und die Temperatur innerhalb der Eishülle kann somit über längere Zeit nicht wesentlich unter den Gefrierpunkt absinken. Einige Pflanzenarten können noch bei Lufttemperaturen bis in den Bereich von –9 °C durch die Beregnung gegen Frost geschützt werden. So werden in der Regel Blätter und Blüten vor Frostschäden bewahrt. Ziel ist es, die Pflanzen bei Frosteinbrüchen während der Vegetationsperiode zu schützen und Ernteausfälle zu vermeiden. Frostschutzberegnung findet insbesondere im Frühjahr während der Obstblüte und bei der Kultur frostempfindlicher Pflanzenbestände wie Erdbeeren oder Frühkartoffeln Anwendung.

Aber auch Unwetter wie Sturm mit Windbruch oder Windwurf, Hagel, zu nasse Schneemassen, Lichtmangel oder Trockenperioden schaden den Pflanzen bis hin zum Totalausfall. Nicht zu vernachlässigen sind zudem die Pflanzenschäden durch Schadstoffe aus der Luft, im Wasser und im Boden.
Biotische Pflanzenschäden entstehen in der Regel durch tierische Pflanzenschädlinge wie Insekten oder Milben, die Pflanzensaft aussaugen, Schnecken und Nagetiere, die ganze Pflanzen oder einzelne Pflanzenteile abfressen und Nematoden, die Wurzeln oder Leitungsbahnen der Pflanze befallen und damit ihr Versorgungssystem nachhaltig schädigen. Pilze, Bakterien und Viren haben ebenfalls Pflanzenkrankheiten zur Folge (Abb. 30). Oft befallen sie eine Pflanze, die schon durch abiotische Ursachen oder durch tierische Schädlinge geschwächt ist. Nicht zuletzt stehen unsere Kulturpflanzen in Konkurrenz um Wasser, Licht, Nährstoffe und den Standort mit den ansässigen und oft viel widerstandsfähigeren und schnell wachsenden Wildkräutern.

Abb. 30:
Pilzerkrankung Birnengitterrost

Merke:

Zu den Pflanzenschäden kommt es durch parasitäre (biotische) oder nicht parasitäre (abiotische) Ursachen. Viele tierische Schädlinge können unsere Kulturpflanzen erst befallen, wenn schon vorher durch Kulturfehler (falsche Kulturmaßnahmen, falscher Pflanzenstandort, zu warm, zu dichter Stand etc.) die Pflanzen geschwächt wurden. Durch die richtige Pflanzenauswahl und die richtig dosierten Kulturmaßnahmen lässt sich vorbeugend viel für die Pflanzen tun.

5.2 Pflanzenschutzmaßnahmen durchführen

Bei den Pflanzenschutzmaßnahmen lassen sich vorbeugende Maßnahmen von denen unterscheiden, die erst beim akuten Vorkommen von Schäden durchgeführt werden. Nach der Auswahl der Mittel lassen sich dagegen die physikalischen Maßnahmen von den biologischen und den chemischen abgrenzen (Abb. 31).
Alle physikalischen Maßnahmen können schon vorbeugend eingesetzt werden: Der richtige Standort, die richtige Bodenvorbereitung, die richtige Pflanzenauswahl, all das sind vorbeugende Maßnahmen, die zur Pflanzengesundheit beitragen. Eine Wildkrautbekämpfung durch Hacken, Fräsen oder Pflügen beseitigt nicht nur die konkurrierenden Wildkräuter, sondern verhindert auch, das bereits infizierte Pflanzen Schädlinge auf die Kulturen übertragen. Das Ausbreiten von Netzen und Vliesen hält zudem

Fraßfeinde fern und das Aufstellen von Fallen, Leimschutzringen oder Wildschutzzäunen usw. verringert die Einwanderung von Schädlingen. Durch Schnittmaßnahmen können erste Anzeichen von Krankheiten beseitigt werden. Im Vorhinein richtig geschnittene Gehölze sind besser gegen Pilzerkrankungen oder Bakterien- und Virenbefall geschützt. Nicht zuletzt schützt das Absammeln von Schnecken, Kartoffelkäfern und anderen Tieren die Pflanzen vor Fraßschäden.

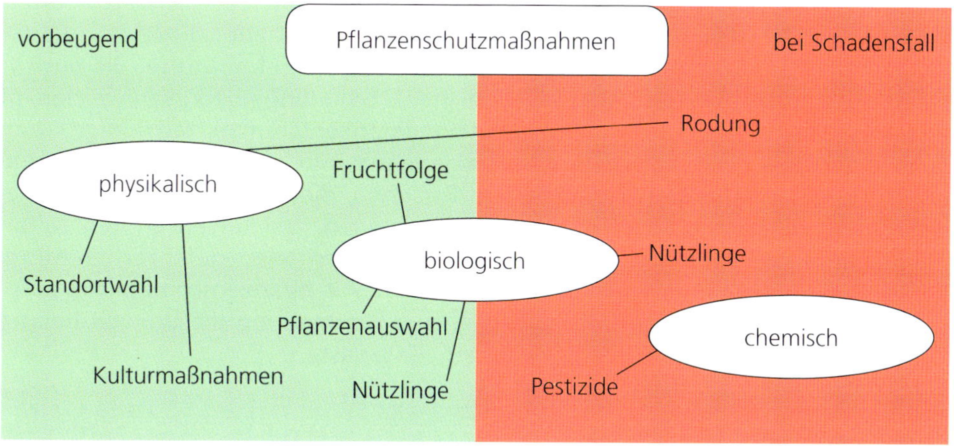

Abb. 31:
Unterschiede der Pflanzenschutzmaßnahmen

Biologische Pflanzenschutzmaßnahmen umfassen den Einsatz von Tieren oder anderen Lebewesen, die man als Nützlinge bezeichnet, gegen Pflanzenschädlinge. Nützlinge kommen natürlich in unserer Umwelt vor und man kann den Schädlingsbefall dadurch begrenzen, dass man die Nützlinge fördert. Dies geschieht z.B. durch das Aufhängen von Nistkästen für Singvögel, die Unmengen von Blattläusen und anderen Schädlingen vertilgen. Auch das Schaffen von Unterkünften für Igel oder Fledermäuse hilft, dass sich diese Tiere in der Umgebung ansiedeln und Schädlinge wie Schnecken, Falter oder Käfer fressen. Allerdings sind nicht alle Insekten Pflanzenschädlinge. Denn Marienkäfer und ihre Larven, Ohrwürmer oder Schlupfwespen zählen zu den Nützlingen (Abb. 32).

Auch unter den Bakterien gibt es Nützlinge: *Bacillus thuringiensis* ernährt sich von den Larven von Käfern, Schmetterlingen oder auch Zweiflüglern. Diese Bakterien wie auch viele andere Nützlingsinsekten lassen sich über den Fachhandel beziehen und im Gewächshaus aussetzen, um einen akuten Befall einzudämmen.

Abb. 32:
Ein Hotel für Nützlinge

Unter chemischem Pflanzenschutz versteht man den Einsatz künstlich hergestellter Mittel zur Bekämpfung von Schädlingen, Krankheiten oder Unkraut. Dabei gibt es für verschiedene Arten von Schädlingen unterschiedliche Mittel. Durch die Anwendung von Pflanzenschutzmitteln sollen die angebauten Kulturpflanzen vor schädlichen Organismen und Beeinträchtigungen geschützt werden. Chemische Pflanzenschutzmittel enthalten einen Wirkstoff plus Zusatzstoffe. Der Wirkstoff ist für die zu bekämpfenden Organismen giftig. Die Zusatzstoffe unterstützen die Wirkung des Mittels durch eine Verbesserung der Haftfähigkeit, Verteilung oder Löslichkeit. Pflanzenschutzmittel sollen nur die schädigenden Organismen, nicht aber die Kulturpflanzen und Nützlinge töten. Viele Pflanzenschutzmittel enthalten aber Stoffe, die auch für den Menschen und andere Lebewesen, die nicht als Schädlinge begriffen werden, giftig sind. Deshalb sollten vor dem Ausbringen von Pflanzenschutzmitteln einige Grundsätze beachtet werden (Tab. 21). Für den Umgang mit Pflanzenschutzmitteln sind besondere Schutzmaßnahmen vorgeschrieben. Personen, die mit Pflanzenschutzmitteln arbeiten, müssen einen Sachkundenachweis erbringen. Bei unverdünnten Mitteln müssen Schutzhandschuhe und ein Schutzanzug, bei besonders gefährlichen Mitteln zusätzlich eine Atemschutzmaske getragen werden. Als Pflanzenschutzmittel ausgebrachte Substanzen können vor allem bei falscher Anwendung die Umwelt belasten und Rückstände in den pflanzlichen Produkten hinterlassen.

Gesetzliche Grundlagen	Nutzungsvoraussetzungen	Wirkungsweise
• Europäische Verordnung Nr. 1107/2009 über chemische und biologische Wirkstoffe und Gemische • Zulassung des Mittels durch das Bundesamt für Verbraucherschutz und Lebensmittelsicherheit • Verordnung über Anwendungsverbote für Pflanzenschutzmittel (PflSchAnwV 1992) • Kennzeichnungspflicht chemischer Mittel mit Gefahrsymbolen, Prüfnummer und Geboten für den zu beachtenden Körperschutz • Bienenschutzverordnung	• Erst bei Eintritt der wirtschaftlichen Schadensschwelle zur Giftreduzierung • Vorhandensein des Sachkundenachweises • Einhalten vorgeschriebener Höchstmengen und Wartezeiten zum Abbau der Rückstände • Beachtung der Indikationszulassung	• Unterschiedliche Wirkung auf die Schädlinge (Kontaktgift, Atemgift, Fraßgift, systemisch wirkendes Gift) • „Nebenwirkungen" auf Nützlinge, Bienen, Fische • Ansammlung von Rückständen in Wasser und Boden • Eventuell Resistenzbildung bei den Schädlingen bei zu häufigem Einsatz

Tab. 21: Grundsätze im chemischen Pflanzenschutz

Vertiefung: Sachkundenachweis (Abb. 33)

Abb. 33:
Muster des Sachkundenachweises

Mit Inkrafttreten des neuen Pflanzenschutzgesetzes am 14.02.2012 und der neuen Pflanzenschutz-Sachkundeverordnung am 06.07.2013 gilt ein neues Verfahren für die Bescheinigung der Sachkunde im Pflanzenschutz. Jeder, der beruflich

- Pflanzenschutzmittel anwendet,
- Pflanzenschutzmittel verkauft,
- Nicht-Sachkundige im Rahmen eines Ausbildungsverhältnisses oder einer einfachen Hilfstätigkeit anleitet oder beaufsichtigt oder
- über den Pflanzenschutz berät,

muss den bundeseinheitlichen Sachkundenachweis (SKN) im Scheckkartenformat vor Aufnahme der jeweiligen Tätigkeit besitzen. Die Beantragung des neuen SKN muss bei der zuständigen Stelle (meistens der Landwirtschaftskammer) des Bundeslandes erfolgen, in dem der Sachkundige wohnhaft ist. Die Ausgabe des Sachkundenachweises ist gebührenpflichtig nach den jeweils gültigen Regelungen der zuständigen Behörden. Auszubildende erhalten mit ihrer Abschlussprüfung im Gartenbau den neuen Sachkundenachweis, der jedoch alle drei Jahre durch eine anerkannte Fort- oder Weiterbildungsmaßnahme erneuert werden muss.

5.3 Pflanzenschädlinge kennen

Um das richtige chemische Pflanzenschutzmittel auswählen zu können, muss der Gärtner in der Lage sein, nicht nur den Schaden an der Pflanze, sondern auch den Schädling selbst erkennen zu können. Einen Überblick über Schädling, Schadsymptome, geeignete Bekämpfung und bevorzugt befallene Kulturen gibt Tab. 22.

Schädling	Schadsymptome	Bekämpfung	Kulturen (Schädling)
Viren	Krüppelwuchs, Nekrosen, Blattflecken je nach Virusart	Virus übertragende Insekten und Nematoden bekämpfen; virusfreie Vermehrungsmethoden (Meristemvermehrung); Unkrautbeseitigung	Kartoffeln (Rattlevirus), Pflaumen, Zwetschgen (Scharkavirus) u. v. A., (Mosaikvirus, Stauchevirus, Kräuselvirus)

Schädling	Schadsymptome	Bekämpfung	Kulturen (Schädling)
Bakterien	Welketracht, Blattflecken und Chlorosen, Gallenbildung	Infizierte Pflanzen müssen gerodet und verbrannt werden	Kartoffeln, Obstbäume (Bakterienkrebs), Feuerbrand an *Rosaceae* u. v. A.
Pilze			
Vermehrungspilze	Jung- und Keimpflanzen knicken ab, weil Wasser- und Nährstoffaufnahmen gestört sind.	Optimale Kulturbedingungen: Nicht zu nass, nicht zu warm, kein zu enger Stand, kein Gießwasser von oben. Verwendung resistenter Sorten. Rückschnitt befallener Pflanzen bzw. rechtzeitiges Entfernen ganzer Bestände. Bodenentseuchung, biologischer oder chemischer Pflanzenschutz.	Alle Jungpflanzen (Wurzelfäule, *Pythium*-Befall)
Bodenbürtige Pilze	Braunschwarze Verfärbungen an der Basis, Welke und Absterben.		Alle Pflanzen (*Phytophthora, Rhizoctonia, Fusarium, Verticillium*)
Echter Mehltau	Weiße Flecken auf der Blattunterseite.		An Rosen, Gerbera, Goldlack, Löwenmaul, Primel u. a.
Falscher Mehltau	Weiße Flecken auf Blattoberseite, Spross und Blüten.		An Obstgehölzen, Stauden, Gemüse, Beet- und Balkonpflanzen
Blattfleckenpilze	Rötlich, braune oder schwarze Flecken auf dem Laub.		Rosen (Sternrußtau), Ahorn (Teerfleckenkrankheit), Rhododendren, Orchideen, Erbsen, Bohnen
Schorfpilze	Schorfige Stellen an Früchten und Blättern, Früchte werden mehlig.	Obstgehölze neigen zu Schorf, wenn Kalkmangel herrscht.	An Obst- und Nadelgehölzen (Kiefernschütte)
Rostpilze	Gelbe, orange, rostrote Flecken.	Wirtspflanzen roden.	Johannisbeere (Säulenrost), Birne (Birnengitterrost), Pelargonie, Fuchsie
Welkekrankheiten	Verstopfte Leitungsbahnen sorgen für Welke.		Siehe bodenbürtige Pilze
Grauschimmel	Blaugrauer Schimmelrasen auf allen Pflanzenteilen		Alle Pflanzen (*Botrytis cinera*)

Schädling	Schadsymptome	Bekämpfung	Kulturen (Schädling)
Holz zerstörende Pilze	Bauholz wird weich, faserig bis schwammig (Weißfäule und Braunfäule), lebendes Holz zeigt Fruchtkörper	Bauholz imprägnieren und pflegen. Rückschnitt bzw. Rodung bei lebendem Holz. Gefahr der Instabilität und Einfallstor für weitere Schädlinge.	Alle Gehölze
Nematoden	Kümmerwuchs, Welke, Nekrosen, Verkrüppelungen an allen Pflanzenteilen.	Bodenentseuchung, richtige Standortwahl, Anbau von Feindpflanzen, chemischer Pflanzenschutz	An allen Pflanzen
Schnecken	Schleimspuren, Blattfraß vom Rand her.	Schneckenzäune oder Sägespäne um Kulturen, Absammeln der Tiere, Schneckenkorn	Alle weichlaubigen Pflanzen und Jungpflanzen.
Milben	Helle Blattsprenkelungen, Gespinste um Pflanzenteile, Blattkräuselungen und -verformungen.	Einsatz von Nützlingen, chemischer Pflanzenschutz	An allen Pflanzen, typischer Gewächshausschädling (Spinnmilben, Weichhautmilben, rote Spinne)
Insekten			
Wanzen	Kümmerwuchs und Gewebeverfärbungen	Chemischer Pflanzenschutz	Alle Pflanzen
Zikaden	Weiße Blattsprenkelungen, Schaumbildungen an den Verzweigungen		
Thripse	Verbräunungen an Blütenknospen, Blütenverkrüppelungen	Optimale Kulturführung im Gewächshaus, chemischer Pflanzenschutz	Gewächshausschädling an allen Pflanzen
Läuse	Blattkräuselungen, Honigtaubildung, Blattvergilbungen.	Rückschnitt befallener Gehölze, Gelbtafeln, Nützlingsförderung, biologischer und chemischer Pflanzenschutz	An allen Pflanzen (Blattläuse, Schildläuse, weiße Fliege, Wollläuse, Blutläuse, Wurzelläuse)

Schädling	Schadsymptome	Bekämpfung	Kulturen (Schädling)
Käfer	Fraßschäden aller Art: Lochfraß, Fensterfraß, Blattrandfraß, Minierfraß, Bohrfraß)	Bodenbearbeitung bekämpft das Larvenstadium. Aufstellen von Lockstofffallen. Biologischer und chemischer Pflanzenschutz	Alle Pflanzen
Schmetterlingslarven	Fraßschäden an allen Pflanzenteilen	Rotierende Bodenbearbeitung, Leimringe an Obstbäumen, Förderung von Nützlingen im Garten, biologischer und chemischer Pflanzenschutz	Schmetterlingslarven sind häufig Spezialisten und ernähren sich nur von besonderen Pflanzen, z. B. Kohlgewächse und Kohlweißling.
Hautflügler	Minierfraß und Blattfraß	Beseitigung befallener Pflanzenteile, Leimtafeln aufhängen, in Extremfällen chemischer Pflanzenschutz	Obstgehölze (Apfelsägewespe) u. a.
Zweiflügler	Wurzel- und Keimlingsfraß, Minierfraß, Gallbildung	Bodenentseuchung, Gelbtafeln aufhängen, Nützlingseinsatz, chemischer Pflanzenschutz	An allen Pflanzen und Gräsern (Wiesenschnake)
Wirbeltiere			
Vögel	Fraß von Saatgut oder Früchten	Abwehrmaßnahmen wie Vogelscheuchen, Geräuschabwehr, Netze	Obstgehölze, Rasensaatgut, Gemüsesaatgut
Wühlmaus Maus	Fraß an Blumenzwiebeln und Pflanzenwurzeln. Durch die Gänge haben die Pflanzen keinen Bodenkontakt.	Aufstellen von Fallen, stark riechende Pflanzen um die Kulturen setzen, Giftköder ausbringen (Kammerjäger)	Tulpen, Dahlien, Iris und alle anderen Pflanzen Keimpflanzen und Saatgut
Maulwurf	Kein Schaden an Pflanzen, aber durch die Hügel und Gänge kommt es zu Bodenverwerfungen.	Maulwürfe dürfen nicht getötet, nur vertrieben werden. Sie fressen viele Pflanzenschädlinge!	Rasenflächen, Gemüsebeete

Schädling	Schadsymptome	Bekämpfung	Kulturen (Schädling)
Hasen Rehe	Fraßschäden an allen Pflanzenteilen und der Gehölzrinde	Anbringen von Verbissschutz, Wildzäune	Alle Pflanzen
Wildkräuter	Verdrängung der Kulturpflanzen, Konkurrenz um Wasser, Licht, Nährstoffe; Zwischenwirt und Krankheitsüberträger	Bodenentseuchung, mechanische, thermische oder chemische Unkrautbekämpfung.	Alle Pflanzen

Tab. 22: Überblick Schädlinge und Schadsymptome

Aufgaben:

1. Unterscheiden Sie biotische von abiotischen Pflanzenschäden.
2. Welche Formen des Pflanzenschutzes kennen Sie? Beschreiben Sie diese kurz.
3. Erstellen Sie Steckbriefe zu jeweils drei Beispielen aus Ihrer beruflichen Praxis zu folgenden Schädlingen: Viren, Bakterien, Pilze, saugende Insekten, beißende Insekten, Säugetiere.
4. Gehen Sie auf Fotosafari: Erarbeiten Sie in Ihrer Klasse eine Bilddatei über Pflanzenkrankheiten und die daraus resultierenden Schadbilder.
5. Welche Nützlinge kennen Sie und wie lassen sie sich fördern?

Lösen Sie im Arbeitsheft die Seiten 144 bis 174.

5.4 Licht und Temperatur für die Kultur nutzen

Neben der Wasser- und Nährstoffversorgung haben Licht und Temperatur (Wärme) eine besondere Bedeutung für die erfolgreiche Kultur gesunder Pflanzen. Dabei muss auf die speziellen Ansprüche der unterschiedlichen Pflanzenarten geachtet werden, nicht alle Pflanzen haben diesbezüglich die gleichen Bedürfnisse.
Als Licht bezeichnet man den sichtbaren Teil der Sonnenstrahlung. Pflanzen brauchen Licht für die Fotosynthese (Intensität des Lichts) und für die Steuerung von Wachstumsprozessen (insbesondere durch die zeitliche Länge der Sonneneinstrahlung). Erhält eine Pflanze nicht genug Sonnenlicht, verzögert sich das gesamte Wachstum der Pflanzen oder sie bildet besonders lange, hellgelbe bis weiße Triebe aus, die sich nach dem Licht strecken (Vergeilen). Durch eine Zusatzbeleuchtung kann den Pflanzen in lichtarmer Zeit geholfen werden.
Die gesamte auf der Erdoberfläche horizontal auftreffende Strahlung der Sonne nennt man Globalstrahlung. Sie setzt sich zusammen aus der auf direktem Weg eintreffenden Solarstrahlung (Direktstrahlung) und der Strahlung, die über Streuung an Wolken, Wasser- und Staubteilchen die Erdoberfläche erreicht (Diffusstrahlung). Daneben gibt

es die sogenannte Nettostrahlung, die die absorbierte Sonnenstrahlung angibt, d.h. abzüglich des reflektierten Anteils. Abhängig von der Wellenlänge wird die Sonnenstrahlung von der Atmosphäre mehr oder weniger stark absorbiert. Die an der Erdoberfläche eintreffende Intensität hängt zudem stark vom Wetter und vom Sonnenstand ab. Das weiße Sonnenlicht setzt sich aus elektromagnetischen Wellen verschiedener Längen zusammen (Abb. 34). Führt man ein enges Lichtbündel der Sonnenstrahlen durch ein Glasprisma, wird entgegen dem weißen Licht ein farbiges Spektrum sichtbar, das man auch vom Regenbogen her kennt. Bei der Entstehung des Regenbogens bilden die vielen Regentröpfchen in der Luft die Prismen, durch die die Sonne scheint. Jede Farbe entspricht dabei einer ganz bestimmten Wellenlänge. Das Zusammenwirken aller Lichtwellen ruft den Eindruck weißen Lichts hervor.

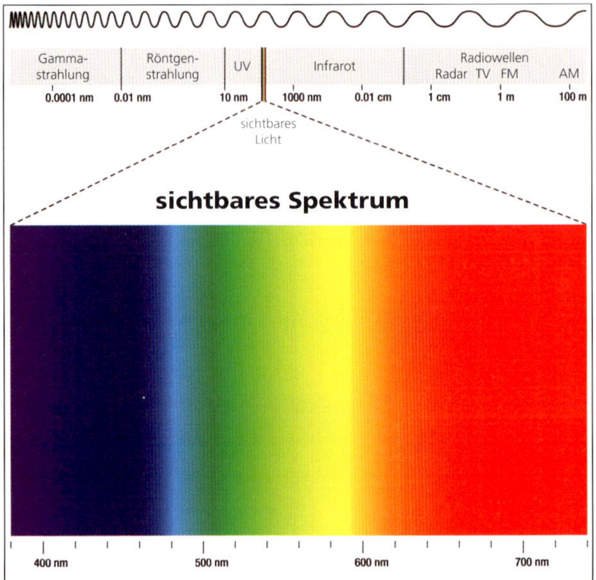

Abb. 34:
Lichtspektrum und Wellenlängen

Das sichtbare Licht hat eine Wellenlänge von 380 bis ca. 780 nm; ultraviolettes Licht, das für die Fotosynthese ebenfalls von Bedeutung ist, hat eine Wellenlänge von 10 bis 380 nm, infrarotes Licht liegt bei einer Wellenlänge zwischen 380 nm und 1 mm.

Das Pflanzenwachstum wird durch drei lichtbedürftige Prozesse gesteuert:

- die Fotosynthese (Stoffaufbau)
- die Fotomorphogenese (Formaufbau)
- den Fotoperiodismus (Tageslängenreaktion)

Der wichtigste dieser Prozesse ist die Fotosynthese, die die Grundvoraussetzung für das Pflanzenwachstum bildet. Bei der Fotosynthese wird Strahlungsenergie in chemische Energie umgewandelt. Diese ist für die Synthese der organischen Komponenten, aus denen eine Pflanze sich zusammensetzt, erforderlich. Wie das menschliche Auge eine spezielle Empfindlichkeitskurve für die Hellempfindung hat, haben auch die Pflanzen ihre spezielle Empfindlichkeitskurve für die Fotosynthese. Im Fotosynthese-Wirkungsspektrum wird die Menge des durch die Pflanze gebundenen Kohlendioxids als Funktion der Wellenlänge bestimmt. Neuere Untersuchungen zeigen, dass blaues Licht im Wellenlängenbereich von 530 bis 670 nm am effektivsten für die Pflanzen ist. Licht der Wellenlängen kürzer als 400 nm und länger als 700 nm ist praktisch bedeutungslos für die Fotosynthese.

Unter Fotomorphogenese wird der Formgebungseffekt des Lichts auf Pflanzen verstanden. Der blaue Spektralbereich führt zu gedrungenen Pflanzen, der langwellige Rotbereich zu gestreckten Pflanzen mit wenigen Seitentrieben. Um dieses abnorme

Wachstum zu verhindern, ist jedoch nur eine so geringe Menge blauen Lichts erforderlich, dass selbst schwaches Tageslicht, das von außen in das Gewächshaus dringt, in der Regel ausreicht.
Als Fotoperiodismus bezeichnet man das Phänomen, dass Pflanzen auf unterschiedliche Weise auf die Länge der Tageslichtperiode, der sie ausgesetzt sind, reagieren. Einige Pflanzen blühen nur, wenn die Dauer der täglichen Lichtperiode unter einem bestimmten kritischen Wert liegt; andere dagegen blühen nur, wenn das tägliche Lichtquantum über diesem kritischen Wert liegt. Erstere werden als Kurztagspflanzen, zweitere als Langtagspflanzen bezeichnet. Beispiele für Kurztagspflanzen sind *Kalanchoe* und Chrysanthemen. Eine typische Langtagspflanze ist die *Campanula isophylla*. Pflanzen, deren Blüte von der Tageslänge unabhängig ist, z. B. *Cyclamen persicum*, werden als tageslichtneutrale Pflanzen bezeichnet. Der Prozess des Fotoperiodismus wird auch durch die Wellenlänge des Lichts beeinflusst. Der ferne rote Teil des Spektrums löst die phytochrome Reaktion aus, von der es abhängt, ob die Pflanze im vegetativen Stadium verbleibt oder ob sie sich zum generativen Stadium weiterentwickelt. Manche Pflanzen besitzen noch wesentlich kompliziertere Reaktionsmuster auf die Tageslichtperiode. Langtag-Kurztag-Pflanzen, wie z. B. *Callistephus sinensis*, blühen nur, wenn auf eine Reihe von langen Tagen eine Reihe kurzer Tage folgt. Das gegenteilige Reaktionsmuster, ein Kurztag-Langtag-Zyklus kommt ebenfalls vor, z. B. *Pelargonium grandiflorum*-Hybriden und bei Erdbeeren. Zu den fotoperiodischen Phänomenen gehören auch Knospen- und Samenruhe, vegetative Reproduktion und Abfallen von Blättern und Knospen.

Abb. 35:
Zusatzbeleuchtung im Gewächshaus

Zusatzbelichtung durch elektrische Energie kostet Geld. Es ist daher selbstverständlich, dass nur so viel zusätzliches Licht gegeben werden sollte, wie zur Kompensation der fehlenden Tageslichtmenge für die entsprechenden Pflanzenkulturen gebraucht wird. Hierfür ist es nötig, die örtlichen und jahreszeitlichen Tageslichtmengen zu kennen. In den Wintermonaten gibt es, insbesondere in den Ländern zwischen dem 40. und 80. Breitengrad, einen Mangel an Licht. Die Gründe für die geringere Lichtmenge (bis zu 1/10 der Lichtmenge im Sommer) sind die erheblich kürzeren Tage und die durch den niedrigen Sonnenstand und die häufige Wolkendecke verursachte geringe Lichtintensität. Unter diesen Bedingungen wirkt das Licht als einschränkender Faktor, sodass, wenn ungehindertes Wachstum ermöglicht werden soll, zusätzliche Mengen von Lichtenergie zugeführt werden müssen. Die wichtigste Frage ist dabei, wie viel zusätzliches Licht täglich eingesetzt werden muss, damit die optimale Menge von Lichtenergie für die Pflanze erreicht wird (Abb. 35). Um diese Menge berechnen zu können, müssen einerseits die Bedürfnisse der Pflanze und andererseits die verfügbare Menge an Tageslicht bekannt sein. Diese Menge wird als Strahlungsmenge, Lichtmenge oder Tagesmenge bezeichnet und gewöhnlich in Joule pro cm^2 (J/cm^2) ausgedrückt. In vielen Ländern werden diese Tagesmengen von meteorologischen Zentren täglich ermittelt und veröffentlicht. Vergleicht man die von den meteorologischen Zen-

tren veröffentlichten Tagesmengen mit den Durchschnittsmengen, stellt man leicht fest, ob ein Mangel an Licht vorliegt. Ausgehend von dieser Information kann ein Tagesschema für die Kunstlichtbelichtung erstellt werden. Noch genauere, lokale Daten erhält man, wenn das Gewächshaus über eine eigene Wetterstation verfügt.
In Ländern nördlich des 45. Breitengrads auf der Nordhalbkugel und südlich des 45. Breitengrads auf der Südhalbkugel ist die durchschnittliche natürliche Intensität des Tageslichts gering und während vieler Monate des Jahres sind die Tage kurz. In diesen Gebieten ist das Pflanzenwachstum für mindestens vier Monate, evtl. auch für sechs Monate, durch den Lichtmangel eingeschränkt. Daher kann man in diesen Gebieten durch die Verwendung von Kunstlicht zur Ergänzung des Tageslichts das Pflanzenwachstum verbessern. Denn mit künstlicher Belichtung kann die Länge eines Tages auf relativ einfache und preiswerte Weise ausgedehnt werden. Es bieten sich zwei Methoden an: Man kann den Tag verlängern,

- indem man bei Einbruch der Dämmerung das Kunstlicht für eine bestimmte Zeit einschaltet, die Nacht wird demnach hinausgezögert, oder
- indem man nachts die Belichtung für kurze Perioden einschaltet, sodass die Nacht „unterbrochen" wird.

Auf diese Weise lässt sich eine höhere Qualität der Kulturen, ein höherer Ertrag pro Fläche, kürzere Anzuchtzeiten oder eine Vermarktung der Kulturen zu dem Zeitpunkt, an dem die höchsten Preise erzielt werden können, erreicht werden.
Für die Zwecke der Pflanzenbestrahlung müssen die Unterschiede zwischen Strahlungsenergie und Lichtenergie sowie die verschiedenen Begriffe und Einheiten, die in der Pflanzenbestrahlung und der Beleuchtungstechnik verwendet werden, bekannt sein (Tab. 23).

Begriff	Bedeutung	Maßeinheiten
Strahlungsmenge	Ausgesandte, übertragene oder aufgefangene Strahlungsenergie.	Joule (J), Wattsekunde (Ws)
Lichtmenge	Gemäß ihrer Wirkung auf das menschliche Auge bewertete Lichtmenge, die in einem bestimmten Zeitraum ausgestrahlt oder empfangen wird.	Lumensekunde (lms)
Strahlungsfluss	Gesamte Energiemenge aus einer Strahlungsquelle.	Joule pro Sekunde (J/s), Watt (W)
Lichtstrom	Die ausgestrahlte Lichtleistung, die der gemäß der relativen spektralen Empfindlichkeitskurve des Auges bewerteten Strahlungsleistung entspricht.	Lumen (lm)
Strahlungsdichte	Die auf eine Fläche auftreffende Strahlungsdichte, d. h. die von einer Fläche aufgefangene Strahlungsenergie.	Watt pro Quadratmeter (W/m^2); Milliwatt pro Quadratmeter (mW/m^2)
Beleuchtungsstärke	Die Dichte des auf eine Fläche auftreffenden Lichtstroms.	Lumen pro Quadratmeter (lm/m^2); Lux (lx)

Begriff	Bedeutung	Maßeinheiten
Strahlungs-ausbeute	Das Verhältnis des abgegebenen Strahlungsflusses einer Strahlungsquelle zur aufgewendeten Leistung, d.h. die in der Lampe stattfindende Umwandlung der elektrischen Energie in Strahlungsenergie.	Prozent (%), Milliwatt pro Watt (mW/W)
Lichtaus-beute	Quotient aus dem abgegebenen Lichtstrom einer Lampe und der aufgewendeten Leistung.	Lumen pro Watt (lm/W)

Tab. 23: Wichtige Begriffe der Beleuchtungstechnik

Temperatur

Auch die Temperatur hat wie das Licht auslösende und begrenzende Reize für das Wachstum von Pflanzen. Für alle Pflanzen liegt die obere Temperaturgrenze bei ca. 45 °C. Keimhemmungen werden erst durch Einwirken tieferer Temperaturen (um 0 °C) abgebaut. Bei anderen Pflanzen wirken Kältereize im Jugendstadium beschleunigend auf die spätere Entwicklung. Diese sogenannte Vernalisation ist das Auslösen bzw. Fördern der Blütenanlagen durch niedrige Temperaturen. Umgekehrt verkürzt bei manchen Pflanzen eine kurzfristige Wärmebehandlung des Samens die Kulturzeit. Kälteschocks wirken oft blühauslösend oder -verfrühend. Welche Flora sich an einem Standort natürlicherweise einstellt, wird hauptsächlich von der Temperatur bestimmt. Die Mindestkeimtemperatur der einzelnen Pflanzen bestimmt den Start, der Temperaturverlauf während der Vegetationszeit den möglichen Zuwuchs. Auch das Blühen ist dann oft temperaturabhängig. Typische Thermomorphosen (Gestaltungsveränderung durch Temperatur) sind:

- Einrollen der Blätter bei Kälte
- Kürzere Internodien durch niedrige Temperaturen
- Intensivere Blütenfarbe meist bei niedriger Temperatur

Pflanzen reagieren sehr empfindlich auf falsche Temperaturwerte und so ist es wichtig, auch auf diesen Faktor große Rücksicht zu nehmen (Abb. 36). Schnellwachsende Pflanzen mögen am liebsten mäßige Temperaturen um die 21 bis 29 °C. Zu hohe als auch zu niedrige Temperaturen verlangsamen den Stoffwechsel der Pflanze und führen zu niedrigeren Ernteerträgen. Die ideale Temperatur liegt zwischen 22–26 °C. Deswegen sollte die Temperatur an den Blättern bei 24 °C liegen, wobei arten- und sortenspezifische Unterschiede zu beachten sind. Die für die Pflanzen optimal empfundene Temperatur ist dabei auch von den Lichtverhältnissen ab-

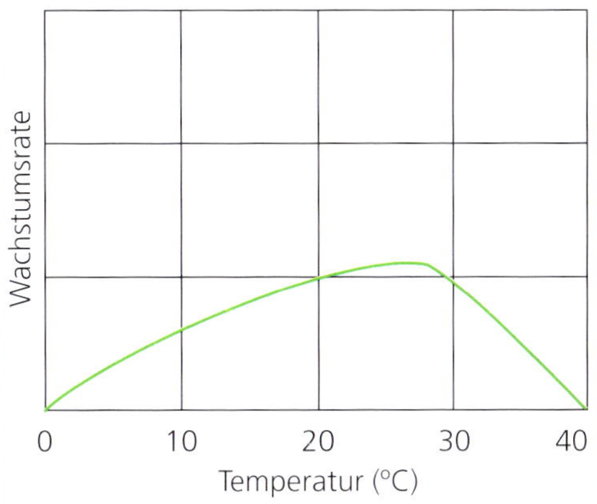

Abb. 36:
Wachstumsrate in Abhängigkeit von der Temperatur

hängig. Bei einer starken Zusatzbeleuchtung erhöht sich zudem das Temperaturoptimum für die Pflanzen. Werden solch starke Leuchtmittel verwendet und ist die Temperatur deutlich zu niedrig, wird auch der Stoffwechsel der Pflanze heruntergefahren, dies macht sich durch kürzere Internodien bemerkbar. Umgekehrt hingegen verhalten sich die Pflanzen bei mäßigem Licht und zu hohen Temperaturen, hier steigt der Internodienabstand.

Auch in der Dunkelphase spielt die Temperatur eine große Rolle. Temperaturabsenkungen um die 5 °C sind für die Pflanzen absolut kein Problem. Sinkt die Temperatur erheblich stärker, macht sich dieses Defizit durch eine verzögerte Reife, größere Internodienabstände und ein langsames Wachstum bemerkbar.

Je konstanter die Temperatur gehalten wird, desto gleichmäßiger wachsen und reifen die Pflanzen aus. In jedem Fall sollten aber Temperaturen unter 15 °C vermieden werden, da bei diesen Temperaturen der Stoffwechsel auf ein Minimum herunter fährt und die Pflanze faktisch nur noch sehr langsam wächst.

Höhere Temperaturen sind für die Pflanzen leichter zu verkraften als zu niedrige, allerdings muss dann eine ausreichende Versorgung der Pflanzen mit Wasser gewährleistet sein. Sie braucht das zusätzliche Wasser, um sich durch Verdunstung zu kühlen, dennoch sollte die Idealtemperatur möglichst eingehalten werden.

Zu beachten ist, dass starke Leuchtmittel große Wärme erzeugen. Während diese Wärmeentwicklung im Winter kein Problem ist, weil die Raumtemperatur über die Heizung reguliert werden kann, ist es im Sommer durchaus möglich, dass die Temperatur durch die Lampen viel zu hoch wird. In diesem Fall muss die Kultur durch Kühlung und Schattierung vor Hitzestress geschützt werden:

- Verwendung von luft- bzw. wassergekühlten Lampen
- Beleuchtungsphase der Pflanzung möglichst auf die Nacht legen, wo die Temperaturen am geringsten sind
- Für möglichst viel frische und kühle Luft aus kühlen Bereichen sorgen
- Installation einer Klimaanlage (diese sind leider relativ teuer und lohnen sich erst für größere Pflanzungen)
- Für kleinere Pflanzungen lohnt sich der Bau eines Sumpf-Kühlers, bei dem Wasser über mehrere gewellte Kunststoffmatten nach unten läuft

Wärmeüberschuss steigert die Atmungstätigkeit (Reserveabbau), die Wasser- und Nährstoffaufnahme so, dass es zu Unregelmäßigkeiten im Wachstum kommt. Bei zu starker Erhitzung der Blätter gerinnt das Blatteiweiß und es kommt zu Verbrennungen. Bei hohen Temperaturen steigt die Intensität der Atmung und die Pflanze verbraucht wertvolle Energiereserven (Assimilate). Deshalb ist die Temperaturabsenkung in der Nacht nicht nur eine Geldersparnis, sondern auch physiologisch wichtig. Jede Pflanze hat ihre Optimumwerte für Tag- und Nachttemperaturen und auch ihre Mindestwerte. Sinken die Temperaturen auf die Mindestwerte ab, sind die Pflanzen trockener zu halten, da sonst Fäulnis droht. Bei besonderen Wachstumsvorgängen der Pflanzen (z.B. der Keimung, Bewurzelung von Stecklingen, nach dem Pikieren, Stutzen u.Ä.) sind stets höhere Temperaturen erforderlich, vor allem im Wurzelbereich.

Auch sonst muss auf die Wurzeltemperatur geachtet werden. Eine zu kalte Wurzeltemperatur verlangsamt die Keimung und das Wachstum von Pflanzen. Außerdem ist die Wurzeltemperatur für die Geschlechtsentwicklung der Pflanze von Bedeutung. Ist die Temperatur zu niedrig, werden sich mehr männliche Pflanzen entwickeln, ist die

Temperatur im Optimalbereich, entwickelt sich ein ausgewogenes Geschlechterverhältnis. Durch die Wurzeltemperatur kann auch die Blatttemperatur ausgeglichen werden. Ist die Wurzeltemperatur im Optimum, kann die Pflanze auch bei einer niedrigeren Blatttemperatur die gleiche Wachstumsrate beibehalten.

Vertiefung: Zusammenhang von Vegetation, Höhe und Temperatur

Wärmemangel ist der Hauptgrund, dass Pflanzen ab einer bestimmten Höhe nicht mehr wachsen. Die Lufttemperatur im Gebirge muss durchschnittlich 5 bis 7,5 °C betragen, damit die Pflanzen noch gedeihen können. Natürlich spielt der Einfluss von Schneedecke, Wind, Bodenfeuchte und Bodentemperatur auch eine große Rolle. Starker Wind führt in dieser Höhe zum Abbrechen der Pflanzen. Schnee und niedrige Bodentemperaturen hingegen führen dazu, dass die Pflanzen nur sehr langsam wachsen und ihr Aussehen nicht dem normalen, natürlichen Wuchs entspricht.

Aufgaben:

1. Fertigen Sie sich Lernkarten zu den Begriffen Fotomorphogenese, Fotoperiodismus und Vernalisation an.
2. Erstellen Sie jeweils fünf Steckbriefe zu Kurztagspflanzen, Langtagspflanzen und tagneutralen Pflanzen.
3. Was bewirkt eine zu starke Beleuchtung, was eine zu geringe? Antworten Sie stichwortartig.
4. Welchen Einfluss haben zu hohe, welchen zu niedrige Temperaturen auf das Pflanzenwachstum? Erstellen Sie dazu eine Tabelle.
5. Spielen die Faktoren Licht und Temperatur nur im Gewächshaus eine Rolle? Begründen Sie Ihre Antwort.

Lösen Sie im Arbeitsheft die Arbeitsblätter auf den Seiten 141 bis 146.

6. Bodenbearbeitung

Bodenbearbeitung ist der Oberbegriff für alle mit einem mechanischen Eingriff in den Boden verbundenen Arbeitsgänge, die die Herstellung oder Erhaltung eines für das Pflanzenwachstum günstigen Bodenzustandes herstellen sollen. Gleichzeitig können durch die richtige Bodenbearbeitung Schäden (z. B. Erosionen) vermieden werden. Es kommen dabei verschiedene Verfahren zum Einsatz. Gemeinsam ist ihnen, dass durch sie die festen Bodenpartikel und die im Boden enthaltenen Luft- und Wasseranteile in das richtige Verhältnis gebracht werden bzw. dieses Verhältnis erhalten wird. Man erreicht das beispielsweise, indem der Anteil und das Volumen der Makroporen erhöht

werden oder indem durch einen Eingriff in die Lebensbedingungen der Bodenfauna die biogene Durchporung des Bodens und die Lebendverbauung der Bodenaggregate gefördert wird.
Durch geeignete Bodenbearbeitungsverfahren lässt sich ferner unter anderem

- der Wasserhaushalt des Bodens beeinflussen (z. B. Minderung der Verdunstung durch Brechen der Bodenkapillare),
- Konkurrenz- und Schadpflanzenbewuchs regulieren (Unkraut),
- pflanzliche und tierische Schädlinge bekämpfen,
- die Verfügbarkeit von Nährstoffen verbessern oder ihre Auswaschung mindern sowie
- die Ackerkrume vertiefen.

Die verschiedenen Bodenbearbeitungsverfahren werden in solche der Primärbodenbearbeitung und der Sekundärbodenbearbeitung unterschieden. Kennzeichnend für die Primärbodenbearbeitung ist ein mechanischer Eingriff in den Boden bis auf Krumentiefe (Tiefenlockerung, Tiefpflügen). Die Sekundärbodenbearbeitung umfasst hingegen Bearbeitungsgänge bis zu einer Tiefe von circa 10 cm zur Herstellung eines Saatbettes. Weitere ebenfalls nur oberflächliche Bodenbearbeitungsarbeiten sind Pflegearbeiten, wie etwa das Hacken zur Unkrautregulierung, eine Kapillarbrechung zur Minderung der Verdunstung oder die Belüftung der Oberkrume.

6.1 Maßnahmen der Bodenbearbeitung gezielt einsetzen

Bei der Primär- oder Grundbodenbearbeitung wird der Boden tiefgründig gelockert oder gar gewendet. Dadurch gelangen tiefere Bodenschichten an die Oberfläche, Wildkräuter und Erntereste oder Gründüngungspflanzen können zur besseren Zersetzung untergegraben werden. Schwere, lehmige Böden werden so über den Winter durch die sogenannte Frostgare krümeliger und besser geeignet für die Bepflanzung im kommenden Frühjahr, da grobe Erdschollen durch den Frost zerkleinert werden. Kleine Flächen und Beete werden von Hand umgegraben (Tab. 24), größere Flächen werden dagegen maschinell bearbeitet (Tab. 25).

Tätigkeit	Arbeitsablauf und Werkzeug	Arbeitstiefe in cm
Umgraben	Herstellen einer Grabefurche. Spatentiefes Graben und Wenden des Bodens, ablegen des Bodens in die Grabefurche. Dabei wird rückwärts gearbeitet. Absammeln von Steinen und Wurzelresten etc. Gleichzeitig kann organisches Material oder Dünger mit eingearbeitet werden.	25 bis 30
Holländern	Die oberste fruchtbare Bodenschicht abtragen und seitwärts lagern. Die darunterliegende Bodenschicht umgraben. Anschließend die fruchtbare Bodenschicht wieder auftragen.	50 bis 60
Rigolen	Vorgehensweise wie beim Holländern, nur diesmal drei Spaten tief.	75 bis 90

Tab. 24: Tiefgründiges Umgraben von Hand

Tätigkeit	Maschine	Arbeitstiefe
Umgraben	Spatenmaschine (Abb. 42)	30 cm
Pflügen	Beetpflug (wendet den Boden nach rechts) Kehrpflug (wahlweises Wenden nach rechts oder links) (Abb. 40)	30 bis 40 cm
Grubbern	Schwergrubber oder Tiefengrubber (gebogene Metallhaken durchziehen den Boden tiefgründig) (Abb. 41)	30 bis 60 cm je nach Länge der Metallhaken
Fräsen	Durchschneiden des Bodens mit an einer Welle befestigten Messern (Abb. 39)	20 cm

Tab. 25: Maschinelle Tiefenlockerung

Vertiefung: Pflügen

Das Pflügen bewirkt eine Wendung, Lockerung, Krümelung und Durchlüftung des Oberbodens. Durch die Bearbeitung wird eine saubere, von Reststoffen freie Bodenoberfläche erreicht, da zugleich Dünger, Ernterückstände und Bewuchs (z.B. Unkraut) durch den Wendevorgang untergearbeitet werden. Der Umbruch des Bodens stellt somit auch einen wichtigen Beitrag zur Unkrautregulierung, Schädlings- und Krankheitsbekämpfung dar. Der starke Eingriff in die Bodenfauna durch das Pflügen hat aber auch nachteilige Auswirkungen, etwa durch eine Schädigung der Regenwürmer-Population. Ferner kann der Umbruch des Bodens eine wesentliche Ursache für Bodenerosion sein.

Abb. 37:
Bodenlockerung durch Hacken

Bei der sekundären Bodenbearbeitung (Saatbettbereitung) werden nur die obersten 10 bis 15 cm des Bodens bearbeitet. Sie dient der Vorbereitung der Aussaat bzw. Pflanzung und wird daher auch Saatbettbereitung genannt. Bei der Sekundärbearbeitung wird die oberste Bodenschicht vielfach feiner gekrümelt, als dies bei der Grundbodenbearbeitung der Fall ist, damit eine ebene und nicht verkrustete, leicht von den Keimlingen zu durchbrechende Oberbodenschicht entsteht. Andererseits zielt die Sekundärbearbeitung verbreitet zudem darauf ab, durch Rückverfestigungsmaßnahmen unter einer dünnen, obersten Lockerbodenschicht den Kulturpflanzen Anschluss an das Kapillarsystem des Unterbodens und damit dort gespeichertes Bodenwasser zu sichern. Von Hand geschieht dies durch harken, grubbern oder hacken (Abb. 37), aber es gibt auch für diese Arbeitsvorgänge Maschinen (siehe LG 4, Kap. 6.2).

6.2 Bodenbearbeitungsgeräte unterscheiden

Während auf kleinen Flächen oder in Pflanzenbeständen häufig mit Handwerkzeug gearbeitet wird (Abb. 38), kommen auf größeren Flächen und besonders im Obst- und Gemüsebau größere Maschinen zum Einsatz, die entweder mit einer Arbeitsbreite von 50 bis 150 cm von Hand geführt werden oder aber als Anbaugeräte an Schleppern eine Arbeitsbreite von mehreren Metern haben können (Abb. 39 ff.). Dabei sind auch Kombinationsgeräte möglich, die mehrere Arbeitsschritte in einem Arbeitsgang absolvieren (Abb. 45 bis 47).

A: Grabegabel

B: Spaten

C: Schlaghacke

D: Sauzahn

E: Grubber

F: Harke

Abb. 38:
Bodenbearbeitungsgeräte von Hand

Abb. 39:
Motorfräse

Abb. 40:
Kehrpflug

Abb. 41:
Grubber

Abb. 42:
Spatenmaschine

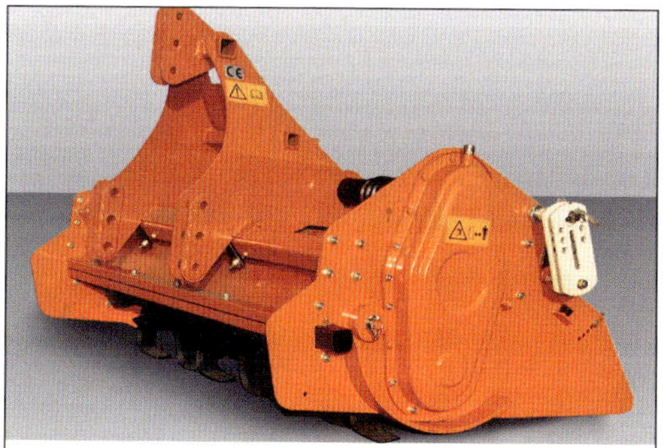

Abb. 43:
Anbaufräse

Abb. 44:
Kreiselegge

Abb. 45:
Grubber mit Kreiselegge

Abb. 46:
Pflug mit Packer

Abb. 47:
Umkehrfräse mit Gitterwalze und Saatmaschine

Abb. 48
Sähmaschine

Aufgaben:

1. Listen Sie alle Ihnen bekannte Handwerkzeuge zur Bodenbearbeitung auf. Welche davon werden für die Primärbodenbearbeitung verwendet, welche für die Sekundärbodenbearbeitung?
2. Welche maschinellen Bodenbearbeitungsgeräte nutzen Sie in Ihrem Betrieb? Welches davon sind Kombinationsgeräte?
3. Beschreiben Sie die Arbeitsweise der aus Aufgabe 2 aufgelisteten Maschinen.
4. Wiederholen Sie LG 4, Kap. 1.4 und erarbeiten Sie tabellarisch, mit welchen Maschinen und Arbeitsverfahren sich Bodenverbesserungsmaßnahmen durchführen lassen.

Lösen Sie im Arbeitsheft die Arbeitsblätter auf den Seiten 131 bis 133 und 179 bis 180.

Betriebsausstattung

Aufräumen gefällt Morten eigentlich gar nicht. Aber am Wochenende ist Tag der offenen Tür in der Baumschule und da muss alles tiptop sein. Morten ist erstaunt, was so alles herumliegt: alte Kulturgefäße aus Kunststoff und Ton in den verschiedensten Größen, Reste von Holzkisten größerer Pflanzenlieferungen, Verpackungsfolie und Ballentuch als Meterware auf Rollen, Rankgerüste aus Metall in allen Variationen, riesige Deko-Glaskugeln und auch lang nicht mehr gebrauchtes Werkzeug, Schlepper, Motorbesen, Schlauchwagen und Bewässerungsanlagen. Was für ein Durcheinander, wie soll Morten es nur schaffen, alles wegzuräumen? Um nicht den Überblick zu verlieren, hat er sich ein System überlegt. Alle Verpackungsmaterialien sollen in die Verkaufshalle, dort liegen sie dann bei Bedarf griffbereit. Die Töpfe kommen in die Arbeitshalle, dort müssen sowieso noch die jungen Buchsbäume umgetopft werden. Die Schlepper und Maschinen kann er nachher noch in der großen Garage einparken und das Werkzeug kommt in den Werkzeugschuppen. Die Rankgerüste und Glaskugeln können noch im Eingangsbereich zur Dekoration verwendet werden und alles, was kaputt ist, kommt nach Wertstoffen getrennt auf den Müllsammelplatz. Also: Ärmel hochkrempeln und los geht es!

1. Materialien nutzen

Im Gartenbau werden die vielfältigsten Materialien und Werkstoffe sowohl als einzelner Baustoff als auch in Kombination genutzt. Um für die verschiedenen Vorhaben die richtigen Stoffe auszuwählen, muss der Gärtner über die Eigenschaften, die Witterungsabhängigkeit und über die geeigneten Werkzeuge zum Be- und Verarbeiten informiert sein. Nicht zuletzt benötigen die Werkzeuge Pflege, um möglichst lang ihre Eigenschaften, Schönheit und Nützlichkeit zu bewahren.

1.1 Holz

Holz ist ein wertvoller, natürlich nachwachsender Rohstoff, der für viele Konstruktionsmöglichkeiten im Gartenbau eingesetzt wird: Holzkreuze werden auf Gräbern eingesetzt; im Garten sind Pergolen oder Carports häufig aus Holz. Holz wird zu Paletten und Kisten verarbeitet, um damit Pflanzen und andere Gegenstände zu transportieren und nicht zuletzt werden Bäume und Sträucher gepflanzt, deren Stämme und Sprosse interessante Maserungen und Rindenstrukturen zeigen.

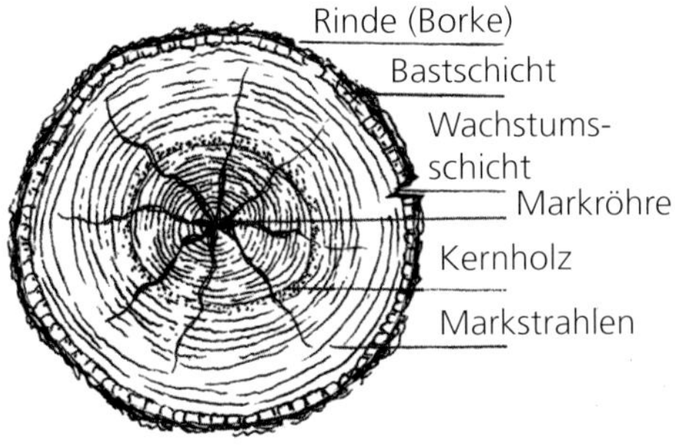

Abb. 1:
Querschnitt durch einen Baumstamm

Die Eigenschaften des Holzes liegen an der Einlagerung von Lignin (Holzstoff) und Zellulose in den Spross der Pflanze. Ersteres macht ihn stabil und tragfähig, letzteres sorgt für Biegsamkeit. Ein Holzstamm besteht aus Rinde mit Borke und Bastschicht, gefolgt vom Splintholz mit der Wachstumsschicht (Kambium) und den Markstrahlen. Der innere Teil des Holzes ist das Kernholz mit der Markröhre (Abb. 1). Es ist häufig dunkler und härter als das Splintholz. Bäume mit großem Stammquerschnitt wie z. B. Eichen werden sehr alt und haben deshalb einen großen Anteil an Kernholz. Es ist für Baumaßnahmen besonders geeignet, da es haltbar und widerstandsfähig gegen Insekten- und Pilzbefall ist. Deutlich zu erkennen sind die Jahresringe des Baumes: Während einer Vegetationsperiode bilden sich neue Zellen im Kambium (sekundäres Dickenwachstum). Diese Schicht ist zu Beginn des Jahres aufgrund der gut verfügbaren Nährstoffe, Wasser und Licht besonders produktiv und es entstehen relativ große Zellen. Zum Herbst werden die Zellen kleiner, dadurch erscheinen sie dunkler als die hellen Zellen. Auf diese Weise kommt das Ringmuster zustande. Die Dicke der Jahresringe ist bei jeder Baumart verschieden. Stämme von Pappel, Tanne und Weide haben sehr große Zellen. Sie gelten deshalb als weiche Hölzer, die für Baumaßnahmen im Garten weniger geeignet sind, da ihre Haltbarkeit relativ gering ist. Eiche und Rotbuche sind dagegen sehr harte Hölzer. Besonders hart und dauerhaft sind Tropenhölzer (Bangkirai, Bongossi), da es in den Tropen keine Jahreszeiten gibt und sich deshalb die Maserung des Holzes gleichmäßig fein ausarbeiten kann (Tab. 1).

Gruppe	Holzart	Eignung	Härte (Dauerhaftigkeitsklasse)
Heimische Laubhölzer	Ahorn	Möbel, Bauholz für Innen	Hart (5: nicht dauerhaft)
	Birke	Möbel, für Innen	Ziemlich hart (5: nicht dauerhaft)
	Buche (Rotbuche)	Möbel, bedingt für außen (Schwellen und Palisaden)	Sehr hart (5: nicht dauerhaft)
	Eiche	Möbel, außen für Schwellen und Pfähle, Pfosten, im Wasserbau	Sehr hart (2: dauerhaft)
	Erle	Für innen	Weich (5: nicht dauerhaft)
	Esche	Möbel, Werkzeugstiele, Bootsbau	Hart (5: nicht dauerhaft)
	Robinie	Für Außenanlagen, für Spielgeräte	Hart (1–2: sehr dauerhaft)
	Ulme	Möbel (innen)	Ziemlich hart (4: wenig dauerhaft)
Heimische Nadelhölzer	Douglasie	Für Innen und Außen, als Bauholz	Weich (3–4: mäßig bis wenig dauerhaft)
	Fichte	Als Bauholz	Weich (4: wenig dauerhaft)
	Kiefer	Kisten und Verpackungen, Bauholz, Palisaden	Weich (3–4: mäßig bis wenig dauerhaft)
	Lärche	Bauholz, für Außenanlagen	Weich (3–4: mäßig bis wenig dauerhaft)
	Tanne	Möbel, Bauholz	Weich (4: wenig dauerhaft)
Tropenhölzer	Bangkirai	Für Außenanlagen	Hart (2: dauerhaft)
	Bongossi	Möbel, für Außenanlagen	Extrem hart (2: dauerhaft)
	Mahagoni	Möbel, Bauholz, Bootsbau	Hart (2–3: dauerhaft bis mäßig dauerhaft)
	Teak	Bootsbau, für Außenanlagen	Hart (1: sehr dauerhaft)

Tab. 1: Härte einiger Holzarten

Die Haltbarkeit eines Holzes drückt sich in der Dauerhaftigkeitsklasse aus. Dies ist besonders für den Einsatz im Außenbereich wichtig, wo Feuchtigkeit, Pilzbefall oder holzzerstörende Insekten, aber auch das Licht auf das Holz einwirken. Hier sollten nur Hölzer der Dauerhaftigkeitsklasse 1 bis 4 verwendet werden.

Merke:

Tropenhölzer sind besonders dauerhaft. Jedoch ist ihr Einsatz umstritten, da dafür große Flächen des tropischen Regenwaldes unwiederbringlich zerstört werden. Auch bei Verwendung von Tropenhölzern mit „Ökosiegel" sollte die Herkunft genau geprüft werden. Es gibt auch heimische, sehr dauerhafte Hölzer wie Eiche und Robinie.

Jedes Holz reagiert auf Witterungseinflüsse wie Temperatur, Feuchtigkeit und UV-Strahlung. Wird es nass, dehnt sich Holz aus; man spricht vom „quellen". Trocknet das Holz wieder ab, zieht es sich zusammen; es „schwindet", wodurch Risse entstehen können. Man spricht auch davon, dass Holz arbeitet. So lässt die UV-Strahlung das Holz ausbleichen. Richtiger Holzschutz verlängert die Lebensdauer aller hölzernen Bauwerke. Man unterscheidet dabei den konstruktiven Holzschutz vom chemischen Holzschutz.

Vertiefung: Holzschädlinge

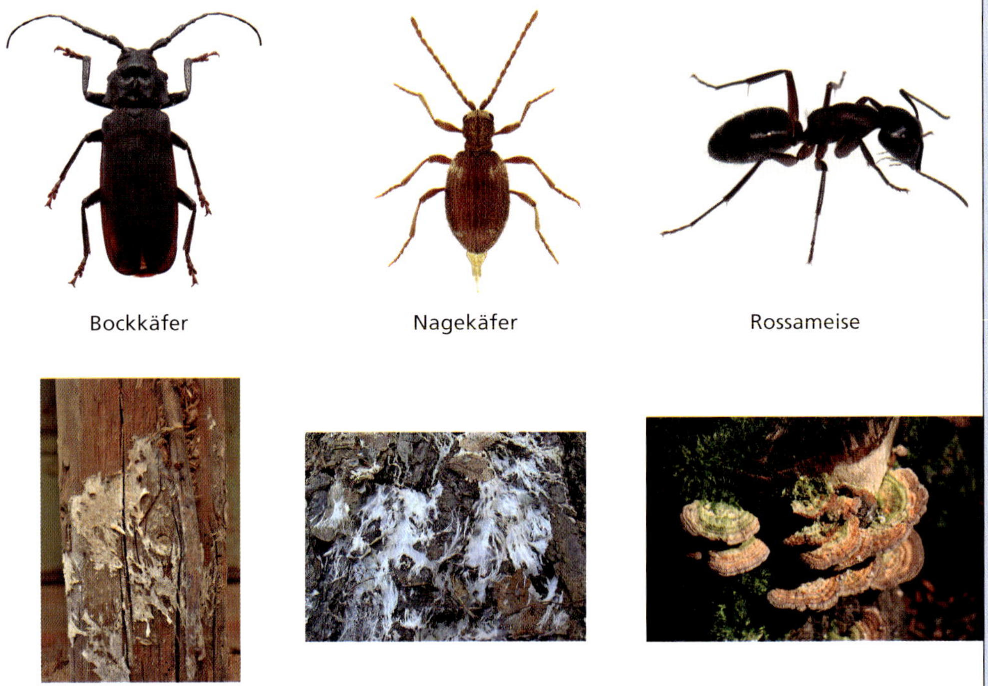

Bockkäfer Nagekäfer Rossameise

Hausschwamm Pilzmyzel Schmetterlingstramete

Abb. 2:
Holzschädigende Insekten und Pilze

Konstruktiver Holzschutz umfasst alle holzschützende Maßnahmen, die schon beim Bau durchgeführt werden. Dazu zählt das Abschrägen eines Pfostens, damit Regenwasser ablaufen kann, das Versenken von Holzschrauben und Abdecken mit Kappen, damit sich kein Wasser in den Vertiefungen ansammelt, aber auch der Schutz vor Wasser, das vom Boden hochspritzt. In jedem Fall sollte der direkte Erdkontakt vermieden werden, da dies auch immer Kontakt mit Feuchtigkeit bedeutet: der ideale Angriffspunkt für holzzersetzende Pilze und Insekten (Abb. 2; Tab. 2).

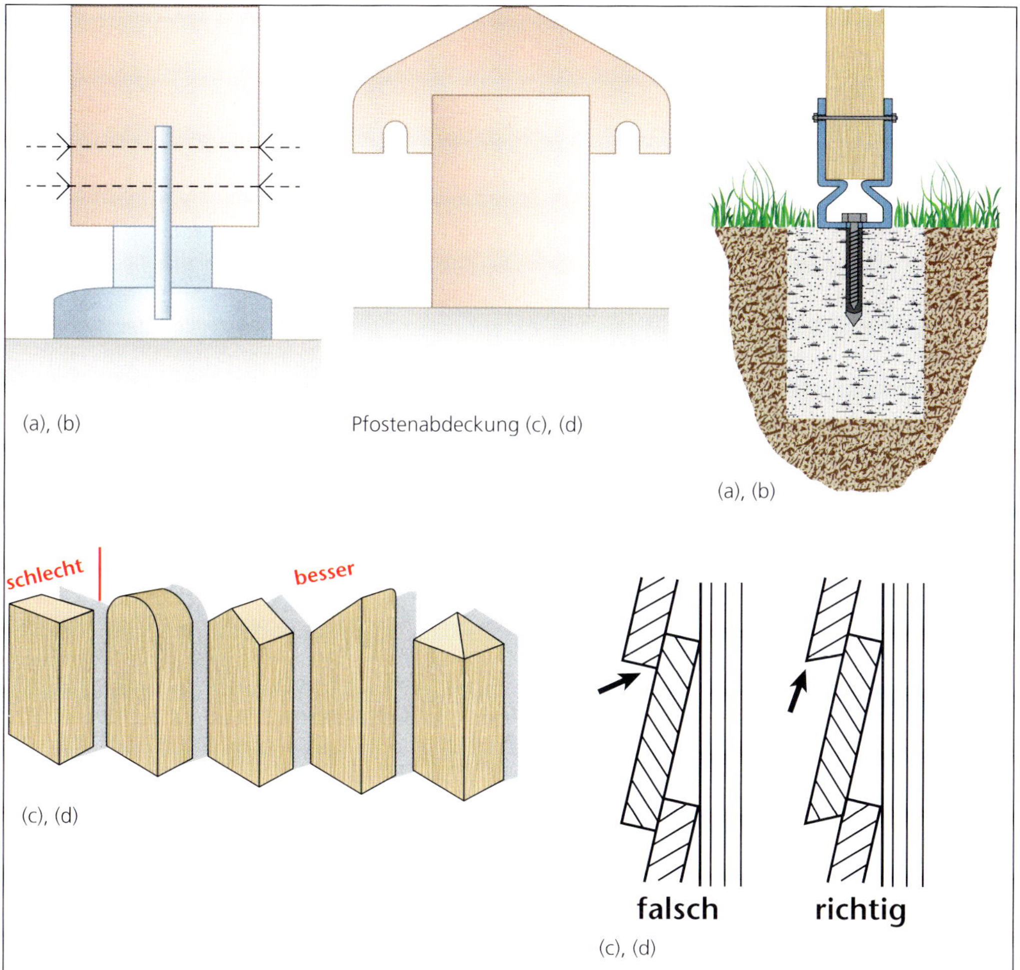

Abb. 3: Möglichkeiten konstruktiven Holzschutzes (siehe Tab. 2)

Vermeidung von Erdkontakt (a)	Pfosten in Bodenhülsen oder Pfostenschuhen befestigen, die in den Boden einbetoniert werden
Schutz vor Spritzwasser (b)	Bei Holzpfosten min. 10 cm Abstand vom Boden einhalten, bei Holzwänden einen Dachüberstand bauen

Abtropfen gewährleisten (c)	Pfosten mit Kappen versehen, Tropfrinnen einfräsen, Schrauben und Bolzen versenken und abdecken
Schnelles Abtrocknen fördern (d)	Pfosten abschrägen, Holzwände mit Luftzirkulation einbauen, Holzterrassen mit Gefälle und Fugen verlegen

Tab. 2: Maßnahmen konstruktiven Holzschutzes

Chemischer Holzschutz umfasst alle Maßnahmen, die mit dem Auftragen von Holzschutzmitteln wie Lacken, Ölen oder Lasuren zu tun haben (Tab. 3). Auch die Kesseldruckimprägnierung zählt zum chemischen Holzschutz.

Vertiefung: Kesseldruckimprägnierung

Das Holz wird in zigarrenförmigen Kesseln behandelt. Dazu zählen die Volltränkverfahren, Spartränkverfahren und Wechseldruckverfahren. Vor der eigentlichen Behandlung mit Holzschutzmitteln wird teilweise noch mit einem Vakuum von maximal 40 mbar Absolutdruck die Luft aus dem Holz gezogen; diese Vakuumphase dauert in der Regel 30 bis 40 Minuten. Danach wird der Imprägnierzylinder mit dem Tränkmittel geflutet und, teils unter Temperaturerhöhung, unter Druck gesetzt. Die Nachschaltung eines Schlussvakuums (meist 10 bis 15 Minuten) nach dem Entleeren der Zylinder wird normalerweise durchgeführt, um überschüssiges Mittel zurückzugewinnen. Welches Verfahren gewählt wird, ist abhängig von Holzart, Holzfeuchte zum Zeitpunkt der Schutzbehandlung, verwendetem Holzschutzmittel, Einbringtiefe und der geplanten Verwendung des Holzes.

Verfahren	Vorgehensweise	Verwendete Mittel
Streichen	Auftragen der Mittel mit Pinsel oder Rollen. Vorteil: einfach anzuwenden. Nachteil: Es kommt leicht zu unregelmäßiger Mengenausbringung.	Öle, Lacke und Lasuren. Öle und Lasuren dringen tief in den Randbereich der Hölzer ein und erhalten die Maserung. Lacke versiegeln die Holzoberfläche, die Maserung ist nicht mehr sichtbar. Regelmäßige Wiederholung notwendig.
Spritzen	Mit einer Luftdruckpistole wird das Mittel gleichmäßig ganz dünn aufgetragen. Vorteil: ressourcenschonender Einsatz, es entstehen keine Tropfnasen.	
Tränken	Hölzer werden für mehrere Stunden in das Mittel ganz eingetaucht. Vorteil: Hölzer können sich bis zur Sättigung vollsaugen.	Öle, Lasuren und salzhaltige Spezialmittel. Verfahren nur vor dem Einbau der Hölzer möglich, wiederholendes Spritzen oder Streichen bleibt erforderlich.
Tauchen	Hölzer werden für Sekunden bis einer Stunde zur Gänze in das Mittel eingetaucht (siehe oben).	

Tab. 3: Übersicht über chemische Holzschutzverfahren

Merke:

Wenn Kesseldruckimprägniertes Holz entfernt wird, darf es nicht verbrannt werden, sondern gehört zum Sondermüll.

Aufgaben:

1. Beschreiben Sie den Unterschied zwischen konstruktivem und chemischem Holzschutz.
2. Vergleichen Sie den Querschnitt eines Holzstammes mit dem Sprossquerschnitt krautiger Pflanzen. Welche Gemeinsamkeiten können Sie feststellen?
3. Recherchieren Sie DIN 68800 – 1 bis 68800 – 4 und fassen Sie die wichtigsten Ergebnisse zusammen.

Lösen Sie im Arbeitsheft die Arbeitsblätter auf den Seiten 57 und 185 bis 189

1.2 Metall

Metalle sind Werkstoffe für Zäune, Rankhilfen, Beetbegrenzungen, Töpfe und Gartenkunst, Gabionen oder für Befestigungen wie Schrauben, Nägel, Anker usw. Metalle werden in Eisenwerkstoffe und Nichteisenwerkstoffe eingeteilt (Tab. 4).

Eisenwerkstoffe	Nichteisenwerkstoffe
Zu den Eisenwerkstoffen gehören alle Eisen-Kohlenstoff-Legierungen wie: • Reineisen • Baustahl • Werkzeugstahl • Gusseisen • Edelstahl, Nirosta®, Cromargan®	Zu den Nichteisenwerkstoffen gehören alle Metalle außer Eisen und Eisen-Legierungen: • Edelmetalle (Gold, Silber, Platin) • Unedle Metalle (Zink, Aluminium) • Buntmetalle (Kobalt, Kupfer, Nickel, Messing, Zinn) • Schwermetalle (Cadmium, Blei, Quecksilber, Thallium, Plutonium)

Tab. 4: Einteilung der Metalle

Die meisten Metalle können korrodieren. Bei Eisen spricht man auch von Rosten. Das ist ein chemischer Vorgang, bei dem das Metall mit dem Sauerstoff der Luft und der Luftfeuchtigkeit reagiert (Oxidation), wobei eine messbare Veränderung am Werkstoff eintritt, meist eine Änderung der Farbe sowie oft eine negative Veränderung der sonstigen Oberflächeneigenschaften: Eisen wird schartig und brüchig und es verfärbt sich rotbraun. Silber und Aluminium laufen hingegen schwarz an und bekommen eine stumpfe Oberfläche. Bronze und Kupfer verfärben sich grünlich, hier spricht man von Patina (Abb. 3).

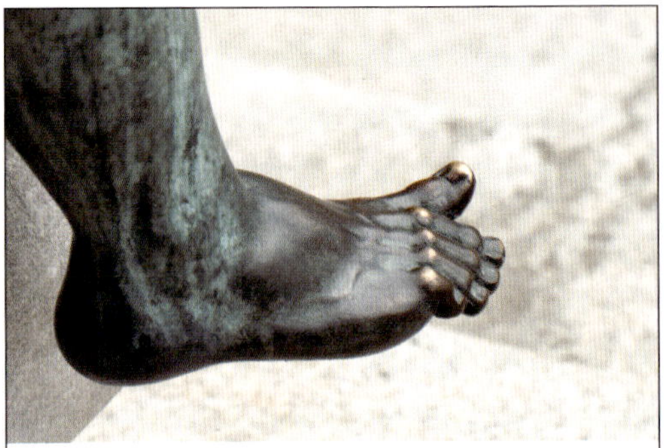

Abb. 4:
Patina an einer Bronzestatue

Um die Metalle möglichst lange funktionsfähig zu halten, muss der Prozess der Korrosion vermieden oder eingedämmt werden. Dazu sollten Metalle – ähnlich wie Holz – vor Kontakt mit Wasser geschützt werden, indem beispielsweise eine direkte Verbindung zum Boden verhindert wird, Regenwasser gut ablaufen kann und die Metalle vor Spritzwasser geschützt werden. Bereits angerostetes Eisen muss abgeschliffen und zum Schutz mit einer Rostschutzgrundierung und Rostschutzfarbe behandelt werden. Werkzeuge aus Metall sind besonders sorgfältig zu behandeln, da sie sonst nicht mehr benutzt werden können und ein hohes Verletzungsrisiko darstellen (Tab. 5).

Während der Benutzung	• Spaten, Schaufeln, Grabegabeln und anderes Werkzeug mit metallenem Blatt nicht in Wasserpfützen stehen lassen bzw. bei Nichtgebrauch geschützt und trocken zur Seite stellen. • Sägeblätter und Klingen von Scheren nach der Benutzung vom Pflanzensaft trocknen.
Direkt nach der Benutzung	• Spaten und Schaufeln etc. mit einer Bürste von Erdresten oder Beton befreien. • Kellen, Schubkarren usw. ggf. mit Wasser gründlich reinigen und so aufstellen, dass das Wasser gut ablaufen kann. • Sägen und Scheren reinigen und die beweglichen Teile mit einem Tropfen Öl geschmeidig halten.
Zur Winterpause	• Alle Werkzeuge auf Sauberkeit und Funktionsfähigkeit hin überprüfen, mit einem Ölspray dünn einsprühen und trocken und gut belüftet in einem Werkzeugschuppen lagern.

Tab. 5: Umgang mit Metallwerkzeugen

Viele Gegenstände aus Metall, die ganzjährig der Witterung ausgesetzt sind, wie z. B. Zäune, sind mit einer vor Rost schützenden Kunststoffummantelung im Handel zu erwerben oder besitzen einen feuerverzinkten Überzug, der ebenso vor Korrosion schützt.
Schrauben, Bolzen, Nägel, Hesphaken, Winkel und viele andere Befestigungsbeschläge sind aus Metall. Sie sollen Werkstücke miteinander verbinden. Welche Beschläge geeignet sind, hängt von der zu tragenden Last und der Materialart ab. Gerbsäurehaltige Hölzer wie z. B. Eiche zerstören Metalle, es sei denn, sie sind aus rostfreiem Edelstahl.

Vertiefung: Rostfreier Edelstahl

Abb. 5:
Handlauf aus rostfreiem Edelstahl

Nichtrostender oder rostfreier Stahl zeichnet sich durch einen Anteil von mehr als 10,5 % Chrom aus. Durch diesen hohen Chromanteil bildet sich eine schützende und dichte Passivschicht aus Chromoxid an der Werkstoffoberfläche aus. Diese Passivschicht kann nach Spezialbehandlung gleichzeitig zur Färbung der Stahloberfläche eingesetzt werden. Weitere Legierungsbestandteile wie Nickel, Molybdän, Mangan und Niob führen zu einer noch besseren Korrosionsbeständigkeit oder günstigeren mechanischen Eigenschaften. Da Chrom als Legierungselement preisgünstiger ist als Nickel, wird ein höherer Chromanteil bei kleinerem Nickelanteil (gleiche Korrosionsbeständigkeit vorausgesetzt) bevorzugt. Vorteile rostfreien Edelstahls sind eine erhöhte Beständigkeit gegen Korrosion und Säuren, leichtere Bearbeitung beim Bohren und Fräsen, eine geringe elektrische und thermische Leitfähigkeit. Wegen der guten Umformbarkeit von Bauteilen aus rostfreiem Stahl findet dieser Werkstoff eine immer größere Verbreitung in der Industrie und im Haushalt (Abb. 5). Besonders die Langlebigkeit der produzierten Teile und Vorteile im Umweltschutz sind zu nennen. Nachteil gegenüber anderen Stählen ist jedoch die zumeist geringe Zugfestigkeit und oft fehlende Härtbarkeit.
Seit der Patenterteilung auf Stähle mit „hoher Widerstandskraft gegen Korrosion" im Jahr 1912 an die Firma Friedrich Krupp AG in Essen hat die Produktion von rostfreiem Stahl einen gewaltigen Aufschwung genommen. Auslöser für die Entwicklung eines solchen Stahls war die aufstrebende chemische Industrie im Deutschen Reich. Die damaligen Syntheseverfahren mit Heißdampf, säurehaltigen Medien und sehr hohen Temperaturen ließen herkömmliche Stähle spröde (Wasserstoffsprödigkeit) und rissig werden. Viele damalige Reaktoren waren bis dahin aus Granit gefertigt, um diese Nachteile zu umgehen. Die 1913 anlaufende Ammoniaksynthese (Haber-Bosch-Verfahren) konnte nur durch den Einsatz von Chrom-Nickel-Stählen, wie sie Krupp ein Jahr zuvor entwickelt hatte, realisiert werden. Die parallele Entwicklung der Stahl- und Chemieindustrie, insbesondere dieser beiden Ereignisse, war deshalb kein Zufall.

Aufgaben:

1. Schauen Sie sich in Ihrem Betrieb um: Wo kommt überall Metall zum Einsatz?
2. Was bedeutet Korrosion und wie kann dieser Prozess verhindert werden?
3. Recherchieren Sie, welche rostfreien Edelstähle es gibt.
4. Welchen Zusammenhang gibt es zwischen gerbsäurehaltigen Hölzern und Korrosion?

5. Kennen Sie Gelegenheiten, bei denen das Rosten von Metallen erwünscht ist? Begründen Sie.

Lösen Sie im Arbeitsheft die Arbeitsblätter auf den Seiten 190 und 191.

1.3 Glas

Abb. 6:
Venlo-Gewächshaus aus Blankglas

Der Werkstoff Glas ist im Gartenbau hauptsächlich in der Produktionssparte als Eindeckungsmaterial von Gewächshäusern anzutreffen. Dabei unterscheidet man Gartenblankglas von Gartenklarglas. Ersteres wird beidseitig glatt und mit einheitlicher Stärke hergestellt. Gartenklarglas wird hingegen einseitig gewalzt, während die andere Seite meist genörpelt (mit unebener Oberfläche) ist. Dadurch kann Licht zwar hindurchscheinen, jedoch streut es stark und erzeugt ein diffuses Licht. Zusammenfassend gehören beide Arten zu den Flachgläsern mit einer Lichtdurchlässigkeit von 89 bis 93 %. Sie werden industriell durch ein Zieh- oder Gussverfahren hergestellt. Allerdings wird im Gewächshausbau das Material Glas inzwischen durch den günstigeren und meist stabileren Kunststoff verdrängt.
Glas ist aber auch immer stärker als Werkstoff für Dekorationsgegenstände vertreten: Ob Wintergärten, Rosenkugeln für die Gartenbeete, Lichtinstallationen oder kleinere Dekogegenstände (Abb. 6), Glas ist wegen seiner Lichtdurchlässigkeit, wegen des Treibhauseffektes und der Fähigkeit, Stimmungen zu erzeugen, im Garten sehr beliebt.

Vertiefung: Glasherstellung

Zur Herstellung von gewöhnlichem Glas werden die fein zerkleinerten und gut durchmischten Rohstoffe (reiner Quarzsand, Soda, Pottasche, Kalkstein, Marmor oder Kreide) in speziellen Schmelzöfen geschmolzen, wobei die Schmelze durch Zusätze geläutert und entfärbt wird. Gefärbte Gläser entstehen durch Zusätze von Metalloxiden. Die Glasschmelze wird durch Blasen mit dem Mund, Pressen, Ziehen und Schleudern von Hand oder maschinell verarbeitet. Die Kunst der Glasherstellung war schon um 1500 v. Chr. in Ägypten bekannt. Sie ging dann an die Phönizier über und gelangte so auch nach Europa, wo im 13. Jh. Venedig die Glasmacherkunst zur Blüte führte. Erst gegen Ende des Mittelalters allerdings ging man zur Verglasung der Fenster von Wohnhäusern über.

Abb. 7:
Glas im Garten

Aufgaben:

1. Beschreiben Sie den Unterschied zwischen Gartenklarglas und Gartenblankglas.
2. Listen Sie die Vorteile und Nachteile von Glas als Werkstoff auf.
3. Ein Glaser bietet Ihnen Gartenklar-Sicherheitsglas in 4 mm Stärke zum Preis von 85,00 €/m² an. Dazu kommen die Kosten für das Zuschneiden und Einsetzen des Glases in Ihr Gewächshaus von 35,00 €/h. Sie müssen 45 Scheiben mit den Maßen 46 x 144 cm auswechseln lassen und kalkulieren mit 30 Minuten Einbauzeit pro Scheibe. Wie hoch sind die Kosten für diese Arbeit?

1.4 Kunststoffe

Kunststoffe, die umgangssprachlich als Plastik, Plast oder Plaste bezeichnet werden, sind Werkstoffe, die hauptsächlich aus Makromolekülen (Polymere) bestehen. Wichtige Merkmale von Kunststoffen sind ihre technischen Eigenschaften wie Formbarkeit, Härte, Elastizität, Bruchfestigkeit, Temperatur-, Wärmeformbeständigkeit und chemische Beständigkeit, die sich durch verschiedene Herstellungsverfahren und die verwendeten Rohstoffe variieren lassen. Sie werden zu Formteilen, Halbzeugen, Fasern oder Folien weiterverarbeitet und dienen u.a. als Verpackungsmaterialien, Textilfasern,

Wärmedämmung, Rohre, Bodenbeläge, Bestandteile von Lacken, Klebstoffen und Kosmetika. Die Größe der Makromoleküle wechselt zwischen einigen Tausend bis über eine Million Grundeinheiten. Sie können unverzweigte, verzweigte oder vernetzte Moleküle sein. Kunststoffe können dabei aus Naturstoffen gewonnen oder rein synthetisch sein und beispielsweise aus Zellulose, Zucker oder Stärke hergestellt werden. Ausgangsstoff für die synthetische Herstellung sind Erdöl oder Erdgas. Die einzelnen Verfahren sind allerdings sehr energieintensiv.
Im Gartenbau findet man Kunststoffe in Form von Vliesen und Folien, als Töpfe oder Verpackungsmaterialien (Abb. 8).

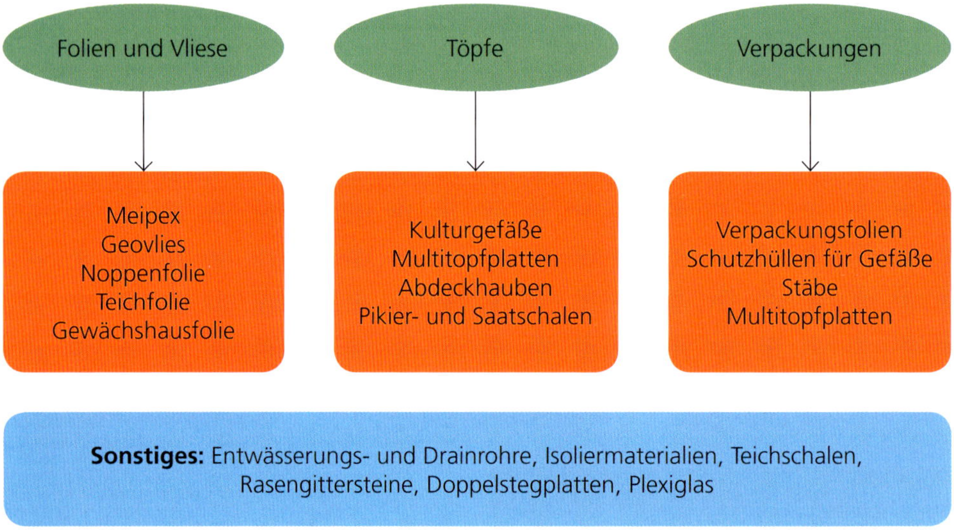

Abb. 8:
Vielfalt von Kunststoff im Gartenbau

Kunststoffplatten werden verstärkt bei der Eindeckung von Gewächshäusern verwendet. Sie haben folgende Vorteile:

- Hohe Lichtdurchlässigkeit zwischen 89 und 93 %
- Relativ bruchsicher bei Sturm und Hagel
- Wasserdampfdurchlässig
- Einfach zu Bearbeiten
- Preisgünstig

Abb. 9:
Doppelstegplatten

Die verwendeten Kunststoffplatten bestehen aus Polyvinylchlorid (PVC), Polycarbonat (PC), Polymethylmethacrylat (PMMA; auch Plexiglas genannt), Polyethylenterephthalat (PET) oder Polypro-

pylen (PP). Sie können auch glasfaserverstärkt sein (GFUP). Besonders oft werden Stegplatten oder Hohlkammerscheiben aus PC verwendet (Abb. 9). Sie zeichnen sich durch eine luftgefüllte und mit Querverstrebungen stabilisierte Konstruktion aus. Alle PC-Hohlkammerscheiben für den Außeneinsatz besitzen eine spezifische UV-Schutzschicht, die die guten Eigenschaften in Bezug auf Lichtdurchlässigkeit, Schlagfestigkeit und Witterungsbeständigkeit sichert. Die Wärmedämmung ist ausgezeichnet und die Kondensatbildung auf der Rauminnenseite wird reduziert.
Folien bestehen aus Polyethylen (PE), PVC, Polyvinylfluorid (PVF), Ethylvinylacetat (EVA), Polyester oder Tetrafluorethylen (TFE).
Im Laufe der Zeit verlieren jedoch alle Kunststoffe ihre Lichtdurchlässigkeit und ihre UV-Beständigkeit. Folien müssen dann ersetzt werden, während Doppelstegplatten bei regelmäßiger Reinigung etwas länger halten.

Aufgaben:

1. Welche Folien werden in Ihrem Betrieb für welche Zwecke verwendet?
2. Kunststoffe sind problematisch zu entsorgen. Recherchieren Sie das Spannungsfeld Plastik und Umweltschutz und tragen Sie Ihre Ergebnisse zu einer Wandzeitung zusammen.
3. Wie kann der Umweltproblematik von Kunststoffen begegnet werden? Machen Sie Vorschläge.

Lösen Sie im Arbeitsheft die Arbeitsblätter auf den Seiten 192 bis 193.

1.5 Beton

Beton ist ein vielgenutzter Baustoff im Garten. Er dient zum Herstellen von Fundamenten für Mauern, Treppen oder Holzkonstruktionen, zum Befestigen von gepflasterten Flächen oder Randeinfassungen von Wegen und Beeten, zur Herstellung von Tragschichten im Wegebau und auch für Formteile zur Bepflanzung, Entwässerung oder Terrassierung.
Je nachdem, welche Aufgaben der Beton zu leisten hat, müssen die einzelnen Bestandteile sorgfältig ausgewählt und eventuell durch Baustahl für eine erhöhte Stabilität ergänzt werden. Dabei spielt die Zustandsbeschaffenheit des Betons ebenfalls eine Rolle, wir sprechen von Betonkonsistenz (fließfähig, weich oder steif).

1.5.1 Betonbestandteile

Beton ist ein Gemisch aus den Bestandteilen Zement, Wasser und Gesteinskörnungen. Die verschiedenen Gesteinskörnungen werden auch als Zuschlagstoffe bezeichnet. In diese Gruppe gehören auch Zusätze, die die Eigenschaften des Betons unterstützen sollen, in dem er beispielsweise später oder auch schneller abbindet, wasserundurchlässig ist oder den Beton stabilisiert.
Zement und Wasser bilden zusammen den Zementleim, welcher dafür sorgt, dass die einzelnen Bestandteile miteinander verkleben und dauerhaft zusammenhaften.

Zement

Zement ist ein Produkt aus vielen verschiedenen, fein vermahlenen Gesteinen, wie z.B. Kalkstein, Ton oder Sand. Diese Gesteinsmehle werden in Öfen bei 1450 °C bis zur Verschmelzung (Sinterung) gebrannt. Der daraus entstehende Zementklinker wird erneut vermahlen und mit Gips vermischt. Die Qualität des Zements ist vom Grad des Vermahlens abhängig. Je nach Art der weiteren Zuschlagstoffe werden verschiedene Zementarten unterschieden, am gebräuchlichsten sind jedoch Portlandzement und Portlandpuzzolanzement.

Bezeichnung		Kurzbezeichnung
CEM I	Portlandzement	CEM I
CEM II	Portlandhüttenzement	CEM II/A-S, CEM II/B-S
	Portlandsilicastaubzement	CEM II/A-D
	Portlandpuzzolanzement	CEM II/A-B, CEM II/B-P, CEM II/B-Q
	Portlandflugaschezement	CEM II/A-V, CEM II/B-V, CEM II/A-W, CEM II/B-W
	Portlandschieferzement	CEM II/A-T, CEM II/B-T
	Portlandkalksteinzement	CEM II/A-L, CEM II/B-L, CEM II/A-LL, CEM II/ B-LL
	Portlandkompositzement	CEM II/A-M, CEM II/B-M
CEM III	Hochofenzement	CEM III/A, CEM III/B, CEM III/C
CEM IV	Kompositzement	CEM IV/A, CEM IV/B
CEM V	Puzzolanzement	CEM V/A, CEM V/B

Tab. 5: Zementarten

Merke:

Jede Zementart hat eine ihm zugeordnete spezifische Sackfarbe, an der sie zu erkennen ist und die der jeweiligen Festigkeitsklasse entspricht. Nach dem Anmischen muss der Beton mindestens 28 Tage abbinden, um seine Druckfestigkeit zu erhalten, die in N/mm^2 gemessen wird. Zemente mit hoher Anfangserhärtung erhalten als zusätzliches Kennzeichen den Buchstaben R für rapid, Normalzemente den Buchstaben N.

Wasser (Anmachwasser)

Das Wasser ist für die Bildung des Zementleims notwendig, ohne den der Beton nicht abbinden kann. Da Zement nur etwa 40 % seines Gewichtes an Wasser binden kann, sollte die Wassermenge zur Betonherstellung möglichst gering gehalten werden. Nur dann ist die maximale Druckfestigkeit zu erreichen. Nicht gebundenes Wasser verdunstet aus dem Beton, hinterlässt dort feine Kapillarporen und wird dadurch brüchig.

Zusätzlich besteht eine Entmischungsgefahr. Bei der Wasserzugabe sollte der Feuchtegrad der Zuschlagstoffe berücksichtigt werden. Der Wasserzementwert gilt als das Maß für den Anteil des Wassers im Beton. Er gibt das Gewichtsverhältnis von Wasser (w) zu Zement (z) im Frischbeton an:
Wasserzementwert (w/z)= Gewicht des Wassers (w) : Gewicht des Zements(z)
Je höher die Anforderungen an den Beton, desto niedriger muss der Wasserzementwert sein.

Zuschlagstoffe
Die wichtigsten Zuschlagsstoffe sind die Gesteinskörnungen. Zur Betonherstellung kommen sowohl ungebrochenes Material (Sande und Kiese) als auch gebrochenes Material (Brechsand, Splitt, Schotter), aber auch künstliches Material (z. B. Hochofensplitt) zum Einsatz. Form und Größe der Gesteinskörner bestimmen die Betonqualität. Runde, gedrungene Körner führen zu einer verbesserten Verdichtungsfähigkeit des Betons. Je kleiner die Körnungen, desto größer ist die Oberfläche, die von dem Zementleim umhüllt werden muss, um die nötige Festigkeit zu garantieren. Deshalb muss bei kleinen Körnungen der Zementanteil erhöht werden.
Weitere Zuschlagstoffe dienen der Verarbeitungsqualität des Betons (Tab. 6)

Zusatzmittel	Wirkung
Betonverflüssiger	Verbesserte Verarbeitbarkeit durch geringere Oberflächenspannung. Aber: Nebenwirkungen sind Schwinden und verstärkte Luftporenbildung.
Fließmittel	Geringere Reibungskräfte zwischen Zement und Zuschlagstoffen sorgen für bessere Betonverteilung und-verdichtung. Aber: Nur wenige Minuten Wirkungszeit, Abbindeverzögerung und Luftporenbildung.
Luftporenbildner	Erhöhte Widerstandsfähigkeit gegen Frost und Tausalz
Dichtungsmittel	Unterbrochene Saugwirkung der Kapillarporen sorgt für eine Verhinderung von Wassereindringung.
Verzögerer	Verlängerte Abbindezeit
Beschleuniger	Verkürzte Abbindezeit
Stabilisierer	Verhindert die Entmischung des Betons mit geringem Zementanteil

Tab 6.: Zusatzmittel und ihre Wirkungsweise

Vertiefung: Einkornbeton

Bei Einkornbeton besteht der Zuschlagstoff aus einer stark begrenzten Anzahl von Körnungsgrößen, sodass nach dem Abbinden der Beton porös ist. Daraus folgt zwar eine geringere Druckfestigkeit, aber eine erhöhte Wasserdurchlässigkeit. Deshalb wird Einkornbeton für Versickerungspflaster verwendet.

1.5.2 Betoneinteilung in Festigkeitsklassen

Grundlage für die Einteilung des Betons in Gruppen und Festigkeitsklassen ist die DIN – Norm 1045, nach der die Betongruppen B I und B II unterschieden werden (Tab. 7). Die Betongruppe B I kann ohne Eignungsprüfung als Ortbeton hergestellt werden und beinhaltet die Festigkeitsklassen C 8/10, C12/15 und C 20/25. Die DIN-Norm gibt entsprechende Mindestzementwerte und Zuschlagmengen vor. Die Betongruppe B II umfasst die Festigkeitsklassen C 30/37 und höher. Er kommt im Betonbau ausschließlich als geprüfter Transportbeton zum Einsatz.

Betongruppe	Festigkeitsklasse	Eignung
B I	C 8/10	Magerbeton, Mörtel
	C 12/15	
	C 16/20	Kleine, unbewehrte Fundamente
	C 20/25	
	C 25/30	
B II	C 30/37	Bewehrter und unbewehrter Beton für tragende Bauteile im Außenbereich
	C 35/40	
	C 40/50	
	C 45/55	
	C 50/60	

Tab. 7: Betongruppen und Festigkeitsklassen

Vertiefung: Betonkonsistenz

Die Konsistenz des Frischbetons kann fließfähig, weich oder plastisch sein und ist so zu wählen, dass er ohne wesentliches Entmischen befördert, eingebaut und praktisch vollständig verdichtet werden kann. Die dafür maßgebende Frischbetoneigenschaft ist die Verarbeitbarkeit. Die Frischbetonkonsistenz ist vor Baubeginn festzulegen und während der Bauausführung einzuhalten. Mit zunehmender Fließfähigkeit wird der Beton teurer. Bei einem Pumpen des Betons sollte die Betonkonsistenz mindestens im plastischen Bereich liegen. Das nachträgliche Zumischen von Wasser zum fertigen Frischbeton, z. B. bei Ankunft auf der Baustelle, ist nach den deutschen Vorschriften unzulässig, weil dadurch der w/z-Wert und in der Folge die Werkstoffeigenschaften negativ beeinflusst werden können (Tab. 8).

Konsistenzbereich	Ausbreitmaßklassen		Verdichtungsmaßklassen		Geeignete Verdichtungsmaßnahmen
	Klasse	Ausbreitmaß (mm)	Klasse	Verdichtungsmaß	
sehr steif	-	-	C0	≥1,46	kräftiges Stampfen, sehr intensives Rütteln
steif	F1	≤340	C1	1,45-1,26	sehr intensives Rütteln
plastisch	F2	350?410	C2	1,25-1,11	Rütteln
weich	F3	420?480	C3	1,11-1,04	Rütteln
sehr weich	F4	490?550			Stochern oder leichtes Rütteln
fließfähig	F5	560?620			Stochern oder leichtes Rütteln
sehr fließfähig	F6	≥630			Stochern oder leichtes Rütteln
SVB	-	>700			selbstverdichtend

Tab. 8: Konsistenzbereiche des Frischbetons nach DIN 1045-2

1.5.3 Beton anmischen

Gleichgültig, ob Beton von Hand oder mit Hilfe eines Betonmischers hergestellt werden soll, so müssen zuerst die Gesteinskörnungen und der Zement in einem Verhältnis 6:1 bis 4:1, je nach Größe der Körnungen gut vermischt werden, bis das Gemisch eine gleichmäßig graue Farbe aufweist. Danach wird vorsichtig so viel Wasser zugegeben, bis die gewünschte Konsistenz erreicht ist. Durch gründliches Durchmischen muss eine gleichmäßige Verteilung des Wassers sichergestellt werden.
Schon vor der Betonherstellung sollten folgende Punkte beachtet werden:

- Alle Bestandteile müssen trocken und ohne Verunreinigungen gelagert werden.
- Verschiedene Gesteinskörnungen müssen getrennt gelagert werden.
- Nur Wasser aus der Leitung verwenden; Regenwasser, Wasser aus Zisternen, Seen oder anderer unbekannter Herkunft wirken sich negativ auf die Betonqualität aus.
- Angebrochene Säcke Zement verklumpen schnell und sind dann unbrauchbar.

Merke:

Das Mischen im Betonmischer erleichtert die Arbeit bei Mindermengen. Für größeren Betonbedarf lohnt sich die Verwendung von Transportbeton. Für Beton der Festigkeitsklasse C 12/15 empfiehlt sich ein Mischungsverhältnis von 4:1, bei C 20/25 von 3:1. Genauere Auskunft liefert Din EN 197-1.

Aufgaben:

1. Unterscheiden Sie Ortbeton von Transportbeton.
2. Mit einem Sack Zement können Sie ca. 100 l Beton anmischen. Wie viel kg Zement brauchen Sie für 1 m^3 Beton?
3. Berechnen Sie für einen Wasserzementwert von 40 % (= 0,4) und 500 kg Zement die benötigte Menge Wasser.
4. Wie verändert sich der Wasserzementwert, wenn Sie bei gleicher Zementmenge die Wassermenge um 25 % erhöhen? Welche Folgen hat das?
5. Welche Betonkonsistenten würden Sie für ein Treppenfundament, eine Tragschicht, eine geschüttete und bewehrte Mauer verwenden? Begründen Sie ihre Entscheidungen. Wie lässt sich Ihre jeweilige Wahl am besten Verdichten?

Lösen Sie in ihrem Arbeitsheft die Arbeitsblätter auf den Seiten 194 bis 198.

2. Maschinen und Werkzeuge einsetzen

Viele Tätigkeiten des gärtnerischen Berufslebens lassen sich ohne Werkzeuge nicht durchführen: Zum Umgraben braucht man einen Spaten, für den Pflanzschnitt eine Gartenschere, für den Bau einer Pergola eine Säge sowie eine Holzraspel und für die Steinbearbeitung Kelle, Wasserwaage und Hammer. Für all diese Werkzeuge braucht man Muskelkraft. Bei anderen wird die Muskelkraft durch einen Motor ersetzt (Rasenmäher, Heckenschere, Kettensäge, Fräse, Radlader usw.). Sie erleichtern körperlich schwere und anstrengende Arbeiten um ein Vielfaches. Bei den motorbetriebenen Geräten unterscheidet man solche mit Elektromotoren, die über Strom betrieben werden, und solche mit Verbrennungsmotoren, die Kraftstoffe in Form von Superkraftstoff, Diesel oder einem Kraftstoff-Öl-Gemisch angetrieben werden. Alle Varianten haben Vor- und Nachteile.

2.1 Motorbetriebene Maschinen

Bei den Maschinen mit Verbrennungsmotoren unterscheidet man den Zweitaktmotor vom Viertaktmotor. Beim Viertaktmotor wird die zu leistende Arbeit in vier Abschnitte (= Arbeitstakte) unterteilt (Abb. 10) und er wird mit Diesel- oder Superkraftstoff angetrieben. Im ersten Takt wird das Einlassventil geöffnet und während sich der Kolben nach unten bewegt, wird das Kraftstoff-Luft-Gemisch in den Zylinder angesaugt. Während des zweiten Taktes bewegt sich der Kolben wieder nach oben, das Einlass- und das Auslassventil sind beide geschlossen und das im Zylinder befindliche Gemisch verdichtet sich. Der Funke einer Zündkerze entzündet das Gasgemisch, es verbrennt explosionsartig: Der Kolben wird dadurch nach unten gedrückt, das Gas verrichtet so am Kolben die „Arbeit" (dritter Takt). Als nächstes (vierter Takt) wird das Auslassventil geöffnet und der Kolben drückt die Verbrennungsgase aus dem Zylinder.

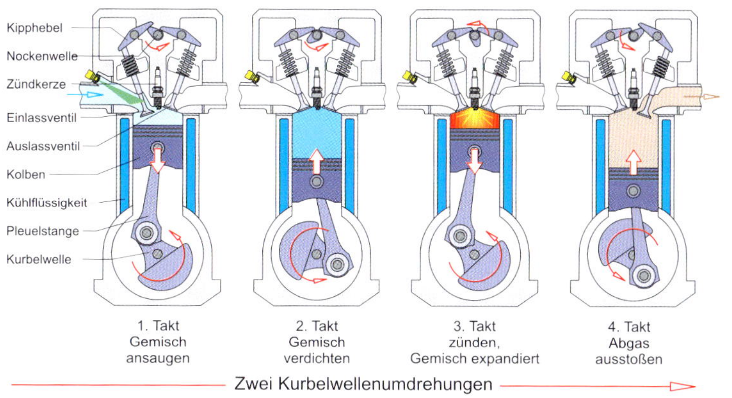

Abb. 10:
Funktionsweise eines Viertaktmotors

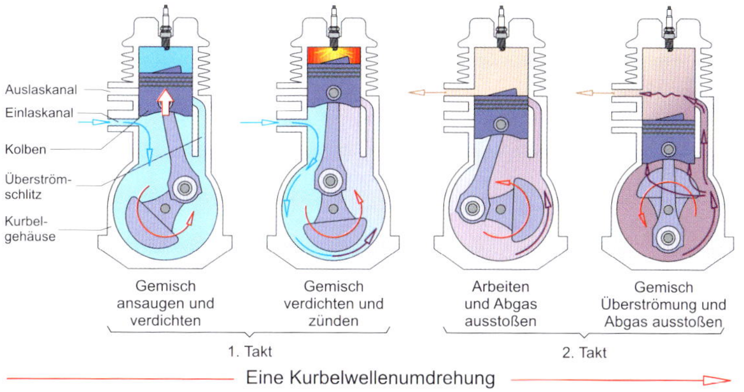

Abb. 11:
Funktionsweise eines Zweitaktmotors

Beim Zweitaktmotor wird die Arbeit in zwei Takten geleistet (Abb. 11). Sie werden mit einem Kraftstoff-Öl-Gemisch betrieben. Im ersten Takt (Verdichten/Ansaugen) wird durch die Aufwärtsbewegung des Kolbens das im Zylinder befindliche Gas (Luft oder Brennstoff-Luft-Gemisch) verdichtet. Durch die Verdichtung erhöhen sich die Temperatur und der Druck des Gases. Der nach oben laufende Kolben vergrößert das Volumen im Kurbelgehäuse, wodurch im Kurbelgehäuse ein Unterdruck entsteht. Sobald der Ansaugkanal vom Vergaser in das Kurbelgehäuse freigegeben wird, strömt Frischgas ein. Kurz vor dem oberen Totpunkt wird das Brennstoff-Luft-Gemisch durch eine Zündkerze gezündet. Es verbrennt so schnell, dass der Kolben sich in der Verbrennungszeit wenig weiterbewegt, das Volumen bleibt nahezu konstant. Während des zweiten Taktes (Arbeiten/Vorverdichten) dehnt sich das heiße Gas aus und drückt auf den Kolben, dieser läuft zurück. Das Gas kühlt sich dabei ab; Wärme wird in mechanische Energie umgewandelt. Der nach unten laufende Kolben verdichtet dabei das angesaugte Frischgas, sobald der Ansaugkanal verschlossen ist. In der Nähe des unteren Totpunktes öffnen sich zuerst die Auslassöffnung und dann die Überström- oder Einlasskanäle. Das Abgas entweicht, zunächst bis der Druck unter den in den Überströmkanälen gefallen ist, der Rest wird durch das einströmende Frischgas ausgespült. Mit dem Öffnen der Überströmkanäle kann das vorverdichtete Frischgas aus dem Kurbelraum in den Zylinder einströmen.

Vertiefung: Otto- und Dieselmotoren

Ein Ottomotor ist ein Verbrennungsmotor mit Viertaktprinzip. Der wesentliche Unterschied zu einem Dieselmotor besteht darin, dass der Ottomotor durch Fremdzündung in Form einer Zündkerze arbeitet, während ein Dieselmotor selbst zündet. Die Gemischbildung ist seit Einführung der Direkteinspritzung bei beiden Motoren identisch. Über Einzelheiten informiert Tab. 6.

	Ottomotor	Dieselmotor
Gemischbildung	Äußere Gemischbildung	Innere Gemischbildung
Zündung	Fremdzündung	Selbstzündung
Verdichtungsdruck	8 bis 18 bar	30 bis 70 bar
Höchsttemperatur der Verdichtung	400 bis 600 °C	700 bis 900 °C
Vorteile	• Geringeres Leistungsgewicht (kg/kW) • Schnellere Kraftübertragung • Geringere Drehzahl • Geräuschärmer • Preiswerter	• Geringer Kraftstoffverbrauch • Großes Drehmoment im unteren Drehzahlbereich • Mehr Kraft

Tab. 6: Otto- und Dieselmotor im Vergleich

Merke:

Maschinen, die flexibel und zum Teil über Kopf geführt werden müssen (Motor-Heckenschere, Kettensäge, Motor-Flex, Motorsense) sind meistens mit einem Zweitaktmotor ausgestattet, da es hier durch die Verwendung eines Kraftstoff-Öl-Gemisches nicht zum Abreißen des Ölfilms und damit zu Motorschäden kommen kann.

Aufgaben:

1. Worin liegen die Unterschiede zwischen einem Viertakt- und einem Zweitaktmotor?
2. Welche Vorteile hat ein Dieselmotor gegenüber einem Ottomotor?
3. Listen Sie Maschinen aus Ihrem Betrieb auf und ordnen Sie diese nach ihren Verbrennungsmotoren und ihrem Kraftstoffbedarf (Diesel, Super, Gemisch).
4. Was besagen die Mischungsverhältnisse 1:25, 1:30, 1:50? Wie viel Liter Öl müssen 20 Liter Kraftstoff jeweils zugemischt werden?

Lösen Sie im Arbeitsheft die Arbeitsblätter auf den Seiten 181 bis 184.

2.2 Handgeführte Gartenwerkzeuge

Handgeführte Gartenwerkzeuge gibt es in vielfältiger Form für die verschiedenen Tätigkeitsbereiche. Für Erdarbeiten (Umgraben, Pflanzen, Bodenlockerung, Boden ebnen) benutzt man Werkzeuge wie Spaten, Schaufel, Grabegabel, Harke oder Grubber. Die meisten Werkzeuge sind so konstruiert, dass das eigentliche Werkzeug an einem langen Holzstiel montiert ist. Bei der richtigen Geräteauswahl sollte darauf geachtet werden, dass

- das Werkzeug für die zu leistende Arbeit geeignet ist (nicht mit einer Eisensäge einen Holzpfosten einkürzen),
- der Stiel lang genug ist: Er sollte bis unter den Rippenbogen reichen (ergonomisches Arbeiten),
- Grabewerkzeuge mit dem passenden Griff versehen sind (Abb. 12),
- das Werkzeug funktionsfähig ist (nicht mit einer stumpfen Schere Sträucher zurückschneiden).

Abb. 12:
Schaufelstiel, D-Griff, T-Griff

Merke:

Jeder Gärtner sollte immer zwei Werkzeuge am Mann haben: eine Gartenschere und ein Gärtnermesser.

Aufgaben:

1. Benennen Sie die abgebildeten Geräte und ordnen Sie ihnen typische Arbeiten zu (Abb. 13).
2. Fertigen Sie eine Rangliste der zehn von Ihnen am meisten gebrauchten Gartenwerkzeuge an.
3. Einige Werkzeuge lassen sich für mehrere gärtnerische Tätigkeiten verwenden. Geben Sie fünf Beispiele.

Lösen Sie im Arbeitsheft die Arbeitsblätter auf den Seiten 176 bis 178.

Abb. 13:
Gartengeräte

Betriebsausstattung

Helen ist nicht gerade begeistert: Sie hat Wochenenddienst. Während ihre Freunde alle an den Strand fahren, um dort zu baden und zu feiern, muss sie die gesamten Pflanzen in der Verkaufshalle und im Containerbestand wässern. „Die Pflanzen haben es gut, die können sich bei diesem heißen Wetter wenigstens ein bisschen abkühlen", denkt Helen, als sie die Pelargonien überbraust. „Helen, stopp!", ruft plötzlich ihr Chef. „Du kannst die Pflanzen doch nicht von oben gießen!" Erschrocken stellt Helen das Wasser ab. „Warum denn nicht? Das ist doch bestimmt genauso erfrischend für die Pflanzen wie eine kalte Dusche für uns." „Ich erkläre es dir", meint ihr Chef, „die Pflanzen mögen kaltes Gießwasser gar nicht gern, die erschrecken sich regelrecht. Außerdem sorgt das Wasser auf dem Laub für Kalkflecken und kann zu Verbrennungen an den Blättern führen, dann werden sie ganz braun. Die Pflanzen gießt man bei diesem Wetter am besten von unten." „Und wie soll das gehen?", fragt Helen. „Komm mit", sagt der Meister, „ich zeige dir mal die verschiedenen Möglichkeiten und Bewässerungsverfahren. Dann verstehst du am besten, welche Pflanzen wie am schnellsten und effektivsten gegossen werden."

3. Kulturräume und Kulturgefäße kennen

Um Pflanzen von der Witterung unabhängig kultivieren zu können, kann man nicht nur in Freilandkulturen gärtnern. Insbesondere die Zier- und Zimmerpflanzen aus tropischen und subtropischen Klimaten benötigen in mitteleuropäischen Breiten besonderen Schutz vor Wind und Wetter. Dabei gibt es verschiedene Möglichkeiten, den Pflanzenanbau zu schützen:

- Anbau unter Vlies und Folie,
- Nutzung von Folientunneln,
- Anbau in Kultur- oder Frühbeetkästen,
- Kultur in temperierten Gewächshäusern aus Glas oder Kunststoff.

Abb. 14:
Kulturgefäße aus Kunststoff

Ebenso hat die Wahl der Kulturgefäße einen Einfluss auf die Pflanzen: Gefäße aus Kunststoff sind leicht, preisgünstig und bei mehrfacher Verwendung einfach zu desinfizieren, um Pflanzenkrankheiten vorzubeugen. Es gibt sie in verschiedenen Größen, Formen und Farben. Die Größenbezeichnung richtet sich nach dem Durchmesser der oberen Topfbreite. Während im Staudengartenbau und in der Baumschule hauptsächlich eckige Töpfe genutzt werden, greifen die übrigen Gartenbaubereiche und auch der private Handel auf runde Kulturgefäße zurück, die zudem in Schmuckformen für große Pflanzschalen, Ampelpflanzungen und andere Arrangements verwendet werden.
Kulturgefäße aus dünnerem Kunststoff können nur einmal verwendet werden. Dazu zählen auch Folienbeutel, Aussaatschalen oder Multitopfplatten (Abb. 14).
Daneben gibt es Kulturgefäße aus Ton. Ihre Vorteile liegen in der ökologischen Herstellung aus Naturmaterialien, ihrer Wasserdurchlässigkeit und ihrer Fähigkeit, Temperaturschwankungen bis zu einem gewissen Grad abzupuffern. Allerdings sind sie selten frostbeständig (sofern sie nicht glasiert sind) und setzen schnell Kalk- und Schimmelrasenränder an. Sie sind schwieriger zu desinfizieren als die Kunststoffvarianten und wesentlich schwerer und teurer. Dennoch werden sie vom Endverbraucher bevorzugt.

Abb. 15:
Vlies- und Folienabdeckung im Spargelanbau

3.1 Kulturräume

Unter Kulturräumen werden alle Anbaumöglichkeiten zusammengefasst, die „ein Dach über dem Kopf“ haben. Dazu gehören einfache Pflanzabdeckungen (Abb. 15) wie auch Folientunnel als einfache und flexible Gewächshausvarianten. Sie können bei Bedarf und warmen Temperaturen geöffnet werden, indem die Kunststoffbespannung seitlich über das Metallgerüst hochgerollt wird (Abb. 16). Es werden niedrige Tunnel mit einer Höhe bis 1 m und Hochtunnel mit einer Firsthöhe von 2 m und einer Mindestbreite von 3 m unterschieden. Da die niedrigeren Tunnel nicht über eine Arbeitshöhe verfügen, werden sie in erster Linie als Verfrühungseffekt wie einfache Vlies- und Folienabdeckungen verwendet.

Abb. 16:
Folientunnel

Folientunnel werden in der Regel ohne zusätzliche technische Klimasteuerung genutzt und sind deshalb für viele, aber nicht für alle Kulturen geeignet: Im Winter bleibt die Temperatur in einem Hochtunnel ohne zusätzliche Heizung nur knapp über dem Gefrierpunkt.

Vertiefung: Kulturkästen

Zur Verfrühung der Kulturen eignen sich auch Kultur- oder Frühbeetkästen, wobei es sich um Bodenbeete in einer kastenartigen Einrahmung mit Glasabdeckung handelt (Abb. 17). Dabei ist das Glasdach in Nord-Süd-Richtung ausgerichtet. Wegen des geringen Luftvolumens muss das Glasdach zu öffnen sein. Nur so lässt sich eine Überhitzung bei Sonneneinstrahlung vermeiden. Kulturkästen sind vor allem für die Gemüse-, Beet- und Balkonpflanzenanzucht oder im Klein- und Privatgartenbereich in Gebrauch.

Abb. 16:
Typischer Frühbeetkasten mit Gemüsekultur

Im Produktionsgartenbau kommen hauptsächlich Gewächshäuser mit Glas- oder Kunststoffeindeckung zum Einsatz. Moderne Produktionsgewächshäuser werden nach Bedarf klimatisiert (heizen, lüften, entfeuchten, befeuchten) und besitzen deshalb einen hohen technischen Standard. Das intensiv genutzte Gewächshaus ist heute nicht mehr vorwiegend mit Glas eingedeckt, denn die verschiedensten Folienmaterialien haben eine immer größere Bedeutung.
Bei der Bauweise werden grundsätzlich zwei Gewächshaustypen unterschieden: Das Deutsche Norm-Gewächshaus wurde Anfang der 1970er Jahre definiert und sollte einer rationellen Gewächshausherstellung dienen. Es war früher im deutschen Garten-

bau das übliche Produktionsgewächshaus, hat jedoch aus Kostengründen deutlich an Bedeutung verloren (Abb. 18). Größte Bedeutung im Gewächshausbau haben heutzutage Gewächshäuser in Kappenbauweise, sogenannte Venlo-Gewächshäuser. Ein großer Luftraum, der durch entsprechend hohe Stehwandhöhen erreicht wird und eine leichte Konstruktion, die einen hohen Lichteinfall ermöglicht, wirken sich positiv auf die Kulturen aus. Das Scheibenmaß liegt bei bis zu 2,0 m Breite. Auf diese Weise kann die Anzahl an Sprossen reduziert und somit die Lichtdurchlässigkeit erhöht werden. Diese Anforderungen werden mit der heutigen Blockbauweise mit 4 m bis 5,5 m hohen Stehwänden erfüllt. Licht ist für ein gutes Pflanzenwachstum in hohem Maße von Bedeutung, weshalb die heutigen Dachglasscheiben nicht mehr wie früher im Norm-Haus 60 cm breit sind, sondern 1 m und im aktuellen Trend sogar mit 1,25 m bis 1,5 m Breite ausgeführt werden. Eine besondere Variante des Venlo-Hauses ist das Cabrio-Gewächshaus. Hierbei handelt es sich um einen Gewächshaustyp, bei dem die Dachfläche weitestgehend zusammengeschoben oder aufgeklappt werden kann, um damit annähernd Freilandbedingungen zu schaffen. Allerdings ist die aufwendige Konstruktion teurer als die eines normalen Venlo-Hauses. Wichtig ist dabei, dass bei ungünstigen Witterungsverhältnissen das Dach kurzfristig geschlossen werden kann.

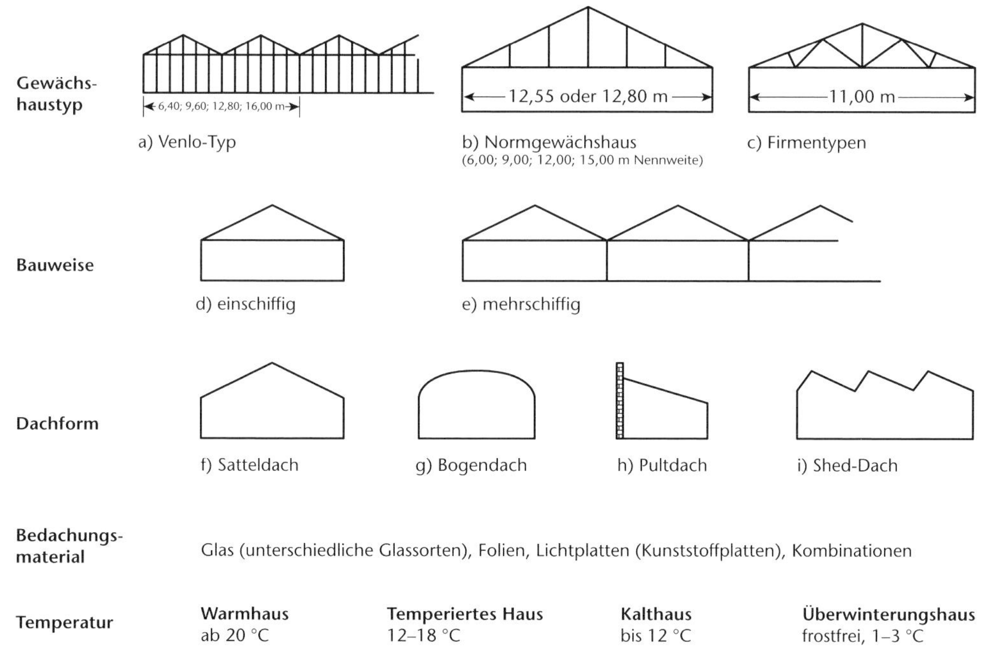

Abb. 18:
Gewächshausbauweisen

Das Dach ist bei allen Gewächshaustypen in der Regel als Einfachscheibe ausgeführt und nur die Stehwände weisen eine Doppelverglasung auf. Für ein ausreichendes Wachstum muss die Pflanze Wasser verdunsten können. In einem Doppelglashaus fehlt allerdings die zur Lufttrocknung nötige kalte Außenhaut, dies erfüllt ein Einfachglas besser. Damit wird aber nicht völlig auf eine Isolation verzichtet, sondern durch den Einsatz von beweglichen Tüchern im Dach (Energieschirmen) kann je nach Entfeuchtungsbedarf die Isolation durch Schließen erzeugt oder zum Kondensieren der Luftfeuchte kurzzeitig geöffnet werden. Durch den vermehrten Einsatz von Folien statt Glas wird diese komplizierte Klimasteuerung im Gewächshaus noch schwieriger. Denn die Folien werden oft als aufgeblasene Doppelfolien auf das Gewächshaus aufgebracht. In die Gewächshaushülle wird daher heute umfangreiche Technik eingebaut, damit überhaupt ein wirtschaftliches Ergebnis erzielt werden kann. Heizen, Lüften, Beschatten und Wässern werden durch spezielle, auf die Kulturen abgestimmte Regelcomputer bedient. Dabei muss allerdings ein Kompromiss zwischen optimalem Pflanzenwachstum und minimalen Energieaufwendungen gefunden werden. Jedes Gewächshaus verfügt deshalb über mindestens zwei Lüftungssysteme im Dach, damit zugfrei, „lee" und „luv" gelüftet werden kann. Der bereits erwähnte Energieschirm erfüllt gleichzeitig bei zu starker Sonneneinstrahlung eine Schattierungsfunktion. In besonderen Fällen, bei denen die Pflanzen auf die Tageslänge lichtabhängig reagieren, sind automatisch betriebene Verdunkelungsanlagen vorhanden. Für die Beheizung werden in den meisten Fällen warmwasserbetriebene Rohrheizungssysteme verwendet, die aus Energiespargründen oft beweglich pflanzennah und elektrisch herabgelassen werden. Je geringer die aktive Luftbewegung ist, desto unproblematischer ist die Kulturführung. Deshalb sind Luftheizungen eher in extensiv, geringer beheizten Gewächshäusern zu finden. Die Heizkanone stellt eine Sonderform dar, weil sie zum einen ein geringes Temperaturniveau halten kann und gleichzeitig für die CO_2-Versorgung der Kultur eingesetzt wird. Die gezielte Verteilung der warmen Luftmassen stellt einen wichtigen Faktor dar, weil damit die Temperaturverteilung im ganzen Haus gleichmäßig gehalten werden kann und die unnötige Wärme aus dem Dachbereich wieder pflanzenwirksam nach unten gebracht wird. Für Sonderkulturen kommt zusätzlich noch Assimilationslicht zum Einsatz, das in der Regel (400–600 W) von Natriumdampfentladungslampen stammt, die ein Zusatzlicht von 4000 bis 6000 Lux zur Pflanze bringen.

Vertiefung: Bauteile des Gewächshauses

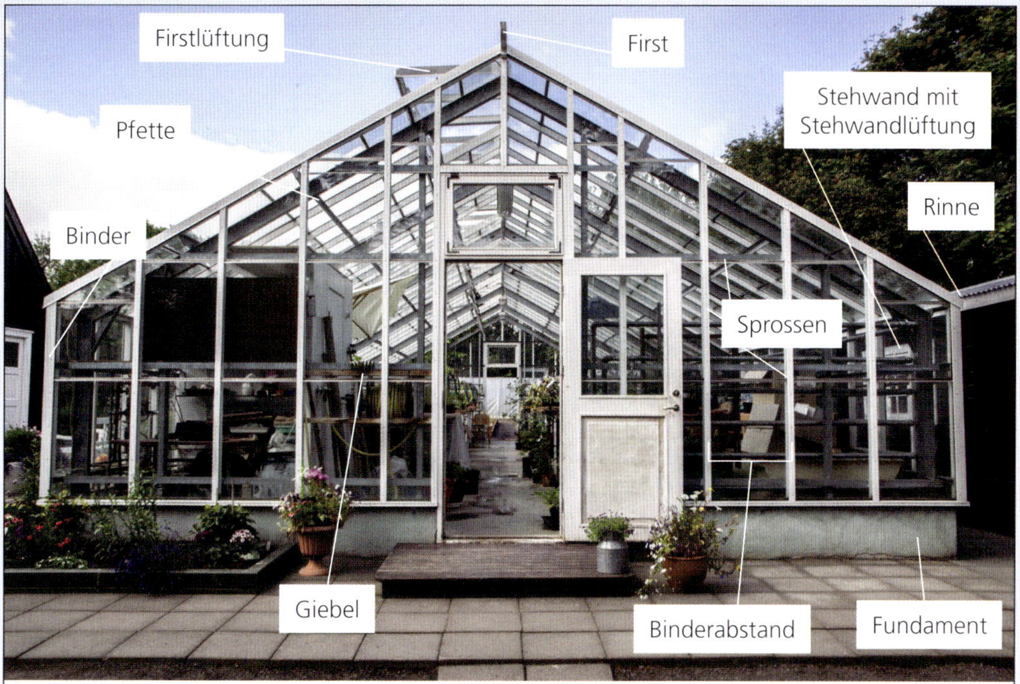

Abb. 19: Bauteile des Gewächshauses

3.2 Automatisierung und Transport

Die in LG 5, Kap. 3.1 beschriebenen Ausstattungen eines Gewächshauses werden wie erwähnt heute fast ausschließlich über Computer geregelt. Dabei handelt es sich um ein Programm, das Messdaten an einer Wetterstation, die außen am Gewächshaus angebracht ist, aufnimmt und als Istwerte mit den Sollwerten für die Kultur vergleicht. Ziel dieses Abgleiches ist es, die Istwerte den Sollwerten so weit wie möglich anzunähern. Außentemperatur und Windgeschwindigkeit können durch Erhöhen der Heiztemperatur im Gewächshaus und durch Öffnen oder Schließen der Lüftung optimal genutzt bzw. ihnen entgegen gewirkt werden. Zu hohe Sonneneinstrahlung löst beispielsweise ein Auffahren der Schattierung aus. Im Innern des Gewächshauses werden ebenfalls Messdaten erhoben, wie z. B. Lichtintensität, Temperatur oder Luftfeuchtigkeit. Auch diese Werte werden mit den angestrebten Werten zur Kulturoptimierung abgeglichen. Die Sollwerte der jeweiligen Kulturen sind entweder über das entsprechende Computerprogramm vorgegeben oder lassen sich durch manuelle Eingaben individualisieren.
Auch andere Arbeitsabläufe wie Bewässerung, Düngung oder Topfen können automatisiert werden (Tab. 7). Dies geschieht durch eine Koppelung der einzelnen Arbeitsgeräte bzw. kann durch einzeln automatisierte Arbeitsabläufe gesteuert werden.

Kulturarbeit	Geräte	Arbeitsablauf	Kopplung möglich
Wässern	Sprenger, Regner, Tröpfchenbewässerung, Ebbe-Flut-Anlagen	Im Freigelände durch feste oder versenkbare Regner, bei denen die abgegebene Wassermenge pro Zeiteinheit eingegeben werden kann. Im Gewächshaus kann bei der Tröpchenbewässerung die Pflanze die Wasserzufuhr selbst regulieren.	Im Gewächshaus ja
Düngen	Dositron	Mischverhältnis Wasser/Nährstoff kann eingeben werden, Ventile regeln die Zufuhr.	Über Zeitschaltuhr ja
Topfen	Topfmaschine	Substrat und Töpfe werden in der Maschine bevorratet, Geschwindigkeit kann manuell gesteuert werden. Jungpflanzen werden von Hand eingesetzt.	nein
Ernten	Erntemaschinen	Maschinelles Pflücken von Obst und Gemüse, manuelle Nacharbeit meist erforderlich.	nein
Transportieren	Rolltische, Förderbänder	Im Gewächshaus können ganze Tische zur Weiterkultur in andere Kulturräume automatisch transportiert werden. Förderbänder erfordern eine Bestückung von Hand.	nein
Mähen	Rasenmäher	Im Freiland über Mähroboter	nein

Tab. 7: Automatisierung im Gartenbau

Vollautomatisierte Gewächshäuser haben die Tische in die Automatisierung mit einbezogen, sodass Kulturen tischweise ohne manuelle Arbeitskräfte in andere Kulturräume, in den Verkauf oder zur Weiterverarbeitung transportiert werden können. Förderbänder erleichtern ebenfalls im Freigelände den Transport, wenn sie auch von Hand bestückt werden müssen. Sie ersparen aber lange Transportwege durch den Menschen.

A: Sackkarre

B: Schubkarre

C: Etagenwagen

D: Hubwagen

E: Motorkarre

F: Pflasterkarre

Abb. 20:
Transportmittel

Bei aller Automatisierung muss gerade beim Transport von Waren oder Materialien auf einfache Hilfsmittel mit und ohne Motor zurückgegriffen werden (Abb. 20). Ihr Vorteil liegt in der Flexibilität des Einsatzbereiches: Sie nehmen wenig Platz ein, können für verschiedene Einsatzbereiche verwendet werden, erleichtern den Kraftaufwand des Arbeitsablaufes, sind eine Zeitersparnis und selbst leicht transportabel.

Aufgaben:

1. Fassen Sie zusammen: Welche Kulturräume kennen Sie, worin unterscheiden sie sich, worin liegen Vor- und Nachteile?
2. Oft sind Gewächshäuser in verschiedene Bereiche unterteilt. Welche Bereiche sind das und worin unterschieden sie sich?
3. Nennen Sie jeweils drei typische Kulturen für den Kalthaus- und den Warmhausbereich.
4. Erstellen Sie ein bebildertes Übersichtsplakat von den verschiedenen Kulturgefäßen.
5. Listen Sie auf, welche Kulturgefäße in Ihrem Betrieb verwendet werden und aus welchem Material sie sind.

6. Fertigen Sie selbst Pflanzschalen. Eine Anleitung finden Sie unter https://www.youtube.com/watch?v=Cn_yrEYx_fQ
7. Beschreiben Sie, welche Transportmöglichkeiten in Ihrem Betrieb vorwiegend genutzt werden. Worin liegen deren Stärken und Schwächen?

Lösen Sie im Arbeitsheft die Arbeitsblätter auf den Seiten 201 bis 208.

4. Bewässerung richtig durchführen

Mit einer auf die jeweilige Pflanzenart abgestimmten Wasserversorgung steht und fällt der Kulturerfolg. Sowohl ein Zuviel an Wasser als auch zu wenig Wasser schädigt die Pflanze bis hin zum Absterben (Tab. 8). Dies gilt für das Gewächshaus genauso wie unter Freilandbedingungen: Die klimatischen Bedingungen der Wachstumsumgebung bestimmen neben dem individuellen Wasserbedarf der Pflanzen die Wassermenge.

Wassermangel	Optimum	Wasserüberschuss
• Zellen erschlaffen • Keine Nährstoffaufnahme • Keine Fotosynthese • Gestörter Stoffwechsel • Steigende Krankheitsanfälligkeit • Nekrosen • Absterben der Pflanzen	• Straffe Zellen • Ausgeglichener Stoffwechsel • Optimales Pflanzenwachstum • Gute Krankheitsresistenz • Bildung von Blüten, Samen und Früchten für die nächste Generation	• Luftmangel an den Pflanzenwurzeln • Gestörte Dissimilation • Gestörter Stoffwechsel • Absterben der Pflanzen

Tab. 8: Einfluss der Wasserversorgung auf das Pflanzenwachstum

Grundsätzlich gilt für die Bewässerung:

- Lieber seltener, dafür mit größeren Wassermengen wässern.
- Nicht bei hoher Sonneneinstrahlung wässern, um Verdunstungs- und Brennglaseffekte zu vermeiden.
- Nicht von oben auf die Pflanzen, sondern direkt an der Wurzelbasis wässern.
- Regenwasser oder abgestandenes Wasser (Zisterne) ist besser geeignet als Leitungswasser (Kalkgehalt, Temperatur).

Grundsätzlich wird eine offene Bewässerung, bei der nicht aufgenommenes Gießwasser im Boden versickert oder über Rinnen und Gräben abgleitet wird, von einer geschlossenen Bewässerung unterschieden. Hier fließt das überschüssige Wasser in Sammelbehälter, wo es für weitere Bewässerungsvorgänge genutzt werden kann. Mit dem Gießwasser vermischte Düngemittel können nicht ungenutzt und umweltschädlich im Grundwasser versickern. Allerdings erfordert ein geschlossenes Bewässerungssystem erhöhte Investitionskosten.

4.1 Im Gewächshaus

Pflanzkulturen im Gewächshaus können nicht vom Niederschlag profitieren. Deshalb ist eine regelmäßige Wasserversorgung unbedingt notwendig. Da Wasser in unseren Breiten in ausreichender Menge vorhanden ist, geht man oft zu verschwenderisch mit diesem kostbaren Gut um, obwohl weltweit betrachtet Wasserknappheit herrscht. Ein sparsamer Umgang mit Wasser ist also nicht nur ökologisch sinnvoll, sondern senkt darüber hinaus auch die Produktionskosten unserer Pflanzkulturen. Die richtige Auswahl unter den zahlreichen Bewässerungsarten hilft beim Sparen (Tab. 9).

Bewässerungsart	Funktionsweise	Vorteile	Nachteile
Düsenrohrbewässerung	Auf ein Leitungssystem aus PVC-Rohren werden Verteilerdüsen zur feinen Sprühbewässerung befestigt. Der Abstand zwischen den Düsen muss so gewählt werden, dass alle Pflanzen gleichmäßig mit Wasser versorgt werden können.	• Preiswert in der Anschaffung. • Wahlweise mit Leitungswasser oder Zisternenwasser bestückbar.	• Bewässerung erfolgt von oben und verursacht Blattflecken (Achtung bei empfindlichen Kulturen). • Sprühdüsen neigen zum Verstopfen.
Kapillarbewässerung	Stellfläche der Pflanzen wird mit Sandschicht oder Vlies belegt, welche über ein Schlauchsystem gleichmäßig feucht gehalten wird. Über Kapillarkräfte werden die Pflanzen mit Wasser versorgt.	• gleichmäßige Bewässerung je nach Bedarf der Pflanze. • Wasserversorgung erfolgt von unten (keine Blattflecken).	• Sandschicht oder Vlies müssen aus Gründen der Pflanzengesundheit regelmäßig desinfiziert oder ausgetauscht werden. • Gefahr der Veralgung und Versalzung durch Düngerlösung.
Tröpfchenbewässerung	Über ein Schlauchsystem wird Wasser tröpfchenweise an die Einzelpflanze abgegeben.	• Kombinierbar mit Kapillarbewässerung. • Wasserversorgung erfolgt von unten.	• Hohe Verdunstungsverluste. • Tröpfchenschläuche neigen zur Verstopfung/ Verkalkung.
Anstaubewässerung	Auf Rinnentischen wird nach dem Ebbe-Flut-System Wasser angestaut und so lange dort belassen, bis sich die Wurzelballen der Pflanzen vollgesogen haben. Danach wird das Wasser wieder abgelassen.	• Überschüssiges Wasser wird schnell abgeleitet, sodass sich kaum Krankheiten (Pilze) ausbreiten können. • Wasserversorgung erfolgt von unten.	• Hohe Wasserverschwendung, wenn das überschüssige Wasser nicht aufgefangen und weiter verwendet wird.

Bewässerungsart	Funktionsweise	Vorteile	Nachteile
Fließrinnenbewässerung	Die Kulturgefäße stehen in Alu- oder PVC-Rinnen mit leichtem Gefälle, durch die zeitweise ein leichter Wasserstrom fließt.	• Preisgünstig • Wassersparend	• Begrenzte Stellmöglichkeiten auf den Kulturtischen.

Tab. 9: Bewässerungsarten im Vergleich

Merke:

Auch wenn in Mitteleuropa in der Regel ausreichend Wasser vorhanden ist, liegt es in der ökologischen Verantwortlichkeit des Menschen, sparsam mit dieser endlichen Ressource umzugehen. Dies wirkt sich auch ökonomisch durch eine Senkung der Produktionskosten der Pflanzenkulturen aus, wenn man sich für die auf seine Zwecke abgestimmte Bewässerungsart entscheidet.

4.2 Im Freiland

In der Freiland-Pflanzenkultur und der Wasserversorgung von Gärten oder Grabanlagen reicht auch in Mitteleuropa die Wasserversorgung nicht immer aus: Im Sommer ist es häufig zu trocken und auch in den regenreicheren Frühjahrs- und Herbstperioden kann der Niederschlag für die Pflanzen ungünstig schwanken. Deshalb muss einem Wassermangel durch eine gezielte Freilandbewässerung entgegengewirkt werden. Da der Wasserbedarf zu verschiedenen Zeiten und an verschiedenen Standorten unterschiedlich sein kann (z.B. wechselnde Bestandsdichte auf den Baumschulverkaufsflächen oder unterschiedliche Reifezeiten im Obst- oder Gemüsebau), sind mobile Bewässerungssysteme über Wagen, die bahnweise über die Anbaufläche gezogen werden, für diese Bereiche besser geeignet (Abb. 21). Auch Containerflächen oder der Pflanzeneinschlag im Garten- und Landschaftsbau können durch mobile Regner bedarfsgerecht und platzsparend bewässert werden. Solche mobilen Regner bewässern die Pflanzen von oben, sodass auch die Laubblätter mit benetzt werden. Blattflecken und Verbrennungen durch Sonneneinstrahlung können daher die Folge sein. Um die Verdunstungsverluste im Freiland möglichst gering zu halten, sollte nicht bei intensiver Sonneneinstrahlung und vorzugsweise in den frühen

Abb. 21:
Bewässerungswagen im Gartenbau

Morgen- oder Abendstunden gewässert werden. Dabei ist zu beachten, dass feuchte Pflanzen zur Abend- oder Nachtzeit unter Umständen Schnecken anlocken oder bei geringen Temperaturen Frostschäden verursacht werden können. Eine Übersicht über mobile Freilandregner gibt Tab. 10.
Eine Besonderheit im Obstbau ist die Frostschutzberegnung (siehe auch LG 4, Kap. 5.1).

Vertiefung: Aeroponik

Die Aeroponik ist eine Anbaumethode für Pflanzen. Die Pflanzen werden dabei so fixiert, dass ihre Wurzeln ständig durch ein Aerosol (fein verstäubtes Gemisch) aus Wasser und Nährstoffen benetzt werden. Sie ist gut geeignet für Wurzelgemüse und Kartoffeln.

Regner	Abdeckung	Wirkungsweise	Vorteile	Nachteile
Impulsregner 	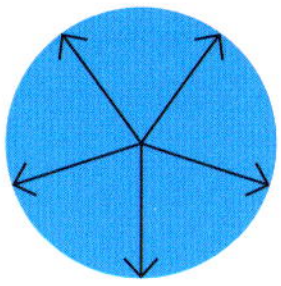	Ein Impulsstrahl wird ca. 25 m weit und 360° rundum von oben auch auf höhere Pflanzen verteilt. Flächenleistung bis zu 500 m^2.	Gute Standsicherheit und geringe Windanfälligkeit. Gleichmäßige Wasserverteilung bei relativ geringen Wasserverlusten.	U. U. müssen wegen der runden Ausrichtung einzelne Ecken nachgewässert werden.
Kreisregner 	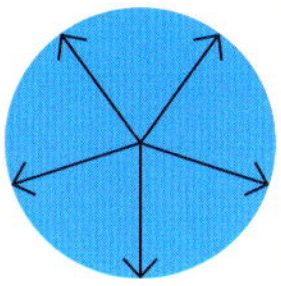	Mehrere Arme werden kreisförmig um den Mittelpunkt bewegt. Auch als versenkbare Variante erhältlich. Bewässerungsleistung liegt bei ca. 100 m^2.	Gleichmäßige Wasserverteilung.	Der Wasserauswurf ist windanfällig. Ecken müssen oft nachgewässert werden.
Sprühregner 	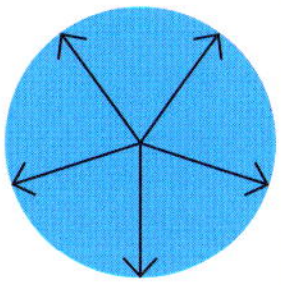	Gießwasser verteilt sich kreisförmig über die Kulturen und versprüht einzelne Wassertröpfchen.	Feine Wasserverteilung für schonendes Gießen. Reicht für ca. 70 m^2.	Windanfällig. Geringe Bewässerungsleistung (nur für kleinere Flächen)

Regner	Abdeckung	Wirkungsweise	Vorteile	Nachteile
Versenkregner 	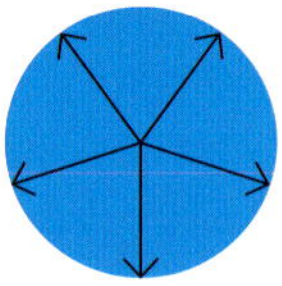	Als Impuls- oder Kreisregner, der bei Bedarf durch Wasserdruck die Abdeckung anhebt und den Wasserstrahl freigibt.	Gut für Sportplätze und andere Rasenflächen, muss für den Mähvorgang nicht abmontiert werden.	Installation aufwendig und teuer. Nicht mobil erhältlich.
Viereckregner 	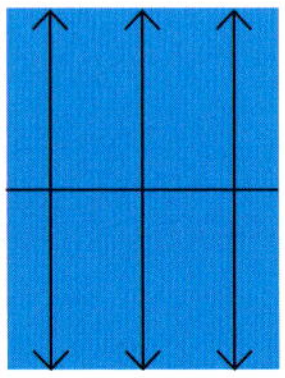	Wasserausbringung wie Sprühregner, aber über eine bis zu 300 m^2 große rechteckige Fläche.	Feine Wasserverteilung auch in Ecken hinein.	Regnerfuß muss fixiert werden, damit sich die Abdeckungsfläche nicht verschiebt.

Tab. 10: Mobile Regner im Überblick

Merke:

Für alle Bewässerungsarten gilt, dass sie über die Wasserleitung als auch über pumpengesteuerte Zisternen zu benutzen sind. Bei Zisternen sollte jedoch ein Filter vor der Wasserverteilung geschaltet sein.

Aufgaben:

1. Erläutern Sie, nach welchen Kriterien eine geeignete Bewässerungsanlage ausgewählt werden sollte.
2. Recherchieren Sie weitere Bewässerungssysteme. Sind diese gleichermaßen für Gewächshaus- wie Freilandbewässerung nutzbar?
3. Erkundigen Sie sich in Ihrem Betrieb, welche Kulturen wie viel Wasser benötigen und wie oft diese gewässert werden sollten.
4. Wie erklären Sie Verbrennungs- und Frostschäden durch Bewässerung?
5. Informieren Sie sich über die durchschnittliche Niederschlagsmenge in Ihrer Region. Inwieweit hat sich diese Menge in den letzten Jahrzehnten verändert? Warum ist das so?

6. Recherchieren Sie, wie sich Bewässerungsmengen aus den Angaben Zeit, Wasserfördermenge und zu bewässernde Fläche berechnen lassen. Geben Sie eine Beispielrechnung.

5. Pflanzen düngen

Durch den Gärtner müssen nur Nährstoffe in Form einer Düngung zugeführt werden, wenn es sich um eine Grunddüngung zu Beginn einer neuen Kultur handelt oder eine Mangelerscheinung im Pflanzenbestand vorliegt. In beiden Fällen sollte eine gründliche Bodenanalyse im Vorfeld durchgeführt werden, um die richtige Nährstoffauswahl zu treffen, die die Pflanzen benötigen bzw. um nicht durch unnötige Nährstoffgaben Pflanzen und Boden zu belasten oder gar zu schädigen. Das Ergebnis der Bodenanalyse gibt die Auswahl des geeigneten Düngemittels vor: Wird ein schnell wirkender, mineralischer Dünger gebraucht oder soll die Pflanzung über die gesamte Vegetationsperiode gleichmäßig mit Nährstoffen versorgt werden. Die Wahl des Düngers hat wiederum Auswirkungen auf die Möglichkeiten der Düngemittelausbringung. So wird ein Blattdünger in Form einer Düngelösung auf das Laub der Pflanzen verspritzt. Grundsätzlich liegen Düngemitteln in folgenden Formen vor:

Abb. 22:
Düngerstreuer am Schlepper und als Handwagen

- Streufähige Dünger sind gekörnt, granuliert und können je nach Wirkungsweise auf die Kulturen gestreut werden. Dies erfolgt mithilfe eines Düngerstreuers (Abb. 22), bei dem das Streugut aus dem Vorratsbehälter über einen sich drehenden Teller gleichmäßig verteilt wird, oder mit einem Handwagen über eine mengeneinstellbare, durchlässige Welle an der Achslinie. Natürlich kann der Dünger auch von Hand ausgestreut oder einzelnen Kulturtöpfen beigemengt werden. Streufähige Dünger sollten in die Bodenoberfläche eingearbeitet oder mit dem Substrat gründlich vermischt werden. Einige gekörnte Dünger sind wasserlöslich und lassen sich auch als Flüssigdünger verwenden.

- Flüssigdünger werden aus dem Düngemittel und Wasser je nach benötigter Konzentration angemischt. Dabei muss darauf geachtet werden, dass eine gleichmäßige Lösung entsteht, damit es nicht zu unausgewogen dosierten Ausbringungen kommt. Flüssigdünger können mit dem Gießwasser ausgebracht oder über Spritzgeräte fein versprüht werden (Abb. 23). Auf diese Weise können die Düngemittel auch über das Blatt aufgenommen werden. Bei der Nährstoffgabe über das Gießwasser kann ein Düngermischer verwendet werden. Er mischt die Stammlösung des Düngemittels mit Wasser, sodass die gewünschte Konzentration erreicht wird. Die genaue Einstellung der Düngerkonzentration am Düngermischer beginnt mit dem Ansetzen der Stammlösung. Der richtige Weg ist, den Dünger schrittweise aufzulösen und zum Schluss auf die gewünschte Wassermenge aufzufüllen. Ungenau wird es, wenn die Wassermenge zunächst in den Behälter eingelassen und dann der Dünger aufgefüllt wird. Anstatt der gewünschten Menge in Liter steigt das Volumen über diese Menge hinaus, aber die Einstellung des Düngermischers wird weiter auf die gewünschte Menge bezogen. Bei der Zusammensetzung von Stammlösungen sind drei Kriterien zu beachten: 1. Zunächst ist die Auswahl des Düngers oder der Dünger zu bestimmen. Diese richtet sich im Wesentlichen nach dem Härtegrad des Gießwassers und dem Anspruch an das Nährstoffverhältnis der zu düngenden Pflanzen. 2. Weiterhin ist die Konzentration der Nährlösung in die Berechnung einzubeziehen, da sie in besonderem Maße die Pflanzenqualität bestimmt. In der Praxis hat es sich bewährt, Düngersäcke mit 25 kg Inhalt in 200 l Fässern aufzulösen. Das ergibt eine Düngerkonzentration von 12,5 % (Abb. 24).

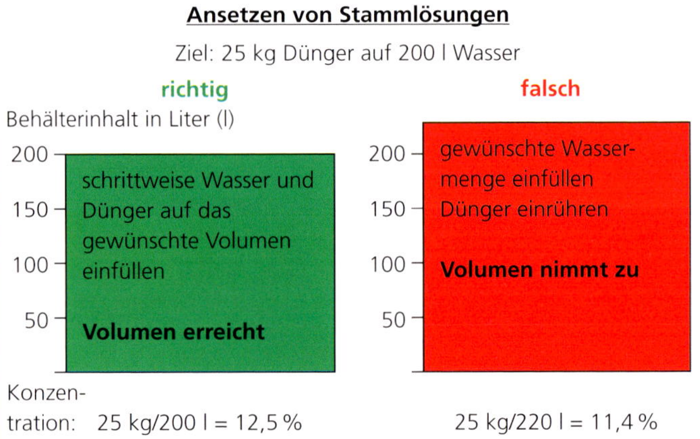

Abb. 24:
Beispiel für die richtige Düngermischung

Vertiefung: Aufbau und Funktion des Düngermischers Dosatron

Phase 1 (links): Durch den Wassereinlauf (A) wird der Kolben (B) bewegt, wodurch die Lösung austritt (C). Gleichzeitig saugt der Dosierkolben (D) das Produkt an und spritzt es in die Homogenisier-Kammer ein. In der oberen Hubposition öffnen sich die Einlassventile [2], die Auslaufventile [1] schließen sich.
Phase 2 (rechts): Der Kolben (B) bewegt sich abwärts und ein Teil der Lösung wird in die Homogenisier-Kammer abgegeben. In der unteren Hubposition öffnen sich die Auslaufventile [1], die Einlassventile [2] schließen sich und der Zyklus beginnt erneut.

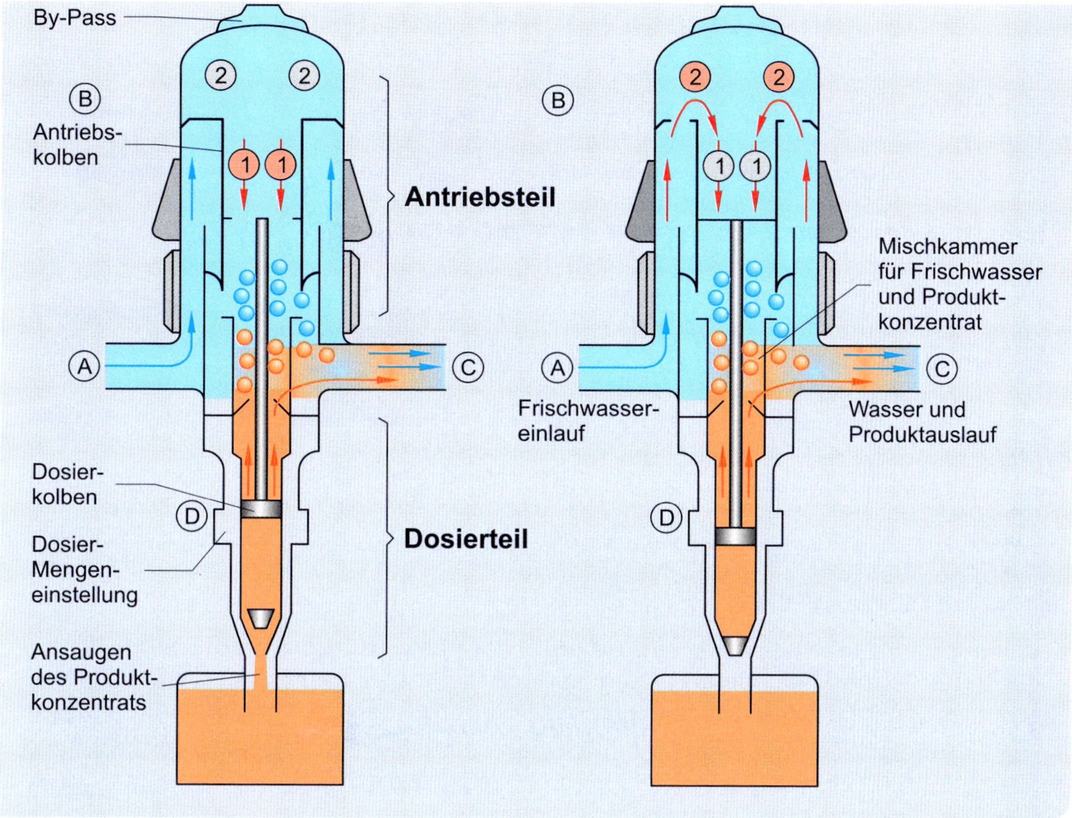

Aufgaben:

1. Unterscheiden Sie die Begriffe Grunddüngung von Ergänzungsdüngung. Fertigen Sie sich dazu Lernkarten an.
2. Definieren Sie Kopfdüngung, Blattdüngung, Flüssigdüngung und Streudüngung. Nennen Sie jeweils ein geeignetes Düngemittel zu den Begriffen.
3. Welche Düngungsverfahren werden in Ihrem Betrieb angewendet und welche Geräte kommen dabei zum Einsatz?

Lösen Sie im Arbeitsheft die Arbeitsblätter auf den Seiten 209 bis 211.

6. Pflanzenschutzmaßnahmen durchführen

Wie bereits in LG 4, Kap. 5 beschrieben, können Pflanzen durch physikalischen, biologischen und chemischen Pflanzenschutz vor Krankheiten geschützt oder von Krankheitserregern befreit werden. Besondere Sorgfalt muss dabei auf die chemischen Pflanzenschutzmaßnahmen verwendet werden, da hier mit toxischen Stoffen umgegangen wird, die nicht nur für die Schädlinge, sondern auch für andere Tiere, die Umwelt und auch den Menschen gefährlich sind und zum Tode führen können (Abb. 25).

Abb. 26:
Umgang mit Pflanzenschutzmitteln

Merke:

Chemischer Pflanzenschutz ist ein tiefgreifender Eingriff in die natürlichen Abläufe der Natur. Solche Maßnahmen sollten nur ergriffen werden, wenn andere Möglichkeiten nicht mehr helfen. Werden chemische Pflanzenschutzmittel angewendet, hat der Schutz der eigenen Gesundheit und der unbeteiligter Dritter – egal ob Mensch oder Tier – Vorrang vor anderen ökonomischen Erwägungen.

Bei einem Befall durch Pflanzenschädlinge wird die Dosis eines Pflanzenschutzmittels angewendet, die ausreichend ist, die Schädlinge zu beseitigen. Im geernteten Gemüse, Obst und auch in verkaufsfertigen Zierpflanzen dürfen nur festgelegt Höchstmengen an Rückständen der Gifte enthalten sein. Rechnerisch lässt sich pro Kilo Lebensmittel bestimmen, wie viel mg Pflanzenschutzmittel maximal enthalten sein kann (MRL, Maximum Residue Limit) und welche Menge Nahrungsmittel von einer Normalperson täglich verzehrt wird (TTMA, theoretisch tägliche maximal Aufnahme in Milligramm pro Person und Tag). Erlaubte Tagesdosis und TTMA-Wert können verglichen und Gefahren für die Bevölkerung so abgeschätzt werden.

6.1 Mitarbeiter vor Gefahren durch Pflanzenschutzmittel schützen

Die Arbeiten mit Pflanzenschutzmitteln sind nur von sachkundigen und ihren körperlichen sowie geistigen Fähigkeiten her geeigneten Personen durchzuführen. Sachkundig ist, wer durch seine Ausbildung oder durch das Absolvieren von entsprechenden Fortbildungsveranstaltungen über einen gültigen Sachkundenachweis verfügt (siehe auch LG 3, Kap. 3.2). Die zuständige Behörde (Pflanzenschutzamt) stellt auf Antrag den Sachkundenachweis aus. Sachkundige Personen sind verpflichtet, jeweils innerhalb eines Zeitraumes von drei Jahren eine von der zuständigen Behörde anerkannte Fort- oder Weiterbildungsmaßnahme wahrzunehmen. Im Rahmen der Gefährdungsbeurteilung ist die Sachkunde auch regelmäßig zu überprüfen. Jugendliche unter 18 Jahren dürfen mit Pflanzenschutzmitteln nur umgehen werden, wenn:

- der Umgang mit Pflanzenschutzmitteln zur Erreichung des Ausbildungszieles erforderlich ist,
- die Jugendlichen mindestens 15 Jahre alt sind,
- die Jugendlichen durch einen Sachkundigen beaufsichtigt werden und
- eine ärztliche Untersuchung nach dem Jugendarbeitsschutzgesetz vorliegt. Dem Arbeitgeber muss eine Bescheinigung vorliegen, dass gesundheitliche Bedenken gegen die Arbeit mit Pflanzenschutzmitteln nicht bestehen. Die Untersuchung ist jährlich zu wiederholen.

Für alle Arbeitnehmer, die Umgang mit chemischen Pflanzenschutzmitteln haben, können ggf. Vorsorgeuntersuchungen in Form von Pflichtuntersuchungen, Angebotsuntersuchungen, nachgehenden Untersuchungen oder auch Wunschuntersuchungen erforderlich werden.
Bevor Beschäftigte Umgang mit Pflanzenschutzmitteln haben, sind sie über die damit verbundenen Gefahren und deren Abwendung zu unterweisen. Der Betriebsleiter ist für die Unterweisung der Beschäftigten verantwortlich. Die Unterweisung ist jährlich mindestens einmal sowie bei jeder gebotenen Veranlassung (z. B. Neueinführung von Mitteln, neue Arbeitsverfahren, bei Betriebsneulingen) zu wiederholen. Jugendliche sind bis zum vollendeten 18. Lebensjahr hingegen sogar halbjährlich zu unterweisen. Der Unternehmer hat darauf zu achten, dass die Verhaltensregeln, insbesondere die Gebrauchsanweisungen, befolgt und die notwendigen Körperschutzmittel benutzt werden. Der Arbeitnehmer muss die gegebenen Verhaltensregeln befolgen, die Gebrauchsanweisungen genau beachten und die notwendigen Körperschutzmittel benutzen. Zur Unterweisung gehört auch der Hinweis auf das richtige Ausfüllen eines Tagebuches über den Umgang mit Pflanzenschutzmitteln im Betrieb.
Es dürfen nur zugelassene Pflanzenschutzmittel verwendet werden. Diese enthalten auf der Verpackung bzw. in der Gebrauchsanweisung folgende wichtige Informationen:

- Hersteller mit vollständiger Anschrift
- Handelsname des Präparates
- Wirkstoffname mit Angabe der Konzentration
- Anwendungsbereiche
- Gefahrensymbole (Abb. 26)
- Hinweise auf die besonderen Gefahren (R-Sätze) und die Sicherheitsratschläge (S-Sätze)
- Zulassungszeichen und Nummer des Bundesamtes für Verbraucherschutz und Lebensmittelsicherheit

<table>
<tr><th colspan="2">Bis zum 31.05.2015 dürfen Gefahrensymbole für „Gemische“ verwendet werden (Verkauf+2 Jahre)!</th><th colspan="2">Ab dem 01.06.2015 müssen bei „Gemischen“ GHS-Gefahrenpiktogramme verwendet werden!</th></tr>
<tr><td>„Alte“ Gefahrensymbole nach Stoff-Zubereitungsrichtlinie</td><td>Kennbuchstabe und Gefahrenbezeichnung</td><td>„Neue“ GHS-Gefahrenpiktogramme</td><td>Codierung und Bezeichnung</td></tr>
<tr><td></td><td>E
explosionsgefährlich</td><td></td><td>GHS01
explodierende Bombe</td></tr>
<tr><td></td><td>F+
hochentzündlich
F
leichtentzündlich</td><td rowspan="2"></td><td rowspan="2">GHS02
Flamme</td></tr>
<tr><td>Bisher ohne Symbol</td><td>entzündlich</td></tr>
<tr><td></td><td>brandfördernd</td><td></td><td>GHS03
Flamme über einem Kreis</td></tr>
<tr><td colspan="2">Nach bisheriger „Stoff- und Zubereitungsrichtlinie“ war hier kein Gefahrensymbol nach alter Kennzeichnung vorgesehen!</td><td></td><td>GHS04
Gasflasche</td></tr>
<tr><td></td><td>C
ätzend</td><td></td><td>GHS05
Ätzwirkung</td></tr>
<tr><td></td><td>T+
sehr giftig
T
giftig</td><td></td><td>GHS06
Totenkopf mit gekreuzten Knochen</td></tr>
</table>

Bis zum 31.05.2015 dürfen Gefahrensymbole für „Gemische“ verwendet werden (Verkauf+2 Jahre)!		Ab dem 01.06.2015 müssen bei „Gemischen“ GHS-Gefahrenpiktogramme verwendet werden!	
Nach bisheriger „Stoff- und Zubereitungsrichtlinie“ war hier kein Gefahrensymbol nach alter Kennzeichnung vorgesehen!			**GHS07** Ausrufezeichen
Nach bisheriger „Stoff- und Zubereitungsrichtlinie“ war hier kein Gefahrensymbol nach alter Kennzeichnung vorgesehen!			**GHS08** Gesundheitsgefahr
	Xn gesundheitsschädlich Xi reizend	Kein Gefahrenpiktogramm nach GHS vorgesehen!	
	N umweltgefährdend		**GHS09** umweltgefährdend

Abb. 26: Gefahrensymbole und Piktogramme

Pflanzenschutzmittel müssen in einem abgeschlossenen, gut durchlüfteten Raum aufbewahrt werden, der den Zugriff von unbefugten Personen unterbindet. Die Pflanzenschutzmittel befinden sich dort in einem Schrank aus nicht brennbarem Material (Metallschrank) mit ausreichend dimensionierten Auffangblechen von verschütteten Gefahrstoffen. Die Mittel sind zudem in den Originalverpackungen zu lagern (einschließlich der Betriebsanweisungen und des Pflanzenschutzmittelverzeichnisses), um Verwechslungen mit Lebensmitteln zu verhindern. Der Schrank ist mit einem Sicherheitsschloss und von außen mit der Sicherheitskennzeichnung „Totenkopf“ zu sichern. Hinweise für Erste-Hilfe-Maßnahmen und Notrufnummern sollten ebenfalls in erreichbarer, gut sichtbarer Nähe aufgestellt sein.
Auch beim Ausbringen von Pflanzenschutzmitteln muss geeignete Schutzkleidung sowie geeigneter Atemschutz entsprechend der Gebrauchsanleitung getragen werden. Zur vollständigen Schutzausrüstung gehören

- ein undurchlässiger Schutzanzug mit Kapuze, nach Möglichkeit einteilig, der für die Ausbringung von Pflanzenschutzmitteln zugelassen ist und ausschließlich dafür verwendet wird. Es sind auch Einmalanzüge erhältlich,
- Gummistiefel, speziell für diesen Einsatzbereich,
- geeignete lange und undurchlässige Handschuhe sowie
- eine Atemschutzmaske (Vollmaske; Abb. 27) mit passendem Atemschutzfilter.

Die Benutzer von Atemschutzgeräten müssen sich jederzeit auf eine einwandfreie und volle Schutzwirkung von Maske und Filter verlassen können (Abb. 28). Atemschutzmasken sind persönliche Körperschutzmittel und aus hygienischen Gründen personengebunden. Die Schutzmasken sind nach jeder Benutzung mit warmem Wasser bzw. nach Herstellerangaben zu reinigen und zu trocknen. Anschließend soll die Schutzmaske in einem staubdichten Behälter oder Schrank, getrennt von den Pflanzenschutzmitteln, aufbewahrt werden. Aktivkohlefilter sollten nach dem Einsatz nicht an der Atemschutzmaske verbleiben, sondern nach dem Gebrauch separat verschlossen werden. Hierdurch wird verhindert, dass die Aktivkohle ihre Schutzwirkung verliert.

Während des Umganges mit Pflanzenschutzmitteln darf nicht gegessen, getrunken oder geraucht werden. Alkohol und andere berauschende Mittel können zudem die Wirkung von Gefahrstoffen im Körper erheblich verstärken. Nach der Anwendung von Pflanzenschutzmitteln werden persönliche Schutzausrüstungen nach Herstellerangaben gereinigt. Bei der Durchführung von Pflanzenschutzarbeiten dürfen sich keine Personen in unmittelbarer Nähe aufhalten. Behandelte Räume und Gewächshäuser sind im Anschluss zu verschließen. Das Wiederbetreten des Gefahrenbereiches ist erst nach Ablauf der für das Mittel vorgeschriebenen Wartezeit erlaubt (Wiederbetretungsfrist). In den Räumen muss zusätzlich gründlich gelüftet werden. Da Hitze und Schwüle zu erhöhten Belastungen des Anwenders führen, soll die Durchführung der Arbeiten möglichst in den frühen Morgen- oder in den Abendstunden erfolgen. Dies gilt insbesondere z. B. für Folientunnel und Gewächshäuser.

Abb. 27:
Vollmaske für PSM

Abb. 28:
Pflanzenschutz im Freiland

Vertiefung: Schutz vor Pflanzenschutzmitteln

Neben dem Pflanzenschutzmittelanwender sollten sich auch Mitarbeiter vor dem Kontakt mit Pflanzenschutzmitteln schützen, die nach Pflanzenschutzmaßnahmen Umgang mit den behandelten Pflanzen haben. Selbstverständlich sind auch diese Mitarbeiter über Gefährdungen durch Pflanzenschutzmittel und Schutzmaßnahmen zu unterweisen. Auch wenn Warte- bzw. Wiederbetretungsfristen verstrichen sind, können sich Rest- oder Trockenmengen auf Teilen der Pflanzen befinden und langfristig eine Gefährdung für die Mitarbeiter darstellen. Mitarbeitern, die Umgang mit behandelten Pflanzen haben, sollten daher bei Bedarf Universalschutzhandschuhe (Pflanzenschutz) nach der Richtlinie „Persönliche Schutzausrüstung beim Umgang mit Pflanzenschutzmitteln" zur Verfügung gestellt werden. Bei Arbeiten, die im direkten Anschluss an PSM-Maßnahmen folgen, muss ebenso wie beim Ausbringen von PSM, der vom Hersteller vorgeschriebene Hand-, Körper- bzw. Atemschutz getragen werden. Ebenso sollten arbeitsmedizinische Vorsorgeuntersuchungen für alle Mitarbeiter vorgesehen werden, auch wenn diese nicht selbst Pflanzenschutzmaßnahmen durchführen.

6.2 Spritzbrühen herstellen

Beim Umgang mit den konzentrierten Pflanzenschutzmitteln ist besondere Vorsicht geboten. Vor dem Ansetzen der Spritzbrühen ist Körperschutz gemäß den Herstellerangaben anzulegen. Spritzbrühen sind möglichst im Freien anzusetzen. Ist das Ansetzen der Spritzbrühe in geschlossenen Räumen unvermeidbar, muss für eine gute Durchlüftung gesorgt werden.
Für das Anmischen einer Spritzbrühe muss zuerst die benötigte Brühemenge berechnet werden, danach die hierfür erforderliche Menge an Pflanzenschutzmittelkonzentrat. Bei niedrigen Kulturen bis 25 cm Höhe (z. B. Kopfsalat, Kohljungpflanzen, Erdbeeren) müsste man normalerweise mit 1 bis maximal 2 Litern Spritzbrühe auf 10 m^2 Beetfläche auskommen. Allerdings sollte man vorher auf einer abgesteckten Fläche mit klarem Wasser ausprobieren, wie viel Brühe tatsächlich benötigt wird.
Tab. 11 gibt Hinweise für den Spritzflüssigkeitsbedarf bei Obstgehölzen.

Spindelbüsche	jüngere 0,5 l je Baum ältere 2,0 l je Baum
Halb- und Hochstämme (je nach Kronenumfang)	Kronendurchmesser x Kronenhöhe x 0,3 (i. d. R. 8 bis 14 l)
Beerensträucher	je nach Größe 1 bis 2 l je Strauch

Tab. 11: Spritzbrühbedarf für Obstgehölze

Wichtig ist die richtige Berechnung der Spritzbrühenkonzentration. Bei Überdosierung wird keine bessere Wirkung erzielt, es kann aber sein, dass nach Ablauf der Wartezeit noch überhöhte Rückstandsmengen im Erntegut vorliegen. Die erforderliche Mittelmenge wird bei Kleinpackungen allgemein in Milliliter (ml) bzw. in Gramm (g) je Liter Spritzflüssigkeit oder seltener als Konzentration der Spritzflüssigkeit in Prozent (%) angegeben (Tab. 12).

Konzentration der Spritzflüssigkeit in %	Benötigte Mittelmenge in Milliliter oder Gramm für ... Liter Spritzflüssigkeit				
	0,5	1,0	2,0	3,0	5,0
0,01	0,05	0,1	0,2	0,3	0,5
0,025	0,125	0,25	0,5	0,75	1,25
0,05	0,25	0,5	1,0	1,5	2,5
0,075	0,375	0,75	1,5	2,25	3,75
0,1	0,5	1,0	2,0	3,0	5,0
0,2	1,0	2,0	4,0	6,0	10,0
0,25	1,25	2,5	5,0	7,5	12,5
0,3	1,5	3,0	6,0	9,0	15,0
0,5	2,5	5,0	10,0	15,0	25,0
0,75	3,75	7,5	15,0	22,5	37,5
1,0	5,0	10,0	20,0	30,0	50,0
1,5	7,5	15,0	30,0	45,0	75,0

Tab. 12: Umrechnen von PSM-Konzentrationen

Das Ansetzen der Spritzbrühe (Abb. 28) kann gefährlicher sein als das Ausbringen, da mit dem konzentrierten Pflanzenschutzmittel gearbeitet wird. Daher sollte es in der Berufsschule geübt werden, um den sicheren Umgang mit den Mitteln zu erlernen.

Aufgrund der Gefährlichkeit des Ansetzens von Spritzbrühen sollten, soweit in der Gebrauchsanleitung darauf hingewiesen wird, Schutzhandschuhe und ggf. Schutzkleidung und eine Schutzbrille getragen werden. Für das Herstellen geringer Brühemengen von nur wenigen Litern bietet die Pflanzenschutzindustrie inzwischen viele verschiedene Dosierhil-

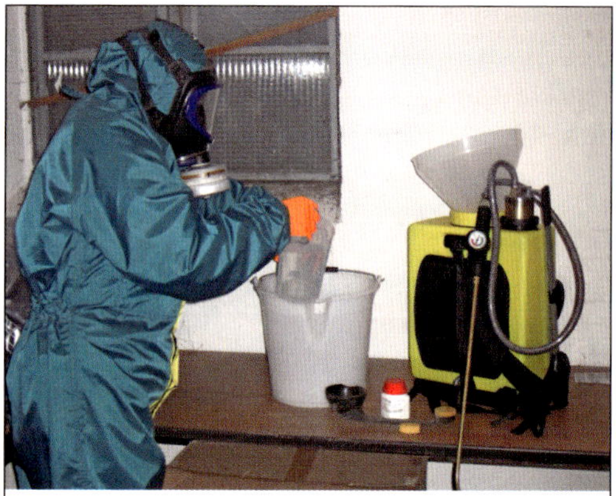

Abb. 29:
Das Anmischen von Spritzbrühen sollte in der Berufsschule geübt werden

fen für flüssige Präparate (Tropfflaschen, Pipetten) und Portionsbeutel für pulverförmige Mittel an. Müssen Pflanzenschutzmittel aus einer Flasche oder als lose Pulver bzw. Granulat abgemessen werden, können kleine Einwegspritzen und Briefwaagen gute Dienste leisten.
Der Arbeitsvorgang für das Anmischen ist folgender:
- Alle benötigten Hilfsmittel bereitstellen, ggf. Schutzkleidung anziehen. Spritzgerät zuerst einer Funktionsprüfung unterziehen
- Präparatmenge berechnen und abmessen
- Das Spritzgerät zur Hälfte mit Wasser befüllen
- Präparat einfüllen bzw. erst auflösen und anschließend einfüllen
- In einem Wassereimer alle Hilfsmittel, die mit dem PSM in Berührung gekommen sind, ausspülen und anschließend mit diesem Wasser das Spritzgerät auffüllen. Es dürfen keine PSM-Rückstände verschüttet werden oder in den Ausguss gelangen.
- PSM ausbringen
- Nach der Pflanzenschutzmaßnahme Spritzbrühereste nach Gebrauchsanweisung entsorgen und Spritze sowie Schutzkleidung fachgerecht reinigen

Grundsätzlich gilt die Regel, dass keine Pflanzenschutzmittelbrühereste entstehen sollten. Ist man nicht ganz sicher, wie viel Spritzbrühe benötigt wird, sollte erst die Hälfte angesetzt werden, um danach bedarfsgerecht die restliche Spritzmittelmenge zu ermitteln. Kleine Brühereste, wie sie oft in der Spritze verbleiben, werden im Verhältnis 1:10 mit Wasser verdünnt und nochmals über den behandelten Pflanzen ausgebracht. Das gleiche gilt für das Spülwasser des ersten Reinigungsganges. Nach Beendigung der Spritzarbeit ist das Gerät mehrmals gründlich zu spülen.
Leere Pflanzenschutzmittelpackungen sind, soweit es sich um Flaschen oder Dosen handelt, zu spülen. Sie können anschließend in die Mülltonne gegeben werden.
Sollten Pflanzenschutzmittel unbrauchbar geworden sein, sind sie genauso zu entsorgen wie Lacke, Farben und andere gefährliche Stoffe. In der Regel können Pflanzenschutzmittel bei den Sondermüllsammlungen abgegeben werden. Über Sammeltermine geben die Gemeinden und Städte Auskunft.

6.3 Ausbringverfahren unterscheiden

Nur ein Teil der gesamten ausgebrachten Menge an Pflanzenschutzmittel erreicht ihren Bestimmungsort (Ziellebewesen). Durch eine ungeeignete Ausbringtechnik, zu hohen Mitteleinsatz oder widrige Wetterbedingungen (hohe Temperatur, starker Wind, starke Niederschläge) können Pflanzenschutzmittel von den Flächen, auf die sie eigentlich gelangen und wirken sollen, verfrachtet werden. Je nach Witterung gelangen nur 10 bis 50 % der Pflanzenschutzmittel an den Bestimmungsort. Gründe für eine unerwünschte Emission sind vor allem:
- Abdrift in die Atmosphäre und auf Flächen außerhalb des Feldes
- Eintrag von Pflanzenschutzmittel in das Grundwasser über Oberflächenabfluss und Auswaschung (Versickern von Pflanzenschutzmitteln in tiefere Bodenschichten).
- Nach längeren Zeiträumen sind die meisten Pflanzenschutzmittel im Grundwasser nachweisbar.

- Verdampfung während der Ausbringung, insbesondere bei Pestiziden mit niedrigem Siedepunkt
- Verdunstung von der Fruchtoberfläche und von der Bodenoberfläche
- Winderosion vom Boden, der mit Pflanzenschutzmitteln kontaminiert ist

Vertiefung: Verbreitung von Pflanzenschutzmitteln

Pflanzenschutzmittel können sich über die Nahrungskette anreichern, was für hohe Konzentrationen dieser Substanzen in Tieren sorgt, die am Ende der Nahrungskette stehen. DDT wurde trotz lokal begrenzter Anwendung weltweit in Tieren und sogar in der Muttermilch von Eskimos in hohen Konzentrationen nachgewiesen. Herbizide, beispielsweise Glyphosat (Handelsname: Round up), wurden inzwischen im Urin von Mensch und Tier nachgewiesen – und das, obwohl diese nicht direkt mit dem Mittel in Kontakt gekommen waren. Eine mögliche Erklärung hierfür sind Rückstände von Pflanzenschutzmitteln in Getreide, das zur Erzielung einer hohen Erntetrockenheit gezielt mit Glyphosat totgespritzt wird (sogenannte Sikkation).

Tab. 13 gibt einen Überblick über die im Gartenbau üblichen Ausbringverfahren.

Verfahren	Arbeitsweise	Bemerkungen
Spritzen 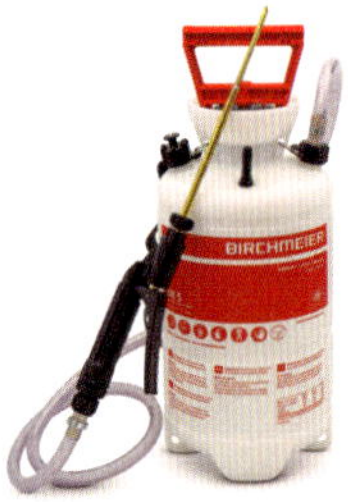	Wasser und Pflanzenschutzmittel werden zu Emulisionen oder Suspensionen vermischt. Die Ausbringung erfolgt über hohen Druck durch eine Düse, sodass feine Tröpfchen entstehen.	Häufigste Methode. Geräte sind als Hand- und Rückenspritzen, Motorspritzen, Spritzwagen und Anbaugeräte für Schlepper erhältlich.
Gießen 	Flüssige oder pulvrige PSM werden mit Wasser vermischt und mit der Gießkanne oder dem Bewässerungssystem an die Pflanzenwurzeln gebracht.	Wirkt gegen Bodenpilze und -schädlinge, kombinierter Einsatz mit Wachstumsreglern und zur Unkrautbekämpfung.

Verfahren	Arbeitsweise	Bemerkungen
Nebeln 	Im Zierpflanzenbau häufig angewandte Methode. Vorteile: Schnell und einfach, erfordert nur wenig Wasseraufwand. Beim Ausbringen sind die Tröpfchen kleiner als beim Spritzen, sodass ein Nebel entsteht. Heißnebel- und Kaltnebelverfahren sind möglich. Erstere Variante sorgt für eine gute Verteilung bei längerer Einwirkdauer. beim Kaltnebelverfahren sinkt das PSM schneller ab, sodass nur kleinere Kulturbereiche erreicht werden können.	Wegen der geringen Aufwandmengen werden gegenüber dem Spritzverfahren sowohl der Boden als auch das Grundwasser besser geschützt. Nachteil: Die Anwendung kann nur im geschlossenen Gewächshaus erfolgen. Bei der Anwendung des Vernebelungsverfahrens muss dem Körperschutz eine besondere Bedeutung beigemessen werden. Zur Ausbringung dürfen nur Mittel gelangen, die für das Vernebelungsverfahren zugelassen sind.
Streuen 	PSM in Form von Pulver oder Granulaten werden an die Kulturen gestreut und dienen häufig als Köder (z. B. Schneckenkorn). Einsatz auch gegen Wildkräuter, Schadinsekten oder Nematoden.	
Stäuben 	PSM in Form fein zu Staub vermahlener Substanzen haften gut auf den befallenen Kulturen, besonders bei erhöhter Feuchtigkeit. Nachteil: Große Abdriftgefahr bei Wind und zu großer Lufttrockenheit.	Stäube werden sehr leicht über Haut und Atemwege aufgenommen, weshalb auf den Körperschutz besonders zu achten ist. Es können keine Konzentrationsfehler und damit verbundene Schädigungen entstehen. Nur für wenige Kulturen geeignet.

Verfahren	Arbeitsweise	Bemerkungen
Verdampfen 	Nur in geschlossenen Räumen nach Arbeitsschluss auszuführen. Schwefelverdampfer wirken gegen Echten Mehltau, mit guter Nebenwirkung gegen Spinnmilben. Andere Verdampfungsmittel sind weniger bekannt.	Vor der Anwendung muss eine Erlaubnis der zuständigen Landesbehörde, z. B. Pflanzenschutzamt oder Gewerbeaufsichtsamt eingeholt werden. Voraussetzung dafür sind: Zuverlässigkeit (polizeiliches Führungszeugnis bzw. Auszug aus dem Gewerbezentralregister), Nachweis der körperlichen Eignung (amtsärztliches Zeugnis), Mindestalter 18 Jahre.
Beizen 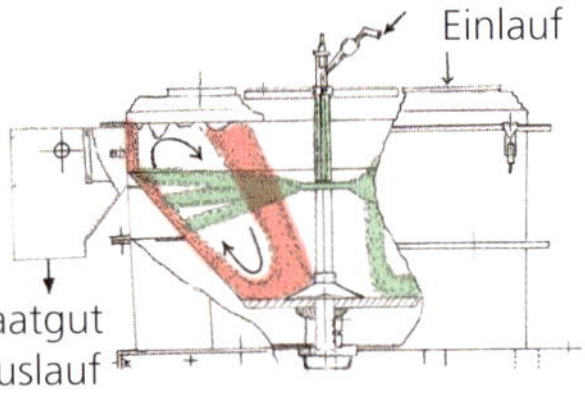	Behandlung von Saatgut, Knollen und Zwiebeln mit Beizmittel.	Bei Gemüsesamen u. a. und in Spezialbetrieben von Bedeutung. Praktisch kein Präparatsverlust. Geringe Wirkstoffmenge. Lagerfähigkeit besonders bei der Nassbeize nur kurzfristig. Für Blumenzwiebeln und -knollen (anfällig für Pilz- und Thripsbefall) kann die Nassbeize vorbeugend mit Erfolg angewendet werden.

Tab. 13: Ausbringungsverfahren im Überblick

Aufgaben:

1. Fassen Sie zusammen: Worin liegen die Gefahren im Umgang mit chemischen Pflanzenschutzmitteln?
2. Stellen Sie eine Liste eines vollständigen Körperschutzes für den Einsatz von Pflanzenschutzmitteln zusammen.
3. Entwickeln Sie ein Plakat über die Gefahrensymbole, die auf Pflanzenschutzmittel aufgedruckt sein könnten. Was bedeuten Sie? Welche Symbole sind alt, welche neu?
4. Was sind R-Sätze und was S-Sätze? Geben Sie jeweils ein Beispiel.
5. Erarbeiten Sie eine Arbeitsanweisung für das Anmischen eines Pflanzenschutzmittels. Überprüfen Sie diese auf Richtigkeit und Vollständigkeit durch eine Probe.
6. Was sollte eine Funktionsprüfung einer Kolbendruckspritze alles beinhalten?
7. Berechnen Sie den Bedarf an Pflanzenschutzmittel und Wasser für folgende Angaben: Aufwandmenge Pflanzenschutzmittel: 1,5 l/ha; zu behandelnde Fläche: 50 m^2; Wasseraufwandmenge: 1 000 l/ha.
8. Welche chemischen Pflanzenschutzverfahren kennen Sie? Welche davon werden in Ihrem Betrieb angewendet?

Lösen Sie im Arbeitsheft die Arbeitsblätter auf den Seiten 212 und 213.

Betriebsorganisation, Vermarktung und Betriebserfolg

Paul hat seine Ausbildung in einer kleinen Familiengärtnerei begonnen, die sich auf die Kultur diverser Tomatensorten spezialisiert hat. Hier muss er die verschiedenen Sorten genau unterscheiden können. Die geernteten Früchte verkauft er dann zusammen mit dem Chef auf Wochenmärkten und im Hofladen. Seit ein paar Tagen macht er nun ein Praktikum in einem Kooperationsbetrieb, der in erster Linie Möhren, Kartoffeln und auch verschiedene Kohlsorten auf großen Feldern anbaut. Dort geht ohne große Bearbeitungsmaschinen gar nichts. Zweimal in der Woche kommen Lkw einer großen Handelskette, um die geernteten und teilweise im Kühlhaus eingelagerten Gemüse abzuholen. Der ganze Betrieb arbeitet computergestützt. Obwohl Paul auch hier im Gemüsebau arbeitet, sind beide Betriebe ganz unterschiedlich strukturiert. Dass ein Gärtner nicht gleich Gärtner ist, hat er schon vor Ausbildungsbeginn gewusst, denn schließlich arbeitet sein Bruder in einer Baumschule. Aber dass es selbst innerhalb einer Gartenbausparte so große Unterschiede gibt, versetzt ihn doch in Erstaunen. Er hat sich vorgenommen, während seines Praktikums gut hinzuschauen und die Vor- und Nachteile der verschiedenen Betriebsformen ganz genau zu studieren.

1. Fachsparten des Gartenbaus unterscheiden

Was unter der Berufsbezeichnung Gärtner zusammengefasst wird, unterscheidet sich bei genauerer Betrachtung erheblich. Insgesamt gibt es sieben Fachsparten des Gartenbaus. Zu den Gartenbaubetrieben, die ihren Schwerpunkt auf die Produktion gelegt haben, gehören die Baumschule, die vorwiegend Gehölze für den Garten kultiviert, die Staudengärtnerei, die Stauden produziert, der Zierpflanzenbau, der sich mit der Herstellung von Zimmer-, Kübel- und Balkonpflanzen befasst, neben den Produktionsbetrieben der Grundnahrungsmittel wie der Obstbau und der Gemüsebau. Der Garten- und Landschaftsbau hat sich auf Dienstleistungen spezialisiert. Er plant und gestaltet Gärten und pflegt sie. Der Friedhofsgartenbau gehört sowohl zum Dienstleistungssektor, da er mit der Anlage und Pflege von Gräbern beauftragt wird, als auch zum produzierenden Gartenbau, weil er die von ihm verwendeten Pflanzen durchaus in eigenen Gewächshäusern bis zur Pflanzreife kultiviert. Darüber hinaus gibt es die Möglichkeit, für reine Verkaufsbetriebe wie Gartenbaucenter eine Ausbildung zum Einzelhandelskaufmann zu machen. Eine Übersicht über die Struktur des Gartenbaus gibt Abb. 1.

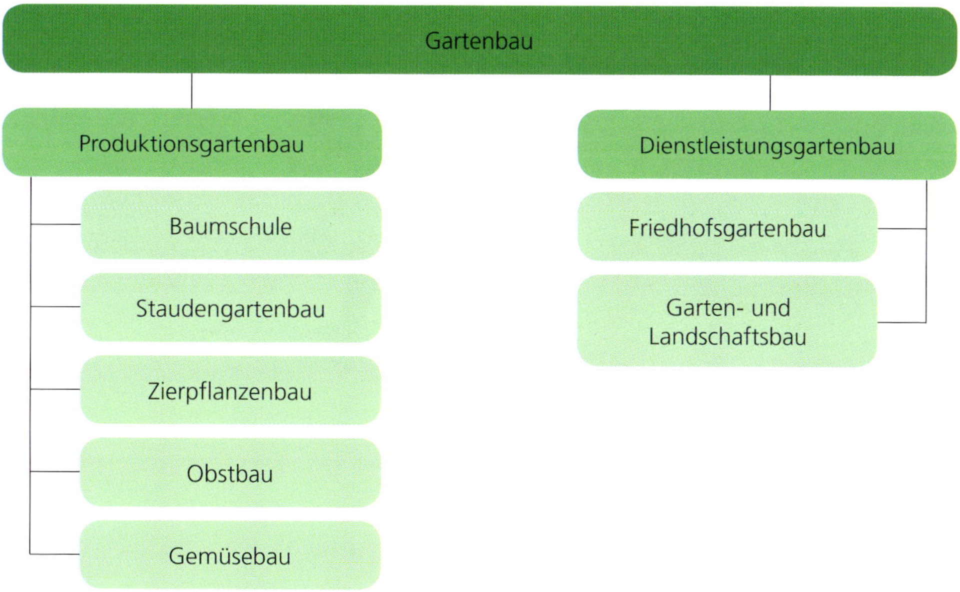

Abb. 1:
Struktur des Gartenbaus

Der Tätigkeitsbereich des Gärtners liegt hauptsächlich im Freien und wird durch das Wetter und die Jahreszeiten in arbeitsreiche und arbeitsarme Perioden unterteilt (Abb. 2). So finden gerade während der Vegetationsperiode oder für die Zeit der Ernte viele Saisonarbeitskräfte Arbeitsmöglichkeiten in den Gartenbaubetrieben. Während des Winters, also in der Vegetationsruhe, können die anfallenden Arbeiten von wenigen festangestellten Gärtnern ausgeführt werden. Allerdings verlängert die Arbeit in temperierten Gewächshäusern, wie sie im Zierpflanzenbau oder auch in den Botanischen Gärten üblich ist, die Vegetationsperiode und damit das Arbeitsangebot über das Jahr. Eine Tätigkeit als Gärtner erfordert deshalb gleichermaßen

- die Bereitschaft, bei Wind und Wetter an der frischen Luft zu arbeiten,
- eine gute gesundheitliche Konstitution,
- die Fähigkeit, sich auf flexible Arbeitszeiten einzulassen,
- Lust an körperlich anstrengender Arbeit als auch
- an Wochenenden oder in typischen Urlaubsperioden zu arbeiten.

Abb. 2:
Gärtnerische Tätigkeiten im Jahresverlauf

Vertiefung: „Grüne Berufe"

Neben den genannten Gartenbaufachsparten gibt es noch andere Betriebe in den „Grünen Berufen". Dazu zählen zum einen Betriebe, die sich mit der Pflanzenzüchtung und der Samenproduktion beschäftigen oder diese gezüchteten Samen vertreiben. Dabei handelt es sich heute meist nicht mehr um Gärtnereien im klassischen Sinne, sondern diese Arbeit wird von großen Chemiefirmen und Laboratorien geleistet,

da die Zucht und Entwicklung anbaufähiger Samen ein langwieriger und sehr kostenintensiver Prozess ist.
Floristikbetriebe sind Blumenfachgeschäfte, die sich ausschließlich dem Verkauf von Sträußen und Zimmerpflanzen widmen. Sie gehören nicht wie die Gärtnereien dem Agrarbereich an, sondern sind als Händler der Industrie- und Handelskammer zugeordnet. Das Gleiche gilt für die Gartenfachabteilungen von Baumärkten oder den Gartencentern.

Aufgaben:

1. Stöbern Sie durch die Anzeigenseiten Ihrer Tageszeitung. Schneiden Sie Inserate von Gärtnereien und verwandten Betrieben aus und kleben Sie diese auf ein großes Plakat. Fertigen Sie auf diese Weise eine Struktur Ihrer ortsansässigen „Grünen Betriebe" an, unterteilt nach Produktions-, Dienstleistungssektor und den verschiedenen Fachsparten.
2. In welche der Fachsparten gehört Ihr Ausbildungsbetrieb? Gibt es vielleicht sogar Mischformen?
3. Ihre Nachbarin möchte in ihrem Garten ein paar Obstgehölze pflanzen. An welchen Betrieb sollte sie sich wenden? An welchen Betrieb sollte sie sich wenden, wenn sie die Obstgehölze nicht selbst pflanzen möchte?

Abb. 3:
Typische gärtnerische Tätigkeiten

4. Ordnen Sie die in Abb. 3 dargestellten gärtnerischen Tätigkeiten den richtigen Betriebsformen zu. Gibt es Überschneidungen?
5. Gartenbaubetriebe aus dem Produktionssektor müssen die produzierte Ware auch verkaufen. Welche Möglichkeiten kennen Sie? Tragen Sie die verschiedenen Möglichkeiten zusammen und erklären Sie kurz, worauf dabei der Schwerpunkt liegt.

Bearbeiten Sie in Ihrem Arbeitsheft die Seiten 215 und 216.

1.1 Betriebsstrukturen definieren

Unabhängig von der Fachsparte kann jeder einzelne Betrieb seinen Arbeitsablauf auf ganz individuelle Weise strukturieren. Dabei bezieht sich der Begriff in erster Linie auf Möglichkeiten, die in den Betrieben anfallenden Arbeitsabläufe ökonomisch zu ordnen und zu koordinieren. Bei einigen Gärtnereien steht allerdings nicht die Wirtschaftlichkeit im Vordergrund, sondern eine ethisch-moralische Verpflichtung des Menschen, die Natur zu erhalten und alle Arbeiten gezielt nachhaltig auszuführen.
Grundsätzlich wird mit der Spezialisierung auf einzelne Fachbereiche des Gartenbaus eine Erhöhung der Wirtschaftlichkeit betrieblicher Prozesse und Vorgänge angestrebt. Dabei ist neben der Frage nach der zu wählenden Spezialisierungsart auch die Frage nach dem Ausmaß der Spezialisierung zu beantworten. So kann sich ein Betrieb auch innerhalb einer Sparte wie der des Garten- und Landschaftsbaus beispielsweise nur auf die Gartenpflege oder die Baumchirurgie spezialisieren. Allerdings ist zu beachten, dass eine einmal gewählte Spezialisierung nicht auf Dauer effizient sein muss. Die Notwendigkeit des Wechsels der Spezialisierung wird in aller Regel durch folgende Ereignisse signalisiert: Warteschlangen, Qualitätsmängel, Nacharbeit, überforderte Vorgesetzte und andere Ereignisse. Man kann die Spezialisierung innerhalb eines Betriebes als Arbeitsteilung verstehen, wobei folgende Formen unterschieden werden:

- Spezialisierung nach Verrichtungen oder Funktionen: Alle gleichartigen Arbeiten werden in Gruppen zusammengefasst und von Experten auf diesem Gebiet erledigt.

- Spezialisierung nach Kundengruppen: Es macht einen Unterschied, ob in der Gartenpflege große Wohnungsbaugesellschaften oder ein Privatkunde mit Einfamilienhaus betreut werden muss.
- Geographische Spezialisierung: Auch wenn man keine Filialen in verschiedenen Städten hat, ist es sinnvoll, Arbeitsteams vor Ort zu haben, um lange Anfahrtswege oder Materialtransporte zu sparen.

Neben diesen Reinformen der Spezialisierungen sind auch immer Mischformen in Betrieben zu finden. Zu bedenken ist dabei, dass sich die Art der Spezialisierung im ständigen Fluss befindet, da sich die Voraussetzungen oder die Wirtschaftlichkeit der Einteilungen im Laufe der Zeit verändern können.

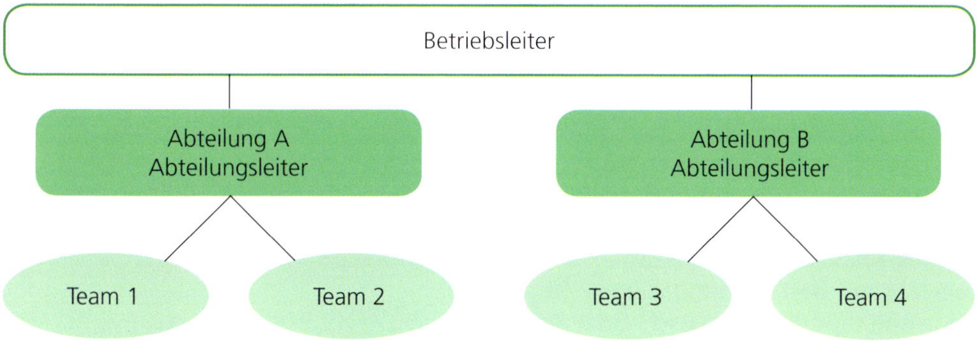

Abb. 4:
Beispiel eines Betriebsorganigramms

Damit die wirtschaftlichen Abläufe möglichst reibungsfrei stattfinden können, ist eine hierarchische Arbeitsorganisation in den meisten Betrieben die Regel (Abb. 4). An der Spitze der Hierarchie steht der Betriebsleiter, der die Verantwortung für alle Entscheidungen übernimmt. Er kann Aufgaben an Abteilungsleiter übergeben, die dann wiederum für die einzelnen Arbeitsteams verantwortlich sind. Bei der Arbeitseinteilung sollte unbedingt darauf geachtet werden, dass Arbeitnehmer, die gut miteinander arbeiten können, in Teams zusammengestellt werden. Der häufige Wechsel in Teambesetzungen widerspricht der Ausbildung von Experten und läuft langfristig dem ökonomischen Ablauf des Betriebes entgegen.

Aufgaben:

1. Welche Formen der Spezialisierung kennen Sie?
2. Wie sind die Arbeitsabläufe in Ihrem Ausbildungsbetrieb organisiert? Erstellen Sie ein Organigramm.
3. Stellen Sie eine Tabelle auf und finden Sie Gründe, die für eine hierarchische Betriebsordnung sprechen, aber auch dagegen.

2. Ein Herbarium anlegen

2.1 Vorbereitungen treffen

Ein Herbarium ist eine Sammlung getrockneter und gepresster Pflanzen oder Pflanzenteile mit dem Ziel, diese Pflanzen in ihren typischen Merkmalen darzustellen und diese zu bestimmen und zu beschriften. Richtig aufbereitet bleiben die Pflanzen durchaus über Jahrhunderte haltbar (Abb. 5).

In vielen Bundesländern gehört das Anlegen eines Herbariums zu den Aufgaben, die zum Erreichen des Berufsschulabschlusses im Gartenbau (oder auch in anderen Berufszweigen) notwendig sind. Um ein schönes und lange haltbares Herbarium anzulegen, müssen einige Grundregeln beachtet werden.

Herbarpflanzen können nur dann konserviert werden, wenn ihnen dauerhaft die Feuchtigkeit des Pflanzensaftes entzogen wird. Dies geschieht am besten mithilfe einer Pflanzenpresse und saugfähigem Lösch- oder Zeitungspapier. Die Pflanzenpresse lässt sich einfach selbst bauen. Dafür kauft man im Baumarkt ca. zwei Zentimeter starke MDF- oder Spanplatten, die auf eine Größe von 25 cm x 40 cm zurechtgesägt sind, wenn man das Herbarium in DIN-A4-Format herstellen möchte (Abb. 6). Im Abstand von drei Zentimetern zum Rand bohrt man vier Löcher mit einem Bohrständer und einem 8-mm-Bohrer in beide Holzplatten. Damit die Löcher in den Platten später genau übereinanderliegen, sollten die Ober- und die Unterseite markiert und mit Schraubzwingen eingespannt werden, um ein Verkannten zu verhindern. So kann durch beide Platten in einem Arbeitsgang gebohrt werden. Durch die Löcher der unteren Platte steckt man anschließend Bolzen mit einer Länge von 10 cm, sodass das Schraubgewinde nach oben weist. Hierauf kann dann nach Befüllen der Pflanzenpresse die obere Holzplatte gelegt und mit vier Unterlegscheiben und Flügelmuttern festgeschraubt werden. Das Öffnen und Schließen der Presse wird erleich-

Abb. 5:
Seite eines historischen Herbariums

Abb. 6:
Bauteile der Pflanzenpresse

tert, indem die Bohrlöcher der oberen Holzplatte mit einem 9-mm-Bohrer vergrößert werden.
Zwischen die Holzplatten wird Lösch- oder Zeitungspapier gelegt, das dem Trocknen der Pflanzenteile dient. Dass Papier muss saugfähig sein und darf nicht färben (Vorsicht vor Druckerschwärze!). Küchentücher sind nicht geeignet, da sie zu weich und zu dick sind: Durch das Pressen überträgt sich das Muster des Papiers auf die feinen Pflanzenteile.
Wenn man keine Pflanzenpresse bauen möchte, können auch dicke Bücherstapel diese Aufgabe erfüllen.

2.2 Pflanzen zum Pressen auswählen

Für ein Herbarium müssen geeignete Pflanzen bzw. Pflanzenteile ausgewählt werden. Nach Möglichkeit sollten immer vollständige Pflanzen gepresst werden, also sowohl Blüte und Blatt als auch Spross und Wurzel. Das wird bei großen Gehölzen natürlich schwierig; hier muss man sich dann auf Laubblätter, Blüte und dünne Triebe beschränken. In jedem Fall sollten die Pflanzen typische Merkmale aufweisen. Kranke Pflanzen mit verformten oder verfärbten Laubblättern, angefressenen Blüten oder gar Schädlingsbefall sind für die Herbariumaufbereitung nicht geeignet. Bei Pflanzen, die vor dem Laubaustrieb blühen, sollte die Blüte separat gepresst werden. Man kann auch einen Frühlings- und einen Sommerzweig eines Gehölzes pressen, um Blüten und möglicherweise interessante Herbstfärbung gleichermaßen darzustellen. Gibt es männliche und weibliche Blüten, sollte dies kenntlich gemacht werden. Gepresste, zur Pflanze gehörende Früchte wie die des Ahorns (*Acer spec.*) ergänzen die Darstellung. Denkbar wären aber auch präparierte, in dünne Scheiben geschnittene Früchte wie die Hagebutte der Rose (*Rosa spec.*) oder einfach ein Foto von nicht pressbaren Samenständen wie die der Rosskastanie (*Aesculus hippocastanum*). Kleine krautige Pflanzen lassen sich in der Regel leichter pressen; mit ihnen sollten Sie das Pressen beginnen.

Abb. 6:
Beispiel einer Herbariumspflanze

2.3 Die Pflanzenpresse richtig befüllen

Da Pflanzen schnell welken, sollte man seine gesammelten Exemplare möglichst unverzüglich in die Pflanzenpresse zum kontrollierten Trocknen einlegen. Wenn das nicht möglich ist, schlägt man die gesammelten Pflanzen in ein feuchtes Tuch ein und transportiert die Exemplare in einem Leinenbeutel oder Weidenkorb. Plastiktüten sind nicht geeignet, da die Pflanzen darin schwitzen und schnell Schimmelpilzsporen ansetzen, die sich dann auch in der Pflanzenpresse ausbreiten. Müssen die Pflanzen länger zwischengelagert werden, kann ein altes dickes Telefonbuch oder ein ausrangiertes Taschenbuch als provisorische Pflanzenpresse dienen.

Abb. 8:
Die Pflanzenpresse richtig befüllen

Zum Einlegen der Pflanzen in die Presse schraubt man diese auf und nimmt den Deckel ab (Abb. 8). Auf den Boden der Presse werden drei bis vier Bogen Zeitungspapier gelegt. Darauf breitet man die zu pressende Pflanze so aus, dass keine Pflanzenteile verknicken oder gar übereinanderliegen. Büschelig wachsende Pflanzen wie der Löwenzahn (*Taraxacum sectio ruderale*) sollten Blatt für Blatt und Blütenstängel für Blütenstängel auseinander genommen und die Teile einzeln gepresst werden. Sie lassen sich später wieder beim Beschriften zu einem Ganzen zusammenfügen. Es ist darauf zu achten, dass jedes Pflanzenteil auf saugfähigem Papier liegt und nichts über den Rand der Presse hinausragt. Ist die erste Lage Pflanzen eingelegt, kommen wieder drei bis vier Bögen Papier als Abdeckung oben auf. Diesen Schichtenaufbau setzt man fort, bis die Presse befüllt ist. Den Abschluss bildet die obere Holzplatte, die mit leichtem Druck aufgeschraubt wird. Achtung: Zieht man die Schrauben zu fest an, zerquetscht man das Pflanzenmaterial. Ein geringerer Druck führt außerdem zu besseren Trocknungsergebnissen. Die Presse wird am besten an einem warmen und trockenen Ort der Wohnung gelagert.
Sollen dickholzige oder fleischige Pflanzenteile gepresst werden, lagert man nicht zu viele Schichten übereinander, weil das Pressergebnis sonst wellig werden könnte. Es

empfiehlt sich, solche Pflanzen zusätzlich zu dem Papier durch eine Lage Karton zu trennen, damit sich kein Muster auf die übrigen Exemplare in der Presse überträgt.
In jedem Fall sollte die Presse nach spätestens vier bis sieben Tagen kontrolliert werden, missglückte Exemplare sind gleich zu entsorgen und feuchtes Löschpapier durch trockenes zu ersetzen. Erst nach einer vollständigen Trocknung der Pflanze kann diese für das Herbarium weiter aufbereitet werden. Die Pflanzen fühlen sich dann wie Seidenpapier an, sind kaum biegsam und duften nach Heu und nicht nach fauligem Gras. Je nach Dicke und Feuchtigkeitsgehalt der Pflanze (welcher auch vom Wetter und der Jahreszeit abhängig sein kann), dauert der Trocknungsprozess zwischen zwei bis vier Wochen. Wenn man sich nicht sicher ist, belässt man die Pflanzen lieber etwas länger in der Pflanzenpresse. Sonst riskiert man, dass die Exemplare im fertigen Herbarium zu einer Schimmelpilzkultur werden.

2.4 Gepresste Pflanzen aufbereiten

Als Grundlage für ein Herbarium wählt man am besten festen, weißen Karton (mindestens 160g/m^2). Er hat den Vorteil, dass er fest genug ist, sodass die gepressten Pflanzen darauf Halt haben, ohne beschädigt zu werden, wenn sie fixiert sind. Weiß bildet darüber hinaus den passendsten Kontrast zu den Pflanzen und hebt sowohl die Farbe der Exemplare als auch deren Konturen ausgezeichnet hervor. Der Karton darf ruhig etwas saugfähig sein, sodass Restfeuchte aus den Pflanzen aufgesogen werden kann. Die Pflanzen sollten so groß gewählt werden, dass sie die ganze Seite ausfüllen, aber noch Platz für die Beschriftung bleibt (Abb. 9). Je größer das gepresste Exemplar, umso besser lassen sich die typischen Merkmale erkennen. Für die Befestigung der Pflanzen sollte kein flüssiger Klebstoff oder Klebestift benutzen werden, da das Klebematerial zu Farbveränderungen oder zum Auflösen des organischen Materials führen könnte. Außerdem werden Pflanze und Karton sonst leicht wellig. Alternativ können Klebefilmstreifen genutzt werden oder die Befestigung erfolgt mit dem Aufkleben fein geschnittener Papierstreifen. Bei einem Gehölzherbarium kann man auch mit einer Stopfnadel kleine Löcher in den Karton stechen, durch die der Spross dann hindurch geführt wird. Das Einlamimieren oder Befestigen des Objektes im Ganzen mit Klebefolie ist in den meisten Fällen nicht zugelassen.

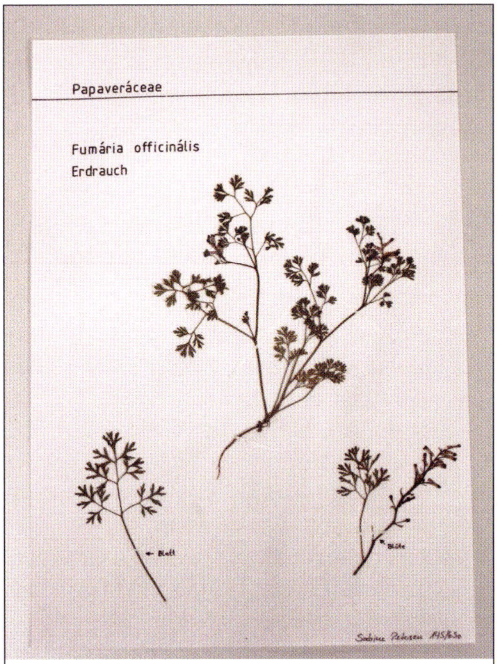

Abb. 9:
Korrekt beschriftetes Herbarblatt

Merke:

Muss das Herbarium verpflichtend für die Abschlussprüfung angefertigt werden, sollte man sich bei der zuständigen Stelle genau informieren, welches Format das Herbarium haben muss, welche Bedingungen für die Befestigung der Pflanzen vorgeschrieben sind und welche Hilfsmittel nicht zugelassen sind, um sich Überraschungen zu ersparen.

Zu jeder gepressten Pflanze gehört eine korrekte Beschriftung, die den deutschen Namen, den botanischen Namen und den Familiennamen umfasst. Wenn das Herbarium als Zulassungsvoraussetzung für die Abschlussprüfung angefertigt wird, muss man außerdem Namen und Nummer des Ausbildungsvertrages auf jedem einzelnen Blatt ergänzen. Zusätzliche Informationen zum Objekt, wie Standortbedingungen, Herkunftsland oder Verwendungsmöglichkeiten zeigen, dass man sich näher mit der Pflanze auseinandergesetzt hat, dies sollte aber auf einem separaten Blatt notiert werden. Die Pflanzen sind optimal geschützt, wenn die Herbarblätter in eine Klarsichthülle eingeführt und alle einzelnen Blätter in einem Ordner gesammelt werden. Zur Vervollständigung wird dem Gesamtwerk ein Inhaltsverzeichnis, die Seitenzahlen und gegebenenfalls ein Stichwortregister hinzugefügt.

Vertiefung: Anlegen eines Herbariums

Das Anlegen eines Herbariums ist in erster Linie eine Fleißarbeit, für die es Zeit und Sorgfalt bedarf. Damit sie gelingt, sollten folgende Punkte berücksichtigt werden:

- Pflanzenteile lassen sich leichter pressen, wenn sie mit der der Sonne zugewandten Seite nach unten in die Presse gelegt werden. Auf diese Weise kommen weniger unschöne Knicke und Falten in die Pflanzen.
- Die satten Blütenfarben können durch das Trocknen verloren gehen. Dies gilt insbesondere für die Farbe Weiß. Der Farbverlust lässt sich verringern, wenn man die Pflanzen vor dem Pressen für einige Stunden in ein Salzbett legt, um Wasser zu entziehen. Auch das Pressen mit wenig Druck hilft, die Farben frisch zu halten.
- Gepresste Pflanzenwurzeln lassen sich hervorragend mit einer alten Zahnbürste von Erdresten befreien.
- Dicke Früchte, Knollen oder Zwiebeln sollten nicht als Ganzes gepresst werden, sondern in hauchdünne Scheiben geschnitten und im Backofen bei geringer Temperatur vorgetrocknet werden.
- Einige Pflanzen lassen sich schwer pressen, weil sie nach dem Trocknen schnell in ihre Einzelteile zerfallen. Dazu gehören viele Nadelgehölze. Mit Haarspray oder Sprühkleber dünn besprüht, halten sie deutlich länger.
- Da das Pressen häufig sehr lang dauern kann, sollte man Notizzettel mit Hinweisen zum Pflanzennamen mit in die Presse hineinlegen. Das erleichtert das Bestimmen der Pflanzen zu einem späteren Zeitpunkt.

- Arttypische, gut entwickelte Pflanzen und Pflanzenteile lassen sich nur innerhalb der Vegetationsperiode von März bis Oktober sammeln. Für Auszubildende, die das Herbarium vor der Abschlussprüfung vorlegen müssen, bedeutet dies, dass ihnen nur knapp eineinhalb Jahre zum Pressen und Sammeln bleiben. Daher sollte dieses Vorhaben nicht auf die lange Bank geschoben werden.
- Wird eine Mindestanzahl gepresster Objekte benötigt, legt man sich zur Sicherheit einen Ersatzvorrat von ca. 10 % an, damit missglückte Herbarblätter noch vor dem Abgabetermin ersetzt werden können.

Aufgaben:

1. Legen Sie sich ein Pflanzenquartett an. Pressen Sie dafür vier Pflanzen einer Pflanzenfamilie oder einer Art, kleben diese auf geeignete Karten auf, beschriften sie mit botanischem und deutschem Namen und nummerieren sie diese von a bis d durch. Wiederholen Sie diesen Vorgang mit zehn weiteren Pflanzenfamilien bzw. -arten. Vor dem Spielen mit den Karten sollten diese allerdings einlaminiert werden, um sie vor Abnutzung zu schützen (Abb. 10).

Abb. 10:
Beispiel für ein Pflanzenquartett

2. Erarbeiten Sie sich innerhalb Ihrer Lerngruppe eine „Pflanze der Woche“ Ihrer Wahl, indem Sie eine Pflanze sammeln, pressen, beschriften und einige Informationen zum Standort und ihrer Verwendung zusammentragen. Alle Pflanzen zusammen lassen sich zu einem Herbarium ordnen oder als Wandzeitung zusammenstellen.

Bearbeiten Sie in Ihrem Arbeitsheft die Seiten 239 und 240.

3. Pflanzen erkennen und bestimmen

Erfolgreich als Gärtner zu arbeiten beinhaltet auch, Pflanzen zu kennen, über deren Standort- und Nährstoffansprüche informiert zu sein und unbekannte Pflanzen bestimmen zu können:

- Der Kunde sucht Pflanzen für seinen Garten und erwartet kompetente Beratung durch den Gärtner.
- Die Spontanvegetation eines Gartens gibt Auskunft über Bodenbeschaffenheit, pH-Wert und Nährstoffvorkommen.
- Vorhandene Pflanzen können Wirtspflanzen für Schaderreger sein.
- Die Wuchseigenschaften einer Pflanze bedingen optimale Pflanzabstände.
- Angelieferte Pflanzen mit dem Lieferschein abgeglichen und Pflanzpläne umgesetzt werden.

Aus diesen Beispielen wird deutlich, dass ein umfangreiches Wissen über Pflanzen zwingend zum Berufsbild gehört. Außerdem muss man Methoden nutzen können, um unbekannte Pflanzen bestimmen und anschließend dieses Wissen in die gärtnerische Praxis umsetzen zu können.

3.1 Typische Pflanzenmerkmale erkennen

Wer unbekannte Pflanzen bestimmen will, muss dafür die typischen Merkmale der Pflanze erkennen können. Dazu gehören u.a. Charakteristika des Laubblattes, des Sprosses, der Blüte und der Wurzel. Einige Beispiele dafür gibt Tab. 1. Bestimmungsbücher greifen diese Erkennungsmerkmale auf und helfen so nach systematischer Suche bei der Identifizierung unbekannter Pflanzen. Neben dem deutschen und dem botanischen Namen geben sie weitere Informationen über Heimat, Standort- und Nährstoffansprüche oder auch Verwendungsmöglichkeiten.
Über das Internet ist es möglich, Pflanzen durch das Einscannen mit dem Smartphone zu bestimmen oder auch spezielle digitale Bestimmungsprogramme zu nutzen. Jedoch ist nicht alles korrekt, was das Internet angibt; es sind durchaus Fehler bei der Bestimmung möglich. Deshalb sollte eine Pflanzenbestimmung über das Internet immer kritisch hinterfragt werden.

Bauteil der Pflanze	Merkmale
Laubblatt	Welche Farbe, welche Form hat das Laubblatt? Wie sieht der Blattrand aus? Ist das Blatt zusammengesetzt oder einteilig? Wie sieht die Blattoberfläche aus (behaart, dornig, rau, glatt)?
Spross	Ist der Sprossquerschnitt kantig, rund, gerieft? Gibt es einen Unterschied zwischen einjährigen und mehrjährigen Trieben? Verholzt der Spross?

Bauteil der Pflanze	Merkmale
Blüte	Sind die Blüten einzeln oder zusammengesetzt? Welche Form hat die Einzelblüte? Welches Farbspektrum hat die Blüte? Duftet die Blüte?
Wurzel	Hat die Pflanze eine Pfahlwurzel, ein Wurzelbüschel, Wurzelausläufer? Gibt es Verdickungen an der Wurzel?

Tab. 1: Bestimmungsmerkmale der Pflanzen

Darüber hinaus kann auch die Wuchsform der Pflanze zu deren Bestimmung herangezogen werden:

- Ist die Wuchsform baumförmig mit Stamm und Krone, handelt es sich um einen Hochstamm.
- Ist der Wuchs eher strauchförmig?
- Halbsträucher sind nur zum Teil verholzt und haben immer auch krautige Pflanzenteile.
- Stauden sind krautig, d. h., die oberirdischen Pflanzenteile sind weich und grün und sterben meist zum Winter ab, um im kommenden Jahr erneut auszuschlagen. Sie überdauern mehrere Jahre.
- Zweijährige Pflanzen bilden in der ersten Vegetationsperiode nur Blattmasse aus. Die Blüten- und Samenbildung erfolgt im zweiten Standjahr. Danach stirbt die gesamte Pflanze ab.
- Einjährige Pflanzen leben nur eine Vegetationsperiode und bilden während dieser Zeit auch die Samen für eine generative Vermehrung aus.

Aufgaben:

1. Bestimmen Sie die unten dargestellten Pflanzen mithilfe von Bestimmungsbüchern.

2. Fertigen Sie sich Lernkarten zu den in Ihrer Firma gebräuchlichsten zehn Pflanzen an. Auf die Vorderseite der Lernkarte kleben Sie ein Foto oder eine Zeichnung der Pflanze, auf der Rückseite notieren Sie den deutschen und den botanischen Pflanzennamen, den Familiennamen und einige Hinweise zur Wuchsform und zur Verwendung.

3.2 Symbolik in der Pflanzenbestimmung

Die Kenntnis des jeweiligen Gattungs-, Art- und Sortennamen ist nur eine Möglichkeit, Informationen über die Pflanzen zu erhalten. In vielen Botanischen Nachschlagewerken finden Sie zusätzlich zu den Pflanzennamen standardisierte, international gültige Symbole und Abkürzungen, die Informationen über die Wuchsform, die Standortbedingungen oder auch den Verwendungszweck geben. Diese Symbole und Abkürzungen sind in Abb. 11 dargestellt.

Symbole und Abkürzungen

Symbol	Bedeutung
⊙	einjährige Pflanze, Annuelle
(••)	zweijährige Pflanze, Bienne
♃	mehrjährige Pflanze, Perenne, Staude
♄	Halbstrauch
♄	Strauch
♄	Baum
×	Bastard = Kreuzung
	Hängepflanze
	Kletterpflanze
	Kriechpflanze
	Topfpflanze
	Ufer- und Sumpfpflanze
	Wasserpflanze
○	Sonnenpflanze
◑	Halbschattenpflanze
●	Schattenpflanze
W	Warmhauspflanze
K	Kalthauspflanze
	Giftpflanze
	Pflanze mit Fruchtschmuck
N	Nutzpflanze
✂	Pflanze für den Schnitt
△	Steingartenpflanze
∧	benötigt Winterschutz
▽	geschützte Pflanze
♀	weiblich
♂	männlich
⚥	zwittrig
i	immergrüne Pflanze
D	duftende Pflanze
Off.	offizinelle Pflanze, Heilpflanze
I–XII	Blütezeit (Monat in römischen Zahlen)

Abb. 11:
Bedeutung wichtiger Pflanzensymbole

Aufgaben:

1. Listen Sie zu den auf Seite 251 abgebildeten Pflanzen die entsprechenden Symbole auf. Was bedeuten sie?
2. Übertragen Sie die Tab. 2 in Ihr Heft. Anschließend übersetzen Sie den botanischen Namen ins Deutsche und kreuzen die jeweils zutreffenden Pflanzeneigenschaften an.

Botanischer Name	Deutscher Name	⊙	⇝	♄	N	∴
Lamium galeobdolon						
Aesculus hippocastanum						
Gaultheria procumbens						
Poa annua						
Cucurbita pepo						

Tab. 2: Pflanzen und ihre Eigenschaften

3. Listen Sie zu folgenden Pflanzennamen jeweils eine Beschreibung des Laubblattes, der Blüte, des Sprosses und der Wurzel (wie im Beispiel genannt) auf:
Beispiel: *Salvia officinalis* (Echter Salbei) – oval-lanzettliches Blatt, violette Lippenblüten, Halbstrauch (Spross), Büschelwurzel.
Cirsium arvense, Hypericum calycinum, Daucus carota, Pyrus communis, Waldsteinia ternata , Hippeastrum Cultivars.

Bearbeiten Sie in Ihrem Arbeitsheft die Seiten 19 bis 23 und 241 bis 242.

Am Wochenende war großes Hoffest auf Pauls Praktikumsbetrieb. Neben dem selbst erzeugten und geernteten Gemüse gab es auch einige Verkaufsstände von benachbarten Betrieben. Dafür wurde schon Wochen vorher das gesamte Gelände aufgeräumt und umgebaut, Anzeigen in den lokalen Zeitungen geschaltet, Handzettel verteilt; sogar im Radio gab es einen Hinweis auf die Veranstaltung. Paul hat erst gezweifelt, ob sich der Aufwand überhaupt lohnt, doch es wurde sehr voll. Für Kinder gab es sogar Hüpfburgen und Schminktische, die älteren durften mit dem Traktor aufs Feld fahren, um Nachschub an Gemüse zu holen. „Das macht zwar viel Arbeit, aber mit diesem Fest pflegen wir unsere Stammkundschaft und haben damit ein sicheres Standbein neben unserem Verkauf an große Handelsketten", hatte der Chef erklärt. Das hat Paul nachdenklich und neugierig gemacht. Er hat sich vorgenommen, sich näher mit den verschiedenen Marketingstrategien zu befassen und mit seinem eigentlichen Ausbildungsbetrieb zu vergleichen. Vielleicht lassen sich ja gute Ideen übernehmen? Oder ist nicht alles eins zu eins auf die einzelnen Betriebe übertragbar?

4. Marketing und Werbung

Marketing als Teilprozess (Funktion) im Unternehmen

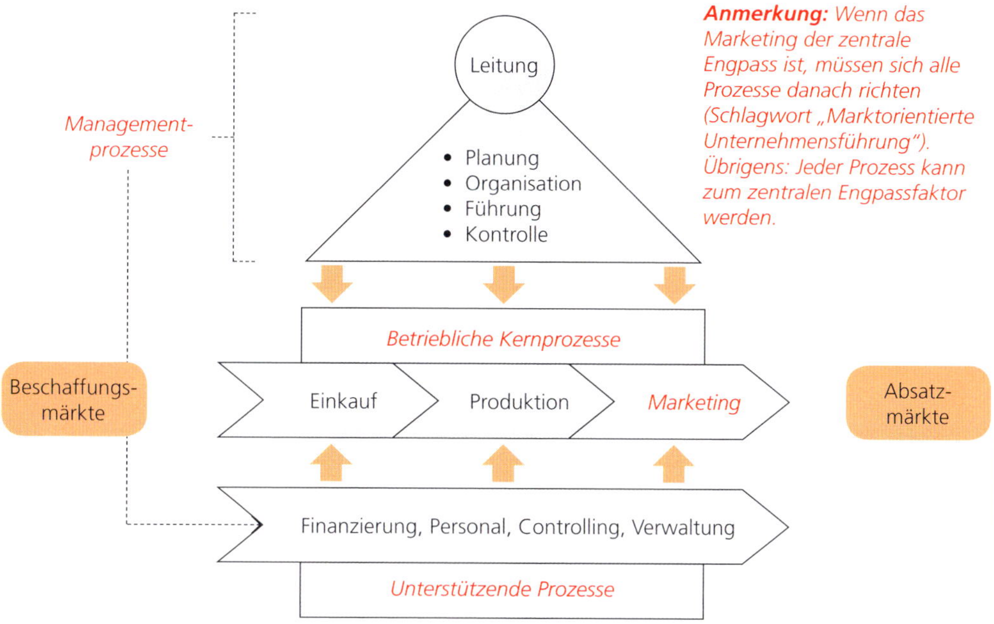

Abb. 12:
Unternehmen und Marketing

Unter Marketing versteht man ein Konzept der ganzheitlichen, marktorientierten Unternehmensführung zur Befriedigung der Bedürfnisse und Erwartungen von Kunden und anderen Interessengruppen (Abb. 12). Über Betriebsführung, Produktionsmittel und Produktion, Verwaltung und personelle Ausstattung sind alle Aktionen des Betriebs so ausgerichtet, dass das Ziel des Unternehmens, das Leitbild, authentisch nach außen vermittelt wird. So sollen die Kunden dauerhaft an das Unternehmen gebunden werden. Zur Erreichung der Unternehmensziele werden Marketingstrategien entwickelt, die operativ mithilfe der Marketinginstrumente (die sog. **4P**) umgesetzt werden. Dabei handelt es sich um Produkt-/Leistungs- (**Product**), Preis- (**Price**), Kommunikations- (**Promotion**) und Vertriebspolitik (**Place**).
Die Produktpolitik umfasst dabei Entscheidungen, welche Produkte (hier: Pflanzen) oder Dienstleistungen (Service des Garten- und Landschaftsbaus oder des Friedhofgartenbaus) zum Kerngeschäft des Unternehmens gehören sollen. In diesen Bereich fallen z. B. die Analyse, Planung und Umsetzung von Produktveränderungen und Serviceleistungen, die Markenpolitik, die Namensgebung sowie die Verpackungsgestaltung.
Im Rahmen der Preispolitik werden die Konditionen festgelegt, unter denen Produkte und Leistungen angeboten werden. Entscheidungsparameter sind z. B. der Grundpreis, Rabatte, Boni und Skonti.

Die Kommunikationspolitik umfasst alle Maßnahmen, die der Kommunikation zwischen Unternehmen und ihren tatsächlichen und zukünftigen Kunden, Mitarbeitern und Bezugsgruppen dienen. Zu diesem Zweck werden z. B. die Kommunikationsinstrumente der klassischen Mediawerbung, Direct Marketing, Verkaufsförderung, Sponsoring, Public Relations (PR), Messen und Events eingesetzt.
Bei der Vertriebspolitik werden die Verkaufswege näher definiert, um die räumliche und zeitliche Distanz zwischen Unternehmen und Kunde zu überwinden. Dabei wird entweder auf Händler, die die produzierte Ware weiterverkaufen (indirekter Vertrieb), oder auf eigene Verkaufsveranstaltungen wie Hofläden oder Märkte (direkter Vertrieb), zurückgegriffen. Auch im Dienstleistungsbereich gibt es eine Form des indirekten Vertriebes, wenn nämlich Waren oder Dienstleistungen in Form von Betriebskooperationen und Partnerschaften im Paket angeboten werden.

Merke:

Diese aktivitätsbezogene Auffassung versteht Marketing somit als Bündel von marktgerichteten Maßnahmen, die dazu dienen, die absatzpolitischen Ziele eines Unternehmens zu erreichen. Dieses Verständnis hat bis heute seine Bedeutung erhalten, auch wenn der Begriff sich in den letzten Jahren stetig erweitert hat.

4.1 Marketinginstrumente

Die Marketinginstrumente sind alle einsetzbaren Aktivitäten bzw. Handlungen eines Unternehmens, die den Betrieb darin unterstützen, seine Unternehmensziele zu erreichen. Im betriebswirtschaftlichen Sinn werden darunter folgende Instrumente zusammengefasst:

- Produktpolitik: Bestimmung der Gesamtheit aller Produkte und Dienstleistungen durch Festlegung der Bandbreite und der Zahl der Varianten innerhalb der Leistungsarten. Das Unternehmen trifft Entscheidung über Produktinnovation, -variation und -elimination; Qualitätspolitik, Standardisierungs- bzw. Individualisierungsentscheidungen, Markenstrategien, Verpackung, Produktgestaltung.
- Kommunikationspolitik: Festlegung der Art und Weise, wie die Produkt- und Dienstleistungspalette beim potenziellen Kunden bekannt gemacht werden soll (Werbung, Verkaufsförderung, kommunikative Seite des persönlichen Verkaufs, Public Relations).
- Distributionspolitik: Auswahl, woher Rohstoffe für die Produktion oder Dienstleistung bezogen und welche Vertriebswege genutzt werden sollen.
- Preispolitik: Welche Bedingungen bestimmen die Preisgestaltung, Rabatt- und Lieferkonditionen und wie soll der Absatz finanziert werden?

Die Kombination dieser vier eingesetzten marketingpolitischen Instrumente wird als Marketingmix bezeichnet (Abb. 13); die Kombination der Einzelaktivitäten innerhalb eines Instruments (z. B. Kombination von Werbe-, Verkaufsförderungs- und PR-Aktivitäten und der kommunikativen Seite des persönlichen Verkaufs im Rahmen der Kommunikationspolitik) als marketingpolitisches Submix. Marketingmix und Submix müssen für jeden einzelnen Betrieb individuell zurechtgeschneidert werden, sodass das Leitbild des Unternehmens (z. B. als preisbewusster Discounter, als Spezialist für spezielle, vielleicht seltene Pflanzenarten oder als ökologischer, in sozialer Verantwortung handelnder Betrieb) entsprechend widergespiegelt wird.

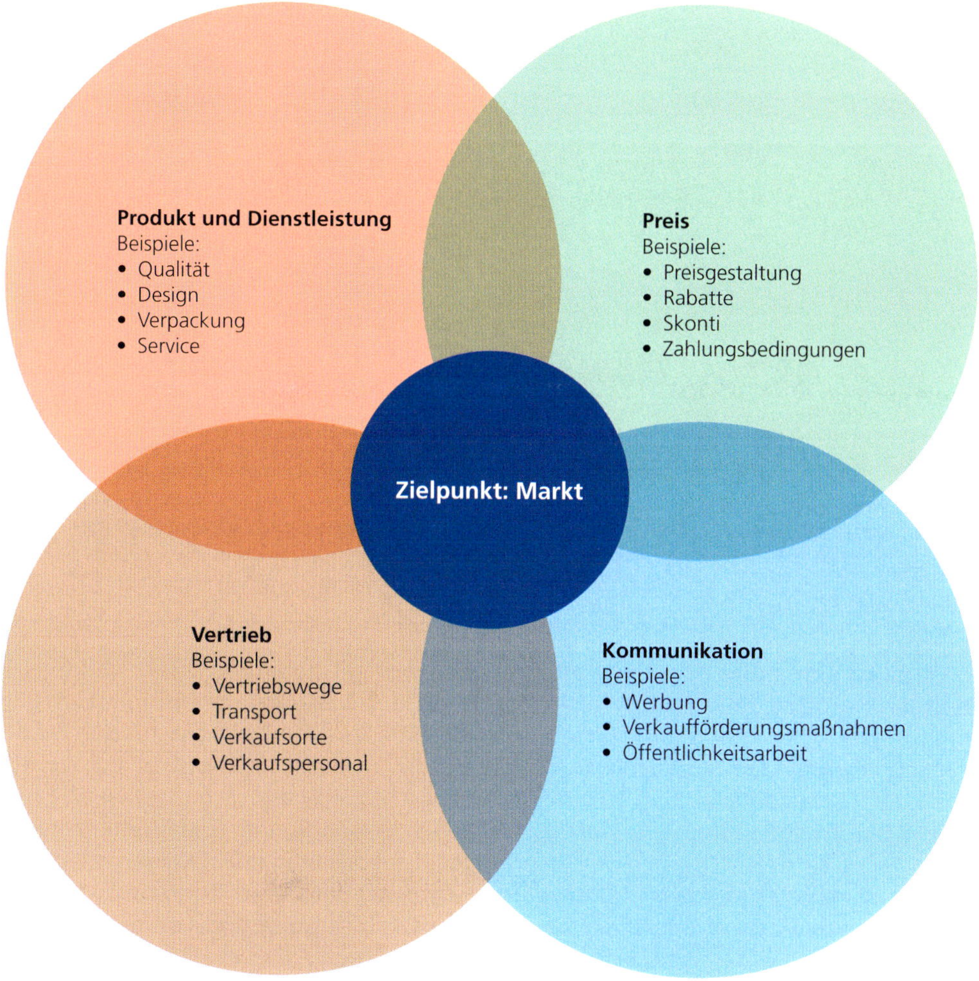

Abb. 13:
Marketingmix

4.2 Trends setzen und nutzen

Trend: Rot-Grün-Kontrast (A)

Trend: Entspannen im Garten (B)

Trend: Naturerlebnisraum (C)

Trend: Pflanzenneuheit „Bee Dance"die „Bayrische Pflanze des Jahres 2016" (D)

Abb. 14:
Trends im Garten

Ein Trend ist eine besonders tiefgreifende und nachhaltige Entwicklung, welche eine Veränderung oder Strömung in allen Bereichen der Gesellschaft aufnimmt. Die Beschreibung und die Randbedingungen erlauben eine Aussage über die zukünftige Entwicklung. Trends sind beobachtbar, aber meistens nur schwer messbar. Ihr weiterer Verlauf lässt sich von geübten Trendforschern abschätzen, jedoch nur teilweise beeinflussen. Die Trendforschung befasst sich mit der Beobachtung und Vorhersage von Trends. Jeder Betrieb sollte sich der Trendforschung bedienen (z. B. durch gezielte Umfragen), um seine Produkt- und Dienstleistungspalette auf diese Trends abzustimmen. Da ein Trend das Lebensgefühl der Verbraucher widerspiegelt und von deren Bedürfnissen beeinflusst wird, ist die Wahrscheinlichkeit hoch, dass die Kunden Produkte kaufen oder Dienstleistungen in Anspruch nehmen, die sich mit ihrer inneren Einstellung decken: Durch den Genuss der Produkte und Dienstleistungen wird ihr Lebensgefühl bestätigt und die Bedürfnisse befriedigt.
Da die Produktion von Pflanzen häufig – je nach Beschaffenheit – wenige Monate bis mehrere Jahre Zeit in Anspruch nimmt, müssen im Produktionsgartenbau neue Trends

schon erahnt werden, bevor sie überhaupt entstanden sind. In den meisten Fällen bezieht sich das auf die Blütenfarbe der Pflanzen, kann aber auch ganze Garten- oder Pflanzkonzepte beinhalten (Abb. 6). So beginnt spätestens im Februar die Anzucht der neuen Pflanzentrends für Beet und Balkon, damit nach den Eisheiligen Mitte Mai alle Rabatten in den neuen Trendfarben erstrahlen. Wichtige Trends sind hier momentan Pastelltöne und ausdauernde, remontierende Blüten bei maximaler Krankheitsresistenz. Gräber und Gärten sollen pflegeleicht sein und bestechen durch Einfachheit und Formalismus. Der Garten dient als Oase zum Entspannen und Relaxen oder als Urlaubsort für die Ferien vom Alltag. Andererseits ist auch der Garten als Naturerlebnisraum, in dem sich Wildpflanzen, Insekten, Hummeln, Fledermäuse und anderes Getier, aber auch alte Gemüse- und Obstsorten tummeln, ein anhaltender Trend.
Im Gartenbau präsentieren Messen und Ausstellungen wie Landes- oder Bundesgartenschauen häufig die neuen Trends. Hier entstehen oft Kundenwünsche, bevor ein Kunde davon weiß.

Merke:

Ein Trend ist eine neue Auffassung in Gesellschaft, Wirtschaft oder Technologie, die eine neue Bewegung bzw. Marschrichtung auslöst. Es ist durchaus möglich, dass mehrere Trends gleichzeitig bestehen, die sich zum Teil durchaus widersprechen können. Eine grundlegende Änderung (Umkehrung) eines Trends wird als „Trendwende" bezeichnet. Die Einführer eines neuen Trends werden Trendsetter genannt. Im Gartenbau geben neue Pflanzenzüchtungen, Messen und Ausstellungen, aber auch viele reichbebilderte Zeitschriften und Fernsehsendungen Hinweise auf die gartenbaulichen Bedürfnisse, die es zu befriedigen gilt.

Abb. 15:
Bundesgartenschau 2015 Havelregion

Aufgaben:

1. Erklären Sie die Begriffe Marketing und Marketinginstrumente mit eigenen Worten.
2. Welche Marketinginstrumente gibt es? Fertigen Sie sich dazu Lernkarten an.
3. Übertragen Sie die Marketinginstrumente auf Ihren Ausbildungsbetrieb.
4. Recherchieren Sie fünf Trends der kommenden Saison. Wie können die in Ihrem Ausbildungsbetrieb umgesetzt werden?

5. Werden Sie zum Trendsetter: Welchen Trend würden Sie bewerben? Mit welchen Mitteln würden Sie versuchen, diesen Trend in Ihrem Betrieb umzusetzen und Kunden zu gewinnen?

Bearbeiten Sie in Ihrem Arbeitsheft die Seiten 217 bis 220.

5. Markt und Absatz analysieren

Um Trends und zukünftig gefragte Produkte und Dienstleistungen rechtzeitig in das unternehmerische Handeln einzubeziehen, ist eine gründliche Analyse des Marktes erforderlich. Darunter versteht man Marktforschung (im weitesten Sinne) und Marktinformationsbeschaffung. Die Marktanalyse ist der grundlegende Baustein eines Marketingplans oder eines Marketingkonzeptes, aus dem anschließend strategische und operative Ziele und Maßnahmen abgeleitet werden. Im Gegensatz zur Marktbeobachtung stellt die Marktanalyse einen punktuellen Ausschnitt der Situation am Markt dar, weshalb man auch von einer Zeitpunktbetrachtung spricht. Hierbei werden nur die Daten erhoben, die gerade aktuell sind und so für Entscheidungen herangezogen werden können. Die Marktbeobachtung geht um einiges weiter und liefert umfassendere Informationen. Allerdings ist sie auch langwieriger bei der Erstellung, da sie einen größeren Zeitraum betrachtet.
Zur Marktanalyse können entweder interne Daten, wie z.B. Verkaufszahlen und Produktionskosten, oder externe Marktdaten (in erster Linie makroökonomische Trends) verwendet werden. Zur Marktanalyse gehören insbesondere:

- Marktpotenzial bei innovativen Produkten oder Dienstleistungen (wie groß ist der Bedarf des jeweiligen Produktes oder der Dienstleistung)
- Marktvolumen und Marktentwicklung (Wachsen, Stagnieren, Schrumpfen)
- Marktstrukturierung nach Teilmärkten (nach Regionen/Ländern, Produktgruppen, Kundentypen, Vertriebskanälen)
- Konkurrenzanalyse (was verkaufen die Mitbewerber und wie machen sie das?)

Die Marktanalyse wird zusammen mit der Marktbeobachtung dazu verwendet, um eine Marktprognose (Vorhersage) zu erstellen. Auskunft darüber erhält man häufig bei den jeweiligen Fachverbänden, der Landwirtschaftskammer oder anderen Interessenvertretergruppen des Gartenbaus. Man kann aber auch ganz auf den eigenen Betrieb zugeschnittene Untersuchungen bei spezialisierten Forschungsinstituten in Auftrag geben. Daraus lässt sich dann eine auf den Betrieb zugeschneiderte Absatzpolitik entwickeln, die ein Teilgebiet des Marketingplans darstellt (Abb. 8). Hinzu kommen Kennzahlen zur Fortschritts- und Erfolgskontrolle sowie Vorschläge zur Reaktion auf (unvermeidbare) Abweichungen der tatsächlichen von der geplanten Entwicklung. Ein Marketingplan wird in der Regel für ein Produkt, eine Produktgruppe, eine strategische Geschäftseinheit oder für das gesamte Unternehmen erstellt. Der Marketingplan spiegelt alle unterstützenden Funktionen für erfolgreiches Wirtschaften wider. Dazu gehören zum Beispiel der Produktions-, Finanz-, Personal- und Beschaffungsplan sowie die Planung der Forschung und Entwicklung und der Innovationen. Die wichtigsten Einsatzgebiete des Marketingplans zeigt Tab. 3.

Investition	Neue oder verbesserte Produkte bzw. Dienstleistungen machen zum Teil erhebliche finanzielle Mittel erforderlich. Investitionen müssen betriebswirtschaftlich sinnvoll (rentabel) sein und die investierten Finanzmittel mit einem bestimmten Überschuss (Gewinn) zurück fließen. Der Marketingplan ist in solchen Fällen die wichtigste Diskussionsgrundlage zur kritischen Überprüfung der Annahmen über Rahmenbedingungen, Trends und das voraussichtliche Kaufverhalten der potenziellen Kunden.
Verantwortung	Mitarbeiter sollen im Rahmen ihrer beruflichen Entwicklung die Verantwortung für ein Produkt, eine Produktgruppe oder eine Geschäftseinheit übernehmen und dadurch einen Beitrag zum langfristigen Unternehmenserfolg nachweisen. Die Identifikation mit dem Produkt und der Geschäftsidee ist dafür maßgeblich.
Qualifikationserwerb	Führungspositionen benötigen betriebswirtschaftliche Grundkenntnisse, dazu gehört ein Marketingplan, um diese anzuwenden.
Leistungsbeurteilung	Die Leistung der verantwortlichen Mitarbeiter wird in der Regel am wirtschaftlichen Erfolg gemessen, welche auf einer professionellen Planung fußt. Dabei ist der Marketingplan das Herzstück. Erfolg bedeutet in diesem Zusammenhang, dass die Verantwortlichen nicht nur Kosten verursachen, sondern auch für Einnahmen sorgen können. Der Marketingplan oder Elemente davon sind Grundlage von Zielvereinbarungen auf nahezu allen Hierarchieebenen (zum Beispiel Vereinbarung von Marketingzielen). Die Fähigkeit eines Arbeitnehmers, Ziele in messbare Resultate umzusetzen, ist eine der wichtigsten Voraussetzungen für den beruflichen Erfolg.
Existenzgründung	Bei der Gründung eines Unternehmens wollen die Investoren, Banken oder Födereinrichtungen von der Sinnhaftigkeit und den Erfolgsaussichten der Geschäftsidee überzeugt werden. Auch dazu benötigt man einen Marketingplan als Kern des Businessplans (Geschäftsplans).

Tab. 3: Einsatzgebiete des Marketingplans

Speziell im Gartenbau, der wie jedes andere Wirtschaftsunternehmen zu verstehen ist, müssen Entscheidungen über die Art der Produkte und Dienstleistungen getroffen werden (z. B. Konzentration auf heimische, alte Obst- oder Gemüsesorten oder Wintereinlagerungen von Kübelpflanzen), Erweiterung des Sortiments, wie die Produktion finanziert werden soll und zu welchem Preis die Ware abgesetzt werden kann bzw. muss, die Qualifikation der Mitarbeiter und natürlich, wie Produkte und Dienstleistungen verkauft werden sollen (Direktvermarktung, Zwischen- oder Großhandel). Bei der Wahl der Absatzwege müssen Vor- und Nachteile einzelner Vermarktungsformen genau abgewogen werden.

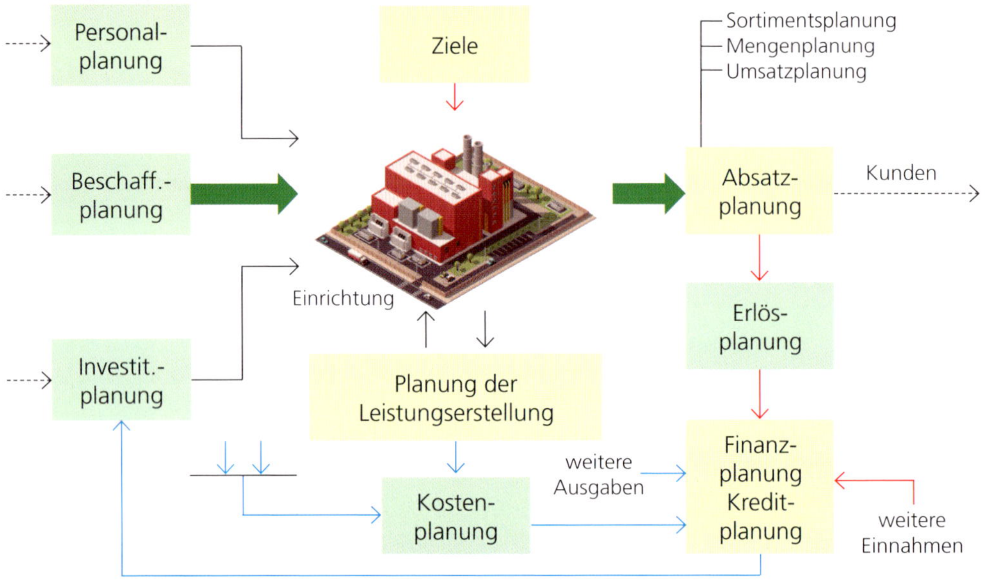

Abb. 16:
erfolgreiche Absatzplanung

5.1 Direktvermarktung

Abb. 17:
Direktvermarktung

Produkte aus der eigenen Region mit nachvollziehbarer Herkunft und Frische – das sind für immer mehr Menschen gute Gründe, gartenbauliche Produkte direkt vom Erzeuger zu kaufen. Hofeigene Verarbeitung und der direkte Absatz spielen eine immer größere Rolle. Das ist vor allem auf die gestiegenen Ansprüche an die Qualität und Herkunft der Produkte zurückzuführen. Die Zahl der Betriebe, die ihre Produkte auf kurzem Wege an die Kunden liefern, ist stetig gestiegen. Viele dieser Unternehmen haben zusätzlich eine hofeigene Weiterverarbeitung ihrer Erzeugnisse, wie etwa Marmeladen, Säfte, Gemüsechutneys oder bepflanzte Kübel und Kästen, aufgebaut. Mit der Verarbeitung und dem direkten Absatz ihrer Produkte können sie ihre Einkommenssituation verbessern.
Direktvermarktung leistet somit einen wichtigen Beitrag für die Existenzsicherung der Betriebe und für die Bewahrung eines lebendigen ländlichen Raumes. Auf diese Weise kommt diese Form der Vermarktung den Interessen von Verbrauchern und Gärtnern

gleichermaßen entgegen, wenn auch der Arbeitsaufwand für den Gartenbau häufig größer ist. Allerdings ist die Entscheidung für die Direktvermarktung eine Kosten-Nutzen-Abschätzung.

Fünf gute Gründe für den Direkteinkauf:

- Nachvollziehbare Herkunft und Frische der Produkte
- Direkte Informationen über die Erzeugungsbedingungen
- Persönlicher Kontakt zum Erzeuger
- Das besondere Einkaufserlebnis
- Unterstützung kleiner dezentraler Betriebe in der eigenen Region

5.2 Groß- und Zwischenhandel

Großhandel bezeichnet die Handelsform, in der Marktteilnehmer Waren, in der Regel nicht selbst be- oder weiterverarbeiten (Handelswaren), sondern von Herstellern oder anderen Lieferanten beschaffen und an Wiederverkäufer, Weiterverarbeiter, gewerbliche Verwender (z. B. Behörden, Bildungsstätten) oder an sonstige Institutionen (z. B. Kantinen, Vereine) verkaufen. Der Handel läuft also über einen oder mehrere Zwischenhändler, bis die Ware beim Endverbraucher ankommt.

Der Großhandel versteht sich als Bindeglied zwischen den verschiedenen Vertriebsstufen. Die Abnehmer des Großhandels sind Unternehmen des Einzelhandels, des Handwerks, des Gastgewerbes, regionale Großhändler, industrielle oder sonstige gewerbliche Betriebe (in unserem Fall Gartenbaubetriebe). Entscheidungen über die Auswahl einzuschaltender Großhandlungen nach Art und Anzahl zählen im Rahmen des industriellen Marketingmixes zur Distributionspolitik. Insbesondere wegen der Gefahr der Ausschaltung, d. h. nicht mehr genügend Lieferanten und/oder Kunden zu finden, ist ein professionelles Handelsmarketing existenziell wichtig. Von Großhandlungen initiierte vertragliche vertikale und/oder horizontale Kooperationen wirken Ausschaltungsgefahren wirksam entgegen, z. B. Vertragshandel, Exklusivvertrieb oder Einkaufsgenossenschaft als Beschaffungszentrale von Einzelhändlern. Daneben gibt es auch die organisierte Einbindung von Einzelhandelsunternehmen in eine Verbundgruppe (Freiwillige Kette, Kooperationsbetriebe).

Abb. 18:
Blumengroßhandel

Im Gartenbau beziehen etliche Betriebe Jungpflanzen von einem Großhändler, kultivieren die Pflanzen bis zur Verkaufsreife, um sie dann an große Handelsketten oder Baumärkten weiterzuverkaufen (Abb. 10). Ein direkter Kundenkontakt zum Endverbraucher existiert nicht. Der Obst- und Gemüsebau verkauft seine Ernte häufig an die Lebensmittelindustrie, wo aus den Produkten Saft gepresst, Kuchen gebacken oder Tiefkühlprodukte hergestellt werden. Über die große Absatzmenge wird der Gewinn erwirtschaftet. Allerdings haben solche großen Handelsketten und Industrien auch eine immense Marktmacht, mit der sie die Preisgestaltung massiv beeinflussen können.
Der Zwischenhandel kommt immer dann zum Zug, wenn es den Herstellern am nötigen Know-how fehlt, um ein Produkt direkt an den Endanwender zu bringen. Ein weiterer Grund kann eine mangelnde Infrastruktur sein. Der Zwischenhandel bietet dem Hersteller Vorteile auf verschiedenen Ebenen. Vor allem können mit relativ geringem Investitionsaufwand Märkte erschlossen bzw. neue Produkte auf den Markt geworfen werden. Weitere Vorteile sind:

- Marktnähe: Der Vertriebspartner vor Ort verfügt über Kenntnisse und Erfahrungen seines lokalen Marktes. Deshalb kann er das Zielgruppenmarketing des Herstellers entsprechend anpassen.
- Kundennähe: Er befindet sich vor Ort beim Kunden und kann sich deshalb um die einzelne Kundenakquistion kümmern.
- Er veredelt das Angebot des Herstellers durch produktbegleitende Dienstleistungen.
- Durch seinen Sortimentsmix führt er den Kunden an die Produkte des Herstellers heran.
- Er bietet die Waren des Herstellers in bedarfsgerechten kleineren Verbrauchsgrößen an.

Der Zwischenhandel kann aber auch Nachteile bringen. So reduziert sich der Einfluss des Herstellers darauf, wie und an wen seine Produkte vertrieben werden. Deshalb wählt er Partnerschaftsformen, in denen er seine Marketingstrategien möglichst bis zum Verbraucher steuern kann und Marktinformationen möglichst ungefiltert zu ihm zurückgelangen. Am Gebräuchlichsten sind hier Vertragshandels- bzw. Franchisepartnerschaften.

5.2 Handels- und Dienstleistungsgemeinschaften

Viele Direktvermarkter haben sich zu einer Produktions- und Dienstleistungsgemeinschaft zusammengeschlossen. Sie verkaufen ihr Sortiment und bewerben es gemeinsam. Dabei handelt es sich um reine Verkaufsgemeinschaften. Auch gemischte Formen, wie eine Verbindung aus einer Baumschule und einem reinen Dienstleistungsbetrieb, der die in der Baumschule gekauften Pflanzen beim Kunden pflanzt und pflegt, sind möglich. Mittlerweile sind sogar Gewerke übergreifende Kombinationen am Markt anzutreffen: Tiefbaubetriebe mit kooperierenden Garten- und Landschaftsbaubetrieben oder Architekten, die bei einem Auftrag „ihre" Firmen mit anbieten.

Vertiefung: Vor- und Nachteile verschiedener Absatzwege

Absatzweg	Vorteil	Nachteil
Ab Hof (regelmäßig)	• Kontakt zu Kunden möglich • Garantierte Herkunft • Frische • Hoher Verkaufspreis möglich • Vertrauen lässt sich aufbauen • Verbesserte Liquidität	• Hoher Arbeitsaufwand • Kontinuierliche Anwesenheit erforderlich • Zusätzlicher Verkehr auf dem Hof • Breites Sortiment nötig • Lagereinrichtungen nötig
Ab Hof (wenige Verkaufs-aktionen je Jahr)	• Kombination mit Hoffest möglich • Keine Dauerbelastung	• Extreme Arbeitsspitzen • Hoher Organisationsaufwand • Verwaltungsaufwand • Liquidität weniger günstig
Produkt-versand	• Kontakt zu Kunden möglich • Großer potenzieller Markt • Günstig für Fleisch, Eier, Gemüse	• Aufwendige Vorbereitung • und Ausführung • Verwaltungsaufwand • Lagereinrichtungen nötig
Marktstand	• Kontakt zu Kunden möglich • Garantierte Herkunft • Frische • Hoher Verkaufspreis möglich • Vertrauen lässt sich aufbauen • Verbesserte Liquidität • Mengenrisiko	• Großer Rüstaufwand • Regelmäßige Anwesenheit nötig • Kosten für Marktfahrzeug und Standmiete • Breites Sortiment nötig
Fachhandel	• Mengenplanung möglich • Regionale Herkunft kommunizierbar • Sicherer Absatz mit überschaubarem Marktrisiko	• Hoher Arbeitsaufwand • Kontinuierliche Anwesenheit erforderlich • Zusätzlicher Verkehr auf dem Hof • Breites Sortiment nötig • Lagereinrichtungen nötig
Naturkost-Großhandel	• Große Mengen absetzbar • Oft Mengenplanung möglich • Regelmäßige Abnahme • Zum Teil überdurchschnittliche Preise möglich	• Abhängigkeit gegenüber Abnehmer • Anonymer Verkauf ohne Kundenkontakt

Absatzweg	Vorteil	Nachteil
Einzelhandel (LEH)	• Große Mengen absetzbar • Regelmäßige Abnahme	• Preisdruck • Große Mengen nötig • Sehr hohe Qualitätserwartungen • Abhängigkeit gegenüber Abnehmer • Anonymer Verkauf ohne Kundenkontakt • Zum Teil mangelnde Kenntnisse
Großverbraucher	• Kontinuierlich Belieferung möglich • Große Mengen absetzbar	• Preisdruck • Saisonschwankungen • Breites Angebot und große Flexibilität gewünscht • Besondere Anforderungen an Aufbereitung

Tab. 4: Absatzwege im Überblick

Aufgaben:

1. Fertigen Sie sich Lernkarten zu den Begriffen Marketing, Produktpolitik, Preispolitik, Vertriebspolitik, Kommunikationspolitik, Absatzwege und Direktvermarktung an.
2. Skizzieren Sie eine Übersicht zu den genutzten Marketinginstrumenten Ihres Betriebes.
3. Recherchieren Sie die Begriffe Qualitätsinstrument bzw. Quantitätsinstrument und erklären Sie diese mit eigenen Worten. Worin liegen die jeweiligen Vorteile bzw. Risiken?
4. Was verstehen Sie unter Verkaufsförderung? Wie könnte dies in Ihrem Betrieb aussehen?
5. Entwerfen Sie ein Gegenkonzept zum Marketingplan Ihres Betriebes.

Bearbeiten Sie in Ihrem Arbeitsheft die Seiten 221 bis 226.

Lexikon

A

Adhäsionskraft (S. 131)	Hier: Anziehungskraft zwischen Wassermolekülen und mineralischen Bodenbestandteilen.
aerob (S. 166)	unter Sauerstoffverbrauch, z. B. bei der Atmung.
adnat (S. 78)	anhaftend
Aminosäuren (S. 96)	Organische Verbindungen aus Kohlenstoff, Sauerstoff und Wasserstoff als Grundbestandteile, die als „Bausteine unseres Körpers“ unentbehrlich für jeden Stoffwechselvorgang sind, aus dem körpereigene Eiweiße (Proteine) entstehen.
Allelopathie (S. 93)	Besteht zwischen einer oder verschiedenen Pflanzenarten über chemisch vermittelte, meist hemmende Wirkung einer Pflanze auf die Entwicklung (Keimung, Wachstum, Differenzierung, Morphogenese) einer anderen Pflanze.
Äquationsteilung (S. 64)	Zweite Teilung während der Meiose, bei der die Chromatiden gleichmäßig auf die Tochterzellen verteilt werden.
aquatisch (S. 20)	das Wasser betreffend.
arid (S. 124)	Bezeichnet das Klima in Regionen, in denen im 30-jährigen Klimamittel der Niederschlag geringer ist als die Verdunstung. Gegenteil: humides Klima. Die extrem ariden Gebiete werden als Wüste bezeichnet.
Assimilate (S. 182)	Singular: Assimilat. Bei der Fotosynthese hergestellte Zucker und Stärke.
Assimilation (S. 65)	Vorgang der Fotosynthese.
Ausbilder (S. 12, 13)	Die Person, die die Ausbildung der fachlichen Tätigkeiten übernimmt. Sie muss einen Meisterbrief oder eine Ausbildereignungsprüfung abgelegt haben.
Ausbildender (S. 13)	In der Regel die juristische Person, die für die betriebliche Ausbildung verantwortlich und der unterzeichnende Vertragspartner ist.
autotroph	Der Kohlenstoff für den Aufbau organischer Stoffe wird ausschließlich aus anorganischen Kohlenstoffverbindungen bezogen. Das trifft vor allem auf Fotosynthese betreibende Primärproduzenten (insbesondere Pflanzen) zu, deren Kohlenstoffquelle das Kohlenstoffdioxid und deren Energiequelle Licht ist.

B

Barcode (S. 25, 26)	Optoelektronisch lesbare Schrift, die aus verschieden breiten, parallelen Strichen und Lücken besteht und ergänzt durch einen Zahlencode Auskunft über Her-

	kunft, Herstellung, Betrieb, u.a. gibt, sodass das fertige Produkt zurück verfolgbar wird.
Begleitstauden (S. 81)	Stauden, die in kleinen oder größeren Gruppen Solitärpflanzen beigeordnet werden, um dies in ihrer Wirkung zu unterstützen.
Beinigkeit (S. 134)	Die Hauptwurzel ist im Wachstum zurückgeblieben, die Seitenwurzeln sind übermäßig stark entwickelt und verzweigt.
Bentonit (S. 138)	Fein vermahlener Ton.
Binäre Nomenklatur (S. 74)	Namensgebung, die auf zwei Wortteilen beruht. Hier: Gattungs- und Artname.
Biotop (S. 20, 21, 77)	Durch bestimmte Pflanzen und Tiere geprägter Lebensraum.
Blattspreite (S. 51)	Blattfläche
Bodendecker (S. 84, 85)	Pflanzen, die mit ihrem Wuchs den Boden bedecken oder sich kriechend ausbreiten und dabei mit dem Boden fest verwurzeln, sodass keine Einzelpflanzen mehr auszumachen sind.
Bonus (S. 255)	Plural: Boni. Gewährter, meist einmaliger Preisnachlass, wenn gewisse Verkaufsbedingungen erfüllt sind, z.B. „kauf drei, zahl zwei".
Botanischer Name (S. 73, 74)	Wissenschaftliche und einheitliche Bezeichnung für Pflanzen, damit sie auf der ganzen Welt eindeutig einzuordnen sind. Die Sprache der botanischen Namen ist Latein.

C

Chitin (S. 132)	Chitin ist neben Zellulose der am weitesten verbreitete Vielfachzucker und dient der Strukturbildung. Es kommt sowohl bei Pilzen als auch bei Gliedertieren und Weichtieren vor, hier besonders als schützende Außenhaut.
Chlorophyll (S. 64)	grüner Blattfarbstoff
Chloroplasten (S. 51)	Organellen der Zellen von Grünalgen und höheren Pflanzen, in denen sie die Fotosynthese betreiben.
Chromatiden (S. 63)	Singular: Chromatid; bezeichnet einen Teil der Chromosomen je nach Zellteilungsphase besteht ein Chromosom aus einem oder zwei Chromatiden.
Chromosomen (S. 63)	Makromolekülkomplexe, die Gene und somit auch Erbinformationen enthalten.
C/N-Verhältnis (S. 141)	Gewichts- bzw. Massenverhältnis von Kohlenstoff (C) und Stickstoff (N) im Boden. Beide Elemente liegen, organisch gebunden, im Humus vor und werden von Mikroorganismen mineralisiert (Mineralisation), d.h. in anorganische Verbindungen überführt; N wird dadurch pflanzenverfügbar. Böden mit einem engen

	C/N-Verhältnis (hoher N-Gehalt) sind nährstoffreich und fruchtbar; ein weites C/N-Verhältnis) zeugt von geringer biologischer Aktivität und einer Vegetation mit stickstoffarmer Streu.
Crossing-over (S. 98)	Mechanismus während der ersten Reifeteilung der Meiose, bei der ein Austausch von genetischen Informationen zwischen zwei homologen Chromosomen stattfindet.

D

Denitrifikation (S. 164)	Die Umwandlung des im Nitrat (NO_3^-) gebundenen Stickstoffs zu molekularem Stickstoff (N_2) und Stickoxiden, durch bestimmte Bakterien, die demnach als Denitrifikanten bezeichnet werden. Der Vorgang dient den Bakterien zur Energiegewinnung.
Destruenten (S. 21)	Lebewesen, welches organische Substanz abbaut und zu anorganischem Material reduzieren, in der Regel Bakterien und Pilze.
Diffusion (S. 67)	Selbständige Vermischung von Gasen, Lösungen oder mischbaren Flüssigkeiten aufgrund der Wärmebewegung der Moleküle.
diploid (S. 63)	Der Chromosomensatz ist in doppelter Ausführung vorhanden.
Dissimilation (S. 65)	Vorgang der Atmung (Sauerstoffaufnahme und CO_2-Abgabe)
Dunkelkeimer (S. 62, 93, 148)	Pflanzen, deren Samen nur in ausreichender Dunkelheit keimen, da ihre Keimung durch Licht gehemmt wird. Sie müssen also nach der Aussaat genügend mit Erde abgedeckt werden.
Dunkelreaktion (S. 65)	Abspaltung einzelner Kohlenstoffatome, um sie zu Zuckermolekülen zusammenbauen zu können. Da für diesen Prozess kein Licht benötigt wird, heißt der Vorgang Dunkelreaktion.

E

Edaphon (S. 132)	Gesamtheit aller im Boden lebenden Tiere und Pflanzen, einschließlich der Bakterien, Algen, Pilze und Flechten.
einhäusig (S. 57)	Es gibt rein männliche und rein weibliche Blüten. Männliche und weibliche Blüten wachsen auf ein und derselben Pflanze, können aber zu unterschiedlichen Zeitpunkten reif sein.
Einjährige (S. 251)	Pflanzen, die alle Lebensstadien (Keimung, Blatt- und Sprosswachstum, Blüten- und Samenbildung) in einer Vegetationsperiode durchlaufen.

einkeimblättrig (S. 48)	Pflanzen wie z. B. Gräser, die nur ein Keimblatt aus dem Samen sprießen lassen.
Embryo (S. 62, 93, 148)	Keimling, welcher sich bei Pflanzen aus der befruchteten Eizelle zum Keim entwickelt, aber noch von der Mutterpflanze ernährt wird.
Endodermis (S. 53)	Die dem Zentralzylinder am nächsten liegende Schicht der Rinde.
Epidermis (S. 51)	Abschlussgewebe von Sprossachse und Blättern bei höheren Pflanzen, deren Hauptaufgabe der Schutz der darunterliegenden pflanzlichen Gewebe ist.
epigäische Keimung (S. 62)	Bei der Keimung entwickeln sich die Keimblätter oberhalb der Erdoberfläche.
Epiphyten (S. 55)	Als „Aufsitzerpflanzen" bezeichnet man Pflanzen, die auf anderen Pflanzen wachsen. Dieser Ausdruck wird sowohl bei Landpflanzen (wie den Orchideen) als auch Wasserpflanzen angewendet.
Ergonomie (S. 113)	Erforschung der Leistungsmöglichkeiten und optimalen Arbeitsbedingungen des Menschen.
Erosion (S. 165)	Abtragung von Boden durch Wind und Wasser im Zusammenhang mit der Landbewirtschaftung durch Menschen.
errant (S. 78)	nicht verwurzelt
Eutrophierung (S. 163)	Der Übergang eines Gewässers von einem nährstoffarmen (oligotrophen) in einen nährstoffreichen (eutrophen) Zustand, häufig durch die Einleitung ausgewaschener Düngemittel, Industrieabfälle u. Ä.

F

Flächendecker (S. 84)	Pflanze, die ihre Triebe schirmartig über den Boden ausbreitet, ohne mit diesem wieder zu verwurzeln.
Fotosynthese (S. 51)	Prozess, bei dem chlorophyllhaltige Pflanzen aus CO_2 und H_2O unter zu Hilfenahme der Energie aus dem Sonnenlicht Zucker ($C_6H_{12}O_6$) herstellen und Sauerstoff (O_2) an die Umgebung abgeben.
Franchise (S. 264)	Mischung aus indirektem Verkauf und direktem Verkauf. Beim Franchising stellt ein Franchisegeber einem Franchisenehmer die (regionale) Nutzung eines Geschäftskonzeptes gegen Entgelt zur Verfügung.
Fremdbestäuber (S. 147)	Bestäubung der Blüten einer Pflanze mit den Pollen einer anderen Pflanze, um Inzucht vorzubeugen.
Frostgare (S. 184)	Umwandlung der Bodenstruktur, die in feinkörnigen Böden durch Frosteinwirkung entsteht. Dabei wird der Boden entwässert und durch Frosthebung bzw. Frostsprengung in kleinere Bodenkrümel aufgebrochen.

Frostkeimer (S. 45, 62) — Pflanzen, die zum Keimen tiefe Temperaturen um mindestens 0 °C benötigen, um die Keimsperre zu durchbrechen.

G

generativ (S. 61) — geschlechtlich, Vermehrungsform der Pflanzen nach Bestäubung und Befruchtung über die Bildung von Samen.

Genotyp (S. 97) — Das Erbbild eines Organismus, repräsentiert durch seine exakte genetische Ausstattung, also den individuellen Satz von Genen, den er im Zellkern in sich trägt und der somit seine morphologischen und physiologischen Ausprägung bestimmt.

Gesetz vom abnehmenden Ertragszuwachs (S. 73) — Ab einem bestimmten Punkt werden die Zuwachsraten trotz erhöhter Nährstoffzufuhr immer kleiner. Schließlich stagniert der Zuwachs oder fällt gar ab. Ein Optimum ist erreicht, wenn die Kosten für Pflanzennährstoffe und der zu erwartende Gelderlös aus der Ernte im günstigsten Verhältnis stehen.

Guttation (S. 68) — Aktives Herauspressen von Wasser aus den Pflanzen, wenn aufgrund gesättigter Luftfeuchtigkeit eine Transpiration nicht mehr möglich ist.

H

Halbstrauch (S. 251) — Gehölz, das in den älteren Trieben ausdauernd verholzt, während junge Triebe krautig bleiben und zum Teil im Winter absterben.

haploid (S. 63) — Jedes Gen ist nur einfach vorhanden.

Heister (S. 83) — Gehölz, das schon im unteren Stammabschnitt verzweigt ist und auf Schnittmaßnahmen mit verstärktem Austrieb reagiert.

Heterosiseffekt (S. 99) — Die Hybride, die aus der Kreuzung zweier Inzuchtlinien hervorgehen, sind leistungsfähiger als die Eltern: Sie sind vitaler, größer oder widerstandsfähiger. Bei den Nachkommen dieser Hybride tritt der Heterosiseffekt nicht mehr auf.

heterotroph (S. 166) — Aufbau von Körperbestandteilen durch Lebewesen (z. B. Tiere und Menschen) aus bereits vorhandenen organischen Verbindungen. Gegensatz: -> autotroph.

Hochmoor (S. 90) — In kühl-feuchten Gebieten, in denen weniger Wasser verdunstet und abfließt, als es in Summe regnet, entwickeln sich Regenwasser- oder Hochmoore. Es sind über das Grundwasserniveau hinaus gewachsene Niedermoore bzw. wurzelten diese bei der Entstehung direkt auf mineralischem Untergrund. Heute besitzen

	sie keinen Kontakt mehr zum Grundwasser und zum Mineralboden.
Hochstamm (S. 251)	Gehölz mit mindesten 180 cm Stammhöhe und kronenartiger Verzweigung.
humid	Klimavariante, in der die jährlichen Niederschläge größer sind als die Verdunstungskapazität.
hypogäische Keimung (S. 62)	Die Keimblätter bleiben bei der Keimung unterhalb der Erdoberfläche. Oberhalb des Erdbodens sind dann schon die ersten Laubblätter zu sehen.

I

Internodien (S. 47)	Singular: Internodium. Das Stück zwischen zwei Knoten am Spross, welche die Vegetationspunkte darstellen.
Interzellulare (S. 51)	Zellzwischenräume
In vitro (S. 151)	Im Reagenzglas, unter Laborbedingungen.
Inzucht	Sexuelle Fortpflanzung nahe verwandter Individuen. Inzucht führt nur bei sehr nahen Verwandten zu einer schnellen Zunahme identischer Genotypen bei gleichzeitiger Abnahme der Gendurchmischung. Bei Tieren wird Inzucht vermieden, bei Pflanzen durch Hindernisse der Selbstbestäubung. Inzucht kann bewirken, dass vermehrt rezessive Krankheiten (Erbkrankheiten) auftreten können.

K

Kakteen (S. 43)	Singular: Kaktus. Meist säulen- oder kugelförmige Pflanzen mit verdicktem, wasserspeicherndem Spross.
Kambium (S. 48)	Zellschicht im Spross aus kleinen, teilungsfähigen Zellen; Wachstumsschicht bei zweikeimblättrigen Pflanzen.
Klon (S. 149)	Die Gesamtheit der genetisch identischen Nachkommenschaft wird bei ganzen Organismen wie auch bei Zellen als Klon bezeichnet.
Knöllchenbakterien (S. 70)	Bestimmte Bakterien, deren besondere Bedeutung in ihrer Fähigkeit liegt, mit Pflanzen aus der Familie der Hülsenfrüchtler (Fabaceae) Symbiose einzugehen: Die Bakterien schließen für die Pflanzen den Luftstickstoff auf, dafür erhalten sie von den Pflanzen Assimilate.
Kohäsionskraft (S. 131)	Kraft, die die Wassermoleküle in den Poren aneinander haften lässt.
Konsistenz (S. 204)	Maß für die Steifigkeit des Frischbetons. Maßgebend ist die DIN EN 206 -1/ DIN 1045-2, welche die Konsistenz in Bereiche, Ausbreitmaßklassen und Verdichtungsmaßklassen einteilt.

kontinentales Klima (S. 39)	Klimazone, deren Wetter- und Temperaturereignisse von den Landmassen geprägt sind.
Kopfdüngung (S. 117, 156)	Düngung während der Wachstumsphase der Pflanzen.
Korrosion (S. 196)	Durch Reaktion mit Sauerstoff (Oxidation) verursachte Metallzerstörung.
krautig (S. 47)	weich und ohne Anteile von Lignin (auf den Spross bezogen).
Kurztagspflanzen (S. 70, 179)	Bezeichnung für Pflanzen, die nur dann blühen und fruchten, wenn ihre spezifische, kritische Tageslänge nicht überschritten wird, also wenn die tägliche Belichtungsdauer während der Entwicklungszeit von der Saat bis zur Blüte eine Zeit lang 14 Stunden nicht überschreitet.
Kutikula (S. 51)	Äußere Schutzschicht, bestehend aus Wachs, die bei Pflanzen den Außenwänden der Epidermiszellen aufliegt und vor Wasserverlust und Fraßschäden schützen soll.

L

Langtagspflanzen (S. 70, 179)	Bezeichnung für Pflanzen, die nur dann blühen und fruchten, wenn ihre spezifische, kritische Tageslänge nicht unterschritten wird, also wenn die tägliche Belichtungsdauer während der Entwicklungszeit bis zur Blüte eine Zeit lang mehr als 14 Stunden erreicht. Andernfalls zeigen sich zwar üppiges Blattwachstum aber späte bzw. gar keine Blüten- und Fruchtbildung.
Lee (S. 214)	Die dem Wind abgewandte Seite.
Leguminosen (S. 165)	Pflanzen der Familie Fabaceae, die in Symbiose mit Knöllchenbakterien leben und so Stickstoff aus der Luft für Pflanzen verfügbar machen können.
Leitstauden (S. 81)	Stauden, die wegen ihrer imposanten Wuchshöhe oder des auffallenden Habitus als Blickfang einzeln gepflanzt werden.
Lichtkeimer (S. 62, 93, 148)	Pflanzen, deren Samen zur Keimung - zusätzlich zu den üblichen Keimbedingungen Wasser, Wärme und Sauerstoff - auch ausreichend Licht benötigen. Die Samen dürfen nicht mit Substrat abgedeckt werden.
Lichtreaktion (S. 65)	Die für die Herstellung der Zuckeratome benötigte Energie wird aus dem Sonnenlicht geliefert, daher der Name.
Lignin (S. 47, 190)	Holzstoff, der für die Stabilität von Bäumen und Sträuchern sorgt.
Luv (S. 214)	Die dem Wind zugewandte Seite.

M

maritimes Klima (S. 39)	Klimazone, deren Wetter- und Temperaturereignisse durch die umgebenden Wassermassen (Meer) geprägt sind.
Meiose (S. 64)	Reduktionsteilung. Damit wird eine besondere Form der Kernteilung diploider Zellen bezeichnet, bei der die Chromosomenzahl halbiert wird. Jedem der beiden Tochterkerne wird je ein homologer Partner eines Chromosomenpaars zugeteilt.
Meristem (S. 151)	Wachstumsgewebe, Bildungsgewebe. Bei der Meristemvermehrung wird isoliert und unter sterilen Bedingungen zur Vermehrung angeregt. Häufige Anwendung bei der Orchideenkultur.
Mikroorganismen (S. 121)	Mikroskopisch kleine, pflanzliche und tierische Lebewesen einschließlich der Bakterien, die im Boden leben.
Minimumgesetz (S. 73)	Es besagt, dass das Wachstum von Pflanzen durch die im Verhältnis knappste Ressource (Nährstoffe, Wasser, Licht etc.) eingeschränkt wird. Diese Ressource wird auch als Minimumfaktor bezeichnet.
Mitochondrium (S. 66)	Zellorganelle, die für die Energiebereitstellung verantwortlich ist und als „Kraftwerk" der Pflanzenzelle gilt.
Mitose (S. 63)	Teilung von Zellen und Zellkern durch Einschnüren.
Monsun (S. 37)	Großräumige Luftströmungen, die durch jahreszeitliche Windrichtungsänderungen von mindestens 120° gekennzeichnet sind und häufig mit starken Niederschlägen und Wirbelstürmen einhergehen.
MRL (S. 226)	(Maximum residue limit) Berechnung pro Kilo Lebensmittel, wie viel mg Pflanzenschutzmittel maximal enthalten sein darf.
Mutation (S. 100)	Spontane, d.h. natürlich verursachte, oder bewusst herbeigeführte Veränderung des Erbguts (Veränderung der Basensequenz), die sich möglicherweise phänotypisch (Phänotyp; z.B. in Form einer „Degeneration") äußert.

N

Nastie (S. 68)	Bewegungen von Pflanzenorganen, die durch einen Außenfaktor (u.a. chemisch, elektrisch, auf Berührung reagierend)) ausgelöst werden und vom Reiz in der Bewegungsrichtung unbeeinflusst bleibt.
Nekrosen (S. 218)	Traumatischer Zelltod nach Verletzungen, Vergiftungen, Nährstoff- und Sauerstoffmangel, der Schädigung durch Radioaktivität und anderen Einflüssen.
Nematoden (S. 132, 165)	Fadenwürmer

Niedermoor (S. 89) — Bilden sich in feuchten Senken, Mulden oder in Flussniederungen sowie an Hängen im Bereich von Quellwasseraustritten. Auch verlandende Seen werden als Niedermoore bezeichnet. Sie sind abhängig vom mehr oder weniger nährstoffreichem Grund-, Quell- oder Sickerwasser.

Nodien (S. 47) — Singular: Nodium. Knoten oder Vegetationspunkt

O

Optimumgesetz (S. 146) — Ein mangelnder Nährstoff wirkt sich umso mehr auf das Pflanzenwachstum aus, je optimaler die sonstige Nährstoffversorgung ist.

Ortbeton (S. 204) — Beton, der vor Ort auf der Baustelle von Hand oder in Mischmaschinen hergestellt wird.

Osmose (S. 67) — Diffusion einer Flüssigkeit durch eine selektiv-durchlässige Membran entlang eines Konzentrationsgefälles der Lösungsmittel in Bezug auf die gelösten Teilchen. Die Diffusion erfolgt in Richtung der höheren Konzentration.

P

Palisadengewebe (S. 51) — Blattzellgewebe aus langgestreckten, zylindrischen Zellen als Ort der Fotosynthese. Nebeneinanderliegende Zellen ähneln Palisaden, wenn man einen Blattquerschnitt mit dem Lichtmikroskop betrachtet.

Parasitär (S. 170) — Wie ein Organismus agierend, der sich von anderen Lebewesen (Wirt) ernährt oder diesen zu Fortpflanzungszwecken befällt. Er kann den Wirt schädigen, indem er seine Organfunktionen beeinträchtigt, Zellen zerstört und ihm wichtige Nährstoffe entzieht, ihn aber normalerweise nicht tötet.

perennierend (S. 78) — immer wiederkehrend

Permafrost (S. 41) — Bodenschichten, die auch in den warmen Sommermonaten permanent gefroren bleiben und sich von der Erdoberfläche bis in tiefere Schichten erstrecken können -> Toteis

Phänotyp (S. 98) — Hier: Alle äußerlichen Merkmale, so wie auch die Lage und Größe der inneren Organellen, Wachstumsmerkmale und andere Eigenschaften.

Phloem (S. 48) — „Siebteil", längliche Zellen des Leitbündels zum Transport organischer Stoffe, hauptsächlich Zucker (Saccharose) und Stärke.

Phytochrom (S. 179) — Gemessenes Verhältnis von hellrotem zu dunkelrotem Licht. Dadurch reagieren Pflanzen mit einem breiten Spektrum von Antworten auf Lichtreize, wie etwa die Ergrünung von Pflanzenteilen, die Schattenflucht oder die Samenkeimung bei Pflanzen.

Plutonite (S. 124) — Gesteine, die in großer Tiefe durch extrem langsame Abkühlung von Magmen entstehen.

Prärie (S. 43) — Übersetzt: Wiese, Weide. Beschreibt den nordamerikanischen Teil der Steppenzone der Erde und umfasst die mittleren und südlichen Interior Plains sowie die westliche Golfküstenebene. Ihre Gesamtausdehnung beträgt rund 270 Millionen Hektar.

Protozoen (S. 132) — Urtierchen. Einzellige Lebewesen, die zu den einfachsten Organismen gehören.

R

Recycling (S. 16) — Wiederverwertung von Verbrauchsgütern durch Umwandlung zu Rohstoffen und deren Einsatz in neuen Produkten.

Reduktionsteilung (S. 64) — Halbierung der Chromosomenzahl vom diploiden auf den haploiden Chromosomensatz (erste Phase der Meiose).

Rhizodermis (S. 53) — Meist einreihiges Abschlussgewebe einer Pflanzenwurzel, auch Wurzelhaut genannt.

Reduzenten (S. 21) — Lebewesen, die anorganische Stoffe aus dem Boden aufnehmen und weiter in noch kleinere Einheiten zersetzen.

S

Sachkundenachweis (S. 24) — Bescheinigung über erworbene Fähigkeiten und Kenntnisse im Pflanzenschutz. Nur ein Sachkundenachweis berechtigt zum Verkauf und zur Anwendung von chemischen Pflanzenschutzmitteln.

Saprovore (S. 21) — Organismen, die sich von totem organischen Material ernähren.

Schwammgewebe (S. 51) — Pflanzliches Gewebe des Laubblattes, welches im Blattinneren unten an die untere Epidermis und oben an das Palisadengewebe grenzt. Es besteht aus unregelmäßig geformten Zellen.

Sedimentite (S. 124) — Gesteine, die durch Ablagerung in Küstennähe oder Flussbereichen entstehen.

Selbstbestäuber (S. 147) — Selbstbefruchter. Pflanzen, die sich zur Fortpflanzung selbst bestäuben bzw. befruchten. Typische Vertreter der Selbstbestäuber sind Gerste, Bohne und Erbse.

Skonto (S. 255) — Plural: Skonti. Gewährter Preisnachlass, wenn die Rechnungssumme innerhalb einer festgesetzten Frist bezahlt wird.

Solitär (S. 82) — Pflanze in Einzelstellung; meist Bäume oder Großsträucher.

Staude (S. 251) — Wiederkehrende, krautig-weich wachsende Pflanze.

steril (S. 57) — nicht zur geschlechtlichen Fortpflanzung fähig

Stomata (S. 51)	Singular: Stoma. Spaltöffnung, eine Pore in der Epidermis von Pflanzen, die dem Gastaustausch dient.
Submers (S. 82)	Pflanze die gänzlich unter Wasser wächst und keine Oberflächenblätter ausbildet.
Subtropen (S. 35)	Klimazone zwischen der warmgemäßigten Zone und den Tropen. Das entspricht etwa 20° und 40° nördlicher Breite sowie südlicher Breite. Die Temperatur beträgt im Jahresdurchschnitt ca. zwischen 18 und 22 °C.
Sukkulenten (S. 43)	Saftreiche Pflanzen, die an trockene Klima- und Bodenverhältnisse angepasst sind. Sie bilden einzelne Pflanzenorgane zu Wasserspeicherung um. Die Kakteen sind eine Gruppe der Sukkulenten.
Symbiose (S. 165)	Lebensgemeinschaft verschiedener Pflanzen, Bakterien, Tiere, die zum Nutzen beider Lebenspartner führt und somit einen Vorteil im Hinblick auf die Überlebenswahrscheinlichkeit verschafft.

T

terrestrisch (S. 20)	die Erde betreffend
Toteis	Eislinsen in tieferen Bodenschichten, die durch Abtrennung von Gletschern entstanden sind und mit diesen keinerlei Verbindung mehr aufweisen.
Transpiration (S. 68)	„Schwitzen" der Pflanzen; Verdunstung von Wasser zur Temperaturregelung
Transportbeton (S. 204)	Beton, der nach geprüften und garantierten Rezeptmischungen im Betonmischwerk hergestellt wird und dort abgeholt bzw. mit Betonmischern und eventuell Pumpen zur Baustelle transportiert wird.
Tropismus (S. 68)	Durch verschiedene äußere Reize hervorgerufene Orientierungsbewegung von Teilen festgewachsener Pflanzen zum Reiz hin.
TTMA (S. 226)	(theoretisch tägliche maximale Aufnahme) Menge belasteter Nahrungsmittel, die von einer Normalperson täglich verzehrt wird
Turgordruck (S. 67)	Saftdruck, der bei Pflanzen den Druck innerhalb der Zellen, der auf die Zellwand ausgeübt wird, ausmacht und für zahlreiche physiologische Prozesse wie Zellvergrößerung, Gasaustausch oder Transportprozesse von Bedeutung ist.

U

Überdauerungsknospen (S. 77)	Pflanzenorgane, die zur Überwindung von Ruhephasen der Vegetation, die durch Kälte (Winterknospen) oder Trockenheit nötig werden .

V

Varianz (S. 42)	Abweichung; hier: Variationsbreite
Vegetationsperiode (S. 71)	Zeit des Pflanzenwachstums, grundsätzlich von Frühjahr bis Herbst. Gegensatz -> Vegetationsruhe.
Vegetationsruhe (S. 70)	Zeit, in der kein Pflanzenwachstum stattfindet (in der Regel im Winter). Gegensatz -> Vegetationsperiode.
vegetativ (S. 61)	ungeschlechtlich, Vermehrungsform von Pflanzen aus Pflanzenteilen
Vernalisation (S. 181)	Die natürliche Anregung des Schossens und Blühens bei Pflanzen durch eine längere Kälteperiode im Winter.
Versalzung (S. 162)	Eine überhöhte Anreicherung von wasserlöslichen Salzen. Zur Versalzung kommt es, wenn der Boden oder ein Gewässer eine negative Wasserbilanz aufweist, also die Verdunstung in sechs bis neun Monaten eines Jahres größer ist als die Niederschläge.
Vulkanite (S. 123)	Gestein, das infolge vulkanischer Aktivität durch rasche Abkühlung einer Gesteinsschmelze an der Erdoberfläche entsteht.

X

Xylem (S. 48)	„Holzteil", komplexes, holziges Leitgewebe der höheren Pflanzen, das dem Transport von Wasser und anorganischen Salzen durch die Pflanze dient, aber auch Stützfunktionen übernimmt.

Z

Zellulose (S. 190)	Hauptbestandteil von pflanzlichen Zellwänden und damit die häufigste organische Verbindung der Erde, bestehend aus unverzweigtem Vielfachzucker.
Zweijährige (S. 251)	Krautige Pflanzen, die einen Lebensrhythmus von zwei Jahren haben: Im ersten Jahr keimen sie und treiben Laub, im zweiten Jahr kommen sie zur Blüte, werfen Samen ab und erfrieren dann zum Winter.
zweikeimblättrig (S. 48)	Pflanzen, die zwei Keimblätter aus der Samenschale schieben.
zweihäusig (S. 57)	Es gibt jeweils rein männliche und rein weibliche Blüten. Beide Blüten wachsen auf unterschiedlichen Pflanzen.
zwittrig (S. 57)	Hier: Eine Blüte, die sowohl männliche als auch weibliche Geschlechtsmerkmale aufweist.

Sachwortverzeichnis

Bildquellenverzeichnis

Fotos

Amazonen-Werke H. Dreyer GmbH & Co. KG. Hasbergen-Gaste: S. 187.5, 188.3–4, 240.2

Beuth Verlag, Berlin: S. 106.4

Bildredaktion1.de/Gabriela Schneider-Albert, Troisdorf: S. 92.2

Birchmeier Sprühtechnik AG, CH 5608 Stetten: S. 234.1, 235.2

Brinkman Deutschland GmbH, Straelen-Herongen: S. 236.1

Bundesamt für Verbraucherschutz und Lebensmittelsicherheit, Berlin: S. 106.5

CEMO GmbH, Weinstadt: S. 235.2

Colourbox.de: S. 144.2

Covestro Deutschland AG, Leverkusen: S. 200.2

DGUV, Berlin: S. 108

Fotolia.com: S. 9, 217.1 (Robert Kneschke), 11 (Picture-Factory), 12 (AK-DigiArt), 13 (Ingo Bartussek), 17, 87.2 (Marina Lohrbach), 19.1 (helmutvogler), 19.3 (blende40), 23, 25, 210 (industrieblick), 24 (Christian Müller), 28 (vege), 31.1–2 (krappweis), 33 (Pavel Losevsky), 41 (Dan Race), 42.1 (Stéphane Bidouze), 42.2 (Iuliia Sokolovska), 43.1 (garytog), 43.2 (RAM), 44.1 (Wolfgang Eichentopf), 44.2 (Smileus), 44.3 (IconWeb), 44.4 (wildnerdpix), 49.1,(chulja), 49.2 (oly5), 49.3 (Phimak), 49.4 (Martin Schlecht), 49.5, 50.1 (Unclesam), 49.6 (maram), 50.2 (Irina Fischer), 52.1 (alisseja), 52.2 (doris oberfrank-list), 52.3 (pjhpix), 52.4 (thoson), 52.5 (Alena Stalmashonak), 52.6 (tunedin), 54.3 (kaiskynet), 55.1 (peangdao), 55.2 (Brocreative) , 55.3 (Matauw), 55.4 (Friedberg), 55.5 (lcswart), 56.1 (Floydine), 56.2 (vetre), 56.3 (Kenneth Keifer), 56.4 (saratm), 56.5 (elfgradost), 56.6 (pixelleo), 56.7 (gabriffaldi), 56.8 (tsach), 58.1 (Anna Ziebold), 58.2 (Björn Wylezich), 58.3 (goldbany), 58.4 (sp4764), 59.1, 59.4 (Dionisvera), 59.2 (digitalfoto105), 59.3 (kovaleva_ka), 69 (Dimitri Surkov), 70 (Xaver Klaussner), 73.2 (Omika), 76 (Tomasz Zajda), 78 (Andrea Wilhelm), 79.1 (Pixelmixel), 85.1, 192.3 , 199.3 (emer), 86.1 (500cx), 86.2 (tinadefortunata), 86.3 (Klaus Reitmeier), 86.4 (coco), 87.1 (Stefan Körber), 87.3 (romaneau), 87.4 (finkandreas), 88.1 (kalichka), 88.2 (7monarda), 88.3 (Thorsten Schier), 89 (hagenvontroja), 92.1 (Cora Müller), 95 (Kitty), 100 (blickwinkel2511), 102, 178 (Peter Hermes Furian), 104 (Osterland), 105.1 (Gooseman), 105.2 (bilderzwerg), 105.8–9 (Mandy), 107, 262.2 (Gina Sanders), 109 (Andrey Popov), 111.1 (fefufoto), 111.2 (AK-DigiArt), 112 (highwaystarz), 113.1 (Himmels-sturm), 113.3 (Osterland), 116 (Tim UR), 118.1 (MONIQUE POUZET), 118.2 (Alexander Spörr), 120 (M. Schuppich), 125 (hjschneider), 134.1 (Uwe Albert-Thiele), 134.2 (bofotolux), 134.3 (Viktor), 139 (Patrys-sia), 140 (pholidito), 153 (allegra47), 159 (7monarda), 165.1 (Johanna Mühlbauer), 165.2 (hjschneider), 165.3 (RRF), 165.4 (zwoffel), 166.1 (Patryssia), 170 (Joachim Opelka), 171.2 (doncarlo), 179 (DutchScene-ry), 185 (LianeM), 186.1–2 (RTimages), 186.3 (andrewburgess), 186.5 (PhotoSG), 186.6 (photosvac), 187.1 (Dmitry Vereshchagin), 187.2 (thomasagstenkemp), 187.3 (sasel77), 187.6 (Wolfgang Jargstorff), 189 (ronstik), 192.1 (Alexey Protasov), 192.2 (Cosmin Manci), 192.4 (Falko Matte), 192.6 (Martina Berg), 196 (phokrates), 197 (Svt), 198 (Eugene Chernetsov), 199.1 (Klaus Rose), 199.2 (sinuswelle), 199.4 (Simone Schuldis), 209.2 (Dejan Jovanovic), 211.1 (sakhorn38), 211.2 (Shen_001), 212.1 (KMBI), 212.2 (alho007), 215 (Serra nikhg), 217.2 (artisan263) , 217.3 (Klaus Eppele), 217.4 (Thomas Söllner), 220 (ChiccoDodiFC), 221.1 (Matthias Buehner), 221.2 (lysala), 221.3 (Gerhard Seybert), 222.1 (Daniel Strauch), 222.2 (Birgit Goll), 223.1 (Wolfgang Jargstorff), 223.2 (J.M.), 226 (Jürgen Fälchle), 228.1–13, 229.1–5 (T. Michel), 230.2 (José 16), 234.2 (kasto), 235.1 (ThamKC) 238 (highwaystarz), 240.1 (brizma-ker), 240.3 (xalanx), 240.4 (Fotolia RAW), 241.1 (animaflora), 241.2 (Hetizia), 241.3 (marino), 241.4 (Marco2811), 242.1 (Ingo Bartussek), 242.2 (Pixavril), 254 (mihi), 258.1 (Wilm Ihlenfeld), 258.2 (Composer), 258.3 (Gyula Gyukli), 262.1 (Taras Livyy), 263 (ifeelstock), Cover (Halfpoint), Cover (davidesattin)

Geopuls-Studienreisen, Dr. Rolf Beck, Rottenburg: S. 163.1–2

LEMKEN GmbH & Co. KG, Alpen: S. 188.1–2

Moerheim/Florensis/Bayrischer Gärtner-Verband E.V.: S. 258.4

MTD Products AG, Saarbrücken: S. 113.2

OKAPIA.de: S. 144.1,3 (Nigel Cattlin/Holt Studios/OKAPIA),

Picture Alliance: S. 19.2 (Katja Kreder), 145 (Leemage), 166.2 (dieKLEINERT.de/Wolfgang Privit), 186.4 (Arco Images GmbH, Diez, O.)

Pilzfotopage.de/Harry Regin, Bexbach: S. 192.5

PM Atemschutz GmbH, Mönchengladbach: 230.1

Probst GmbH, Erdmannhausen: S. 217.6

Reben Sibbus GmbH, Jechtingen: 187.4

TÜV Rheinland, Köln: S. 106.2

TÜV Süd AG, München: S.106.3

Weber Baumaschinen und Fahrzeuge GmbH, Berlin: S. 217.5

Wilkhahn Wilkening+Hahne GmbH+Co.KG, Bad Münder: S. 115

Willy Niklas GmbH, Mönchengladbach: S. 236.2

ZEPP, Bad Kreuznach: S. 173

Zweckverband, BUGA 2015, Havelregion: 259

Zeichnungen/Karikaturen

Elisabeth Galas/Bildungsverlag EINS: S. 48

Michele di Gaspare/Bildungsverlag EINS: S. 207.1–2, 225

Robin vom Gestern/Bildungsverlag EINS: S. 30.2, 47.1–3, 51.1–2, 54.1–2, 56.9, 57.1–2, 60, 61, 62, 63, 72, 73.1, 77, 79.2, 80.1–80.5, 81.1–4, 82.1–2, 123, 132, 136, 138, 146.1, 151.1–5

Sabine Petersen: S. 32, 85.2, 94.1–6, 232, 244.1–2, 245, 246, 247, 249, 251.1–3